分布式服务架构
原理、设计与实战

李艳鹏 杨彪 著

电子工业出版社
Publishing House of Electronics Industry
北京·BEIJING

内 容 简 介

本书全面介绍了分布式服务架构的原理与设计,并结合作者在实施微服务架构过程中的实践经验,总结了保障线上服务健康、可靠的最佳方案,是一本架构级、实战型的重量级著作。

全书以分布式服务架构的设计与实现为主线,由浅入深地介绍了分布式服务架构的方方面面,主要包括理论和实践两部分。理论上,首先介绍了服务架构的背景,以及从服务化架构到微服务架构的演化;然后提出了保证分布式服务系统架构一致性的方案和模式,并介绍了互联网架构评审的方法论;最后给出了一个简要的非功能质量的技术评审提纲。实践上,首先提供了一个互联网项目的性能和容量评估的真实案例,介绍了压测的方案设计和最佳实践,这些技术能够全面保证大规模、高并发项目的一致性、可用性和高并发性;然后讲解了大规模服务的日志系统的原理、设计与实践,包括 ELK 等框架的特点和使用方式等,并介绍了当前流行的 APM 系统的设计与实现,主要包括调用链和业务链的跟踪与恢复,涵盖了线上应急和技术攻关的流程及重点,也结合服务化系统线上应急过程进行分析并总结了其中需要用到的 Java 虚拟机、Linux 和定制化脚本等命令,这些命令都是每个开发人员都会用到的解决线上问题的利器;最后,阐述了系统服务的容器化过程,并详细介绍了敏捷开发流程和实现自动化的常用工具等,让读者既能学到架构设计的基础理论,也能结合书中的原理、设计与方法论来解决大规模、高并发互联网项目中的现实问题。

无论是对于软件工程师、测试工程师、运维工程师、软件架构师、技术经理、技术总监,还是对于资深 IT 人士来说,本书都有很强的借鉴性和参考价值。

未经许可,不得以任何方式复制或抄袭本书之部分或全部内容。
版权所有,侵权必究。

图书在版编目(CIP)数据

分布式服务架构:原理、设计与实战 / 李艳鹏,杨彪著. —北京:电子工业出版社,2017.8
ISBN 978-7-121-31578-7

Ⅰ. ①分… Ⅱ. ①李… ②杨… Ⅲ. ①互联网络—网络服务器 Ⅳ. ①TP368.5

中国版本图书馆 CIP 数据核字(2017)第 118969 号

策划编辑:张国霞
责任编辑:徐津平
印　　刷:三河市良远印务有限公司
装　　订:三河市良远印务有限公司
出版发行:电子工业出版社
　　　　　北京市海淀区万寿路 173 信箱　邮编　100036
开　　本:787×980　1/16　印张:27.5　字数:570 千字
版　　次:2017 年 8 月第 1 版
印　　次:2018 年 10 月第 9 次印刷
印　　数:16001~18000 册　　定价:89.00 元

凡所购买电子工业出版社图书有缺损问题,请向购买书店调换。若书店售缺,请与本社发行部联系,联系及邮购电话:(010)88254888,88258888。
质量投诉请发邮件至 zlts@phei.com.cn,盗版侵权举报请发邮件至 dbqq@phei.com.cn。
本书咨询联系方式:010-51260888-819,faq@phei.com.cn。

推 荐 语

艳鹏是我认识多年的老战友了，多年战斗在一线，有丰富的研发、架构经验，非常了解大家实际的需求。本书层次分明、图文并茂、案例详实，其中的代码更可以直接在实际工作中使用，是一本不可多得的好书。

蓝汛技术总监 陈江伟

和艳鹏相识多年，见证了他不断完善自己的理论基础且不断探索和总结，形成了一套完整的互联网架构设计方法论。

在本书中，艳鹏通过多年互联网架构经验，总结了服务化的背景和技术演进，提出了互联网项目技术评审的方法论和提纲，并给出了在真实的线上项目中进行性能和容量评估的全过程，帮助大家轻松设计大规模、高并发服务化系统项目。若能熟练掌握本书内容，则能够保证服务化项目按照既定的目标进行实施与落地，并能保证系统的稳定性、可用性和高性能等高级特性。

爱奇艺高级技术经理 黄福伟

本书深入浅出地介绍了保证大规模、高并发服务化系统可用性和高性能的经验和方法论，是保证线上服务稳定、可靠的一本不可多得的实践性著作。

菜鸟网络架构师 兰博

IT技术日新月异地发展，我们自然不能躺在历史的温床上停歇，必须不断地学习。这其中有的人对新知识的态度是只学一二，李先生却精益求精、举一反三，对其中的每个知识点都能做到理解透彻。本书便是李先生长期研究服务化架构、微服务架构及容器化之后的经典总结。本书从问题背景入手，深入浅出地介绍了服务化架构，并结合具体的最佳实践，为读者展示了服务化架构设计的宏伟蓝图。

华为资深云架构师 朱军

分布式、微服务几乎是现在的技术人员必须要了解的架构方向，从理论上来讲确实解耦了很多结构，但另一方面，又会带来更多衍生的复杂度及难点。如何保证事物的最终一致性？如何进行性能及容量预估？如何处理分布式系统的日志？如何进行线上应急？如果你曾有和我一样的困惑，那么相信你一样能从本书中得到非常宝贵的解答。本书作者由浅至深地讲述了分布式架构带给我们的诸多困扰和难点，循序渐进、思路清晰地阐明了这些问题的答案。相信本书能成为业界的又一力作！强烈推荐相关从业人员阅读本书！

12 链 CTO 张建

与作者共事五年，深知他对技术的痴迷，他喜欢研究问题，对待事情认真、负责。本书中的所有细节也都是他深入研究并且得出结论的，很多经验方法都能直接在工作中应用，是一本经过千锤百炼的值得推荐的好书。

北京最猫网络科技 CEO 杨辛

面对越来越复杂的系统和业务，分布式技术早已成为互联网时代的必学技术，然而，如果没有经历过大公司背景的实践和历练，则我们很难接触到分布式服务的设计和架构。本书恰恰可以为急于学习而又没有实践机会的从业者提供帮助。本书作者将分布式的原理、实践及个人的工作经验相结合，从分布式的一致性、系统容量评估和性能保障、日志系统、服务部署、线上应急等方方面面进行了鞭辟入里的分析。

成都鱼说科技董事长 岳鹏

分布式和微服务技术越来越被互联网企业推崇和认可，如何将其结合业务的特点工程化地在企业中落地是每个技术人员都需要思考的问题。艳鹏结合自己多年的开发实践经验和深入研究，著成《分布式服务架构：原理、设计与实战》，对于理解分布式和微服务技术，有很好的指导和启发。

汽车之家运维开发技术经理 李占斌

本书作者是互联网金融大牛群的群主，是一名瘦削而专注的IT青年。这是一本关于分布式和服务化的、凝结了作者理论和实践心血的好书。

宜信资深大数据工程师 付红雷

推荐序一

经过艳鹏多年的实践经验积累及长时间的精心准备，本书终于与大家见面了，笔者很荣幸能够成为本书的首批读者。

随着时代的不断发展，分布式服务架构日益流行，已经从 SOA 服务化发展到了微服务架构。有过惊喜，有过质疑，但这未能阻挡分布式服务架构在互联网行业里的普遍应用。然而，事物总是有两面性的，丰富的新框架及新技术层出不穷，给项目的技术决策者带来了技术选型上的困难。此外，在互联网交易越来越复杂、规模越来越庞大的背景下，解决分布式服务间的事务问题、业务一致性问题、可用性问题、稳定性问题等的困难以指数级增加。

本书以一位在 IT 行业从事多年分布式服务架构工作的资深老兵的视角，剖析了针对分布式系统架构的解决方案和设计模式。书中的每一章、每一节都是作者对多年线上系统架构设计实践的总结。

此外，有别于市面上的其他架构书籍，本书在讲解基础理论和方法论的基础上，提供了大量的实际操作和详尽的开发命令解析，读者可以直接把书中的方法和案例应用到实际工作中。

如果你想成为一名优秀的高并发服务架构师，那么本书将为你提供实践指引；如果你在大规模、高并发交易系统中遇到问题，那么本书将为你提供解决这些问题的理论与实践，令你脑洞大开，轻松解决问题！

姚建东
易宝支付产品 VP

推荐序二

本书作者艳鹏和杨彪秉着"开放、分享"的态度，将在互联网高并发服务建设过程中总结的经验、设计模式和最佳实践整理成书。本书内容涉及分布式服务架构的原理、设计与实战，不但介绍了微服务的背景，还介绍了服务化的演进历史，并详细介绍了保证一致性、高性能、高可用性的解决方案，重点讲解了建设大数据日志系统和调用链跟踪系统等内容。大数据日志系统和调用链跟踪系统是每一个微服务体系都应该包含的核心基础设施，为服务的稳定性、可用性提供了有效保证，为在应急和技术攻关过程中发现问题、定位问题和恢复问题提供了有效帮助。

本书逐一介绍分布式微服务系统架构设计的核心要点，对重点主题提供了代码、设计文档和开源项目，每个主题独立成章，且相关代码可应用于实际项目中。通过阅读本书，读者不但可以了解大规模分布式微服务系统是怎么设计的，也可以学到实际服务化项目中的设计模式及最佳实践，可大大提高互联网项目的实施效率。

分布式服务架构涉及的面很广且难以列举，涉及架构方法论、设计模式、如何快速入门纷繁庞杂的技术栈、如何对方案进行选型、如何定位和解决问题，等等。笔者也曾面试过许多候选者，其中，能利用所了解的知识较好地解决问题的人不多，能利用当前流行的技术对复杂问题进行技术选型并给出合理架构方案的人更是凤毛麟角。

笔者曾在Google、乐视等互联网企业工作，作为一名持续创业者，曾想将自己从业以来的项目开发经验、问题追踪、技术选型等积累成文字，为给更多的开发者提供参考，使其少走弯路，但一直碍于各种琐事未能成行。当艳鹏将书稿呈现在笔者面前并让笔者为本书作序时，笔者惊喜万分。本书作者有着多年的一线互联网开发经验，根据自己的实际生产经验，将微服务、分布式系统、一致性、性能与容量评估、大数据日志分析系统、调用链系统、容器等结合一些生动、实用的案例进行了全面介绍，对一些项目敏捷开发和技术选型也给出了自己的经验，同时对日常运维手段也进行了分享。本书虽然篇幅不大但实用性很强，能够指导实际互联网架构的设计与实现。本书主题明确、浅显易懂，适合初学者和有一定经验的开发者和架构师阅读和使用。

于立柱

福佑卡车 CTO

推荐序三

本书作者杨彪和艳鹏都是笔者认识多年的老朋友，笔者见证了他们从勤奋青年到老成持重、独当一面，从一线的核心开发人员到架构师再到技术经理和技术总监，从传统IT行业到互联网行业的心路历程。

笔者在近几年面试过很多人，发现了一些有意思的现象：很多自称架构师的人在同你讲架构时可谓滔滔不绝，各种技术名词像说相声一样从其嘴中说出来，但是你稍微追问一下，就会发现其存在很多基本概念的缺失，例如自称精通高并发的人说不出其所谓的高并发瓶颈在哪里，自称能够开发高可用和高性能系统的人说不出高可用和高性能的衡量标准是什么，并且其所谓的大数据处理系统实际上只有百万条数据，等等。

架构师虽然听起来和工程师没有太大区别，技术经理和技术总监也都会对核心技术有所把控，但本质上架构师要引领技术的发展，用技术服务于业务，为业务产生价值，更通俗地说，架构师需要让技术变现，为客户赚取更多的利润，或者为客户节省更多的成本，因此，架构师任重而道远。在互联网高速发展的今天，如何成为一名优秀的架构师是一个值得研究的课题，本书正是为那些已经成为架构师或者即将成为架构师的人准备的一本好书。作为第一批阅读本书的读者，笔者惊叹于本书中的内容如此丰富，囊括了保证互联网线上高并发服务的方方面面，不仅包括分布式服务的背景和演化，还包括保证分布式服务化系统一致性、高性能、高可用的方法论和最佳实践，而这些正是每一个互联网公司都需要探索和应用的理论和方法。笔者推荐每一名互联网架构师都阅读本书，相信你一定能从中学到自己急需的技术、方案和方法。

本书作者有从花旗银行、甲骨文等知名外企到新浪微博、易宝支付等大型互联网平台，从传统的核心行业到火热的游戏行业，从社交产品到金融支付产品等方方面面的工作经验，既深刻了解传统行业的系统规范、流程和功能的复杂性，又深谙互联网行业的高性能、可用性、高并发、可伸缩等高级特性。本书涉及的分布式服务架构原理、设计和实战，皆来自于作者在实际工作中提炼的精华，从理论到落地，皆言之有物。无论是对于软件工程师、测试工程师、运维工程师、软件架构师、技术经理、技术总监，还是对于资深 IT 人士来说，本书都极具参考价值。

杨延峰

开心网副总裁

前　言

自互联网诞生以来，其简单、敏捷的微服务架构开发理念和实践逐渐成为主流，在逐渐发展的环境下和技术演化的过程中，迅速突破互联网行业并波及软件行业的各个领域。然而，这种突飞猛进的表面下却是龙鱼混杂、泥沙俱下。一方面，很多人在这个信息爆炸的时代应对海量信息的处理能力比较有限；另一方面，也有人致力于将优秀的理论和实践相结合，希望运用所学的高效解决方案应对越来越复杂的问题。不论对与错，人类对技术进步的追求从未停歇。

毋庸置疑，IT 行业的发展进入了一个加速分化的时代，将优秀的解决方案推向大众的成本和速度将成为决定企业生存与否的关键因素之一。优秀的互联网企业已装备精良并持续优化，而那些还需不断进步的企业也在互相竞争。尽管在这个信息量巨大的媒体时代，部分优秀的企业在应对分布式服务架构时已经有了更多的认识且技术越来越完善，但也有很多快速发展的企业在变得更优秀这条道路上任重而道远。

很多非常优秀的开发人员和架构师能成为给公司带来长远利益的人，在变革的节点上推波助澜。本书将带你走进分布式服务架构的世界，在这个世界里不停探索和汲取经验。领先于别人是一种要求，这也是很多公司赢得先机的关键所在，无论服务于 IT 的哪个领域，每个 IT 人都有理由重视架构这门艺术。希望本书对于软件工程师、测试工程师、软件架构师及深耕于 IT 行业的老兵来说，都能带给其所期望的内容，并帮助其解决和发现问题，也能帮助其不断探索。

本书以当前流行的分布式服务架构为主线，讲解了分布式服务架构的原理、设计与实践。本书首先介绍了分布式服务架构的背景和演化，然后深入阐述了保证分布式服务的一致性、高性能、高可用性等的设计思想和可实施的方案；然后介绍了大规模、高并发线上服务的应急流程和技术攻关过程，并给出了发现和定位问题的有效、常用工具集；最后详细介绍了分布式服务架构中容器化过程分析、敏捷开发和上线的工具，为从事高并发服务架构的开发人员提供了

分布式服务架构：原理、设计与实战

保障系统健康运行的方法论和最佳实践。

感谢电子工业出版社张国霞编辑的认真态度和辛勤工作，使得本书能够最终顺利完成。

感谢笔者的技术小伙伴贾博岩提供了日志相关的资料和示例，让笔者能够快速完成第 4 章大数据日志系统方面的内容。

感谢张晓辉、周伟、霍勇同学在编辑阶段参与阅稿，并提出专业的意见。

感谢英语专业的高材生曹燕琴小同学在文字上提供的帮助。

最后，感谢笔者的家人和朋友在本书写作过程中提供的支持和帮助。

李艳鹏

---------------------------------- 读者服务 ----------------------------------

轻松注册成为博文视点社区用户（www.broadview.com.cn），扫码直达本书页面。

- 提交勘误：您对书中内容的修改意见可在 提交勘误 处提交，若被采纳，将获赠博文视点社区积分（在您购买电子书时，积分可用来抵扣相应金额）。

- 交流互动：在页面下方 读者评论 处留下您的疑问或观点，与我们和其他读者一同学习交流。

页面入口：http://www.broadview.com.cn/31578

目 录

第 1 章 分布式微服务架构设计原理 … 1

1.1 从传统单体架构到服务化架构 … 2
- 1.1.1 JEE 架构 … 2
- 1.1.2 SSH 架构 … 5
- 1.1.3 服务化架构 … 8

1.2 从服务化到微服务 … 11
- 1.2.1 微服务架构的产生 … 12
- 1.2.2 微服务架构与传统单体架构的对比 … 13
- 1.2.3 微服务架构与 SOA 服务化的对比 … 15

1.3 微服务架构的核心要点和实现原理 … 16
- 1.3.1 微服务架构中职能团队的划分 … 16
- 1.3.2 微服务的去中心化治理 … 18
- 1.3.3 微服务的交互模式 … 18
- 1.3.4 微服务的分解和组合模式 … 22
- 1.3.5 微服务的容错模式 … 35
- 1.3.6 微服务的粒度 … 41

1.4 Java 平台微服务架构的项目组织形式 … 42
- 1.4.1 微服务项目的依赖关系 … 42

1.4.2　微服务项目的层级结构 · 43
　　1.4.3　微服务项目的持续发布 · 45
1.5　服务化管理和治理框架的技术选型 · 45
　　1.5.1　RPC · 46
　　1.5.2　服务化 · 47
　　1.5.3　微服务 · 49
1.6　本章小结 · 52

第 2 章　彻底解决分布式系统一致性的问题　54

2.1　什么是一致性 · 55
2.2　一致性问题 · 56
2.3　解决一致性问题的模式和思路 · 57
　　2.3.1　酸碱平衡理论 · 58
　　2.3.2　分布式一致性协议 · 61
　　2.3.3　保证最终一致性的模式 · 67
2.4　超时处理模式 · 75
　　2.4.1　微服务的交互模式 · 76
　　2.4.2　同步与异步的抉择 · 77
　　2.4.3　交互模式下超时问题的解决方案 · 78
　　2.4.4　超时补偿的原则 · 85
2.5　迁移开关的设计 · 87
2.6　本章小结 · 88

第 3 章　服务化系统容量评估和性能保障　89

3.1　架构设计与非功能质量 · 90
3.2　全面的非功能质量需求 · 91
　　3.2.1　非功能质量需求的概述 · 91

####### 3.2.2 非功能质量需求的具体指标 … 92
3.3 典型的技术评审提纲 … 97
3.3.1 现状 … 97
3.3.2 需求 … 98
3.3.3 方案描述 … 98
3.3.4 方案对比 … 99
3.3.5 风险评估 … 100
3.3.6 工作量评估 … 100
3.4 性能和容量评估经典案例 … 100
3.4.1 背景 … 100
3.4.2 目标数据量级 … 101
3.4.3 量级评估标准 … 101
3.4.4 方案 … 102
3.4.5 小结 … 107
3.5 性能评估参考标准 … 108
3.5.1 常用的应用层性能指标参考标准 … 108
3.5.2 常用的系统层性能指标参考标准 … 109
3.6 性能测试方案的设计和最佳实践 … 112
3.6.1 明确压测目标 … 112
3.6.2 压测场景设计和压测方案制定 … 114
3.6.3 准备压测环境 … 121
3.6.4 压测的执行 … 122
3.6.5 问题修复和系统优化 … 123
3.7 有用的压测工具 … 123
3.7.1 ab … 123
3.7.2 jmeter … 125
3.7.3 mysqlslap … 125
3.7.4 sysbench … 129
3.7.5 dd … 134

	3.7.6	LoadRunner	135
	3.7.7	hprof	136
3.8	本章小结		138

第4章 大数据日志系统的构建 — 140

4.1 开源日志框架的原理分析与应用实践 — 142
4.1.1 JDK Logger — 142
4.1.2 Apache Commons Logging — 143
4.1.3 Apache Log4j — 147
4.1.4 Slf4j — 156
4.1.5 Logback — 160
4.1.6 Apache Log4j 2 — 164

4.2 日志系统的优化和最佳实践 — 168
4.2.1 开发人员的日志意识 — 168
4.2.2 日志级别的设置 — 168
4.2.3 日志的数量和大小 — 169
4.2.4 切割方式 — 170
4.2.5 日志格式的配置 — 170
4.2.6 一行日志导致的线上事故 — 177

4.3 大数据日志系统的原理与设计 — 178
4.3.1 通用架构和设计 — 179
4.3.2 日志采集器 — 180
4.3.3 日志缓冲队列 — 186
4.3.4 日志解析器 — 187
4.3.5 日志存储和搜索 — 187
4.3.6 日志展示系统 — 188
4.3.7 监控和报警 — 188
4.3.8 日志系统的容量和性能评估 — 188

4.4 ELK 系统的构建与使用 190
    4.4.1 Elasticsearch 191
    4.4.2 Logstash 193
    4.4.3 Kibana 196
4.5 本章小结 198

第 5 章 基于调用链的服务治理系统的设计与实现 199

5.1 APM 系统简介 200
    5.1.1 优秀的开源 APM 系统 200
    5.1.2 国内商业 APM 产品的介绍 202
5.2 调用链跟踪的原理 203
    5.2.1 分布式系统的远程调用过程 204
    5.2.2 TraceID 207
    5.2.3 SpanID 208
    5.2.4 业务链 210
5.3 调用链跟踪系统的设计与实现 211
    5.3.1 整体架构 211
    5.3.2 TraceID 和 SpanID 在服务间的传递 213
    5.3.3 采集器的设计与实现 217
    5.3.4 处理器的设计与实现 222
    5.3.5 调用链系统的展示 225
5.4 本章小结 226

第 6 章 Java 服务的线上应急和技术攻关 227

6.1 海恩法则和墨菲定律 227
6.2 线上应急的目标、原则和方法 229
    6.2.1 应急目标 229

	6.2.2	应急原则 ······ 229
	6.2.3	线上应急的方法和流程 ······ 230

6.3 技术攻关的方法论 ······ 233
6.4 环境搭建和示例服务启动 ······ 236
6.5 高效的服务化治理脚本 ······ 240
    6.5.1 show-busiest-java-threads ······ 240
    6.5.2 find-in-jar ······ 243
    6.5.3 grep-in-jar ······ 244
    6.5.4 jar-conflict-detect ······ 245
    6.5.5 http-spy ······ 247
    6.5.6 show-mysql-qps ······ 248
    6.5.7 小结 ······ 249
6.6 JVM 提供的监控命令 ······ 249
    6.6.1 jad ······ 249
    6.6.2 btrace ······ 250
    6.6.3 jmap ······ 252
    6.6.4 jstat ······ 255
    6.6.5 jstack ······ 256
    6.6.6 jinfo ······ 258
    6.6.7 其他命令 ······ 258
    6.6.8 小结 ······ 259
6.7 重要的 Linux 基础命令 ······ 260
    6.7.1 必不可少的基础命令和工具 ······ 260
    6.7.2 查看活动进程的命令 ······ 268
    6.7.3 窥探内存的命令 ······ 270
    6.7.4 针对 CPU 使用情况的监控命令 ······ 272
    6.7.5 监控磁盘 I/O 的命令 ······ 273
    6.7.6 查看网络信息和网络监控命令 ······ 275
    6.7.7 Linux 系统的高级工具 ······ 287

        6.7.8　/proc 文件系统 ·········· 288
        6.7.9　摘要命令 ·········· 288
        6.7.10　小结 ·········· 290
    6.8　现实中的应急和攻关案例 ·········· 291
        6.8.1　一次 OOM 事故的分析和定位 ·········· 291
        6.8.2　一次 CPU 100%的线上事故排查 ·········· 301
    6.9　本章小结 ·········· 304

第 7 章　服务的容器化过程　306

    7.1　容器 vs 虚拟机 ·········· 306
        7.1.1　什么是虚拟机 ·········· 306
        7.1.2　什么是容器 ·········· 306
        7.1.3　容器和虚拟机的区别 ·········· 307
        7.1.4　容器主要解决的问题 ·········· 307
        7.1.5　Docker 的优势 ·········· 310
    7.2　Docker 实战 ·········· 311
        7.2.1　Docker 的架构 ·········· 311
        7.2.2　Docker 的安装 ·········· 315
        7.2.3　Docker 初体验 ·········· 319
        7.2.4　Docker 后台服务的管理 ·········· 322
        7.2.5　Docker 的客户端命令 ·········· 328
        7.2.6　Docker Compose 编排工具的使用 ·········· 372
    7.3　容器化项目 ·········· 379
        7.3.1　传统的应用部署 ·········· 380
        7.3.2　将应用程序部署在虚拟机上 ·········· 380
        7.3.3　容器化部署应用 ·········· 381
        7.3.4　Docker 实现的应用容器化示例 ·········· 382
    7.4　本章小结 ·········· 384

第 8 章 敏捷开发 2.0 的自动化工具 385

8.1 什么是敏捷开发 2.0 385
8.1.1 常用的 4 种开发模式 385
8.1.2 什么是 DevOps 390
8.1.3 敏捷开发 2.0 解决的问题 392

8.2 敏捷开发的自动化流程 393
8.2.1 持续集成 393
8.2.2 持续交付和持续部署 397

8.3 敏捷开发的常用自动化工具 400
8.3.1 分布式版本控制工具 Git 400
8.3.2 持续集成和持续交付工具 Jenkins 410
8.3.3 基础平台管理工具 SaltStack 418
8.3.4 Docker 容器化工具 421

8.4 本章小结 422

第1章
分布式微服务架构设计原理

自 2000 年以来，互联网企业以势如破竹的态势得到了飞速发展，以 BAT 为代表的互联网寡头更是迅速进军电商、搜索、社交等信息领域的各个市场，这些领域都涉及现代生活中不可或缺的网络化服务。

互联网企业从事信息技术的研发、生产和运营，与传统企业相比，互联网企业倾向于对特定的人群提供专用服务，这导致互联网产品多种多样、数量众多。由于传统的软件技术更倾向服务于企业，用户较少，所以传统的企业级技术无法满足互联网产品服务于海量用户的需求。于是，互联网企业对传统技术进行发展和演化，形成一套具有互联网特色的互联网技术。互联网技术以拆分为原则来满足服务于海量用户的需求，从架构上来讲，分布式、服务化（SOA）、微服务得到了深入发展，以拆分和服务化为基础，将海量用户产生的大规模的访问流量进行分解，采用分而治之的方法，达成用户需要的功能指标，并同时满足用户对高可用性、高性能、可伸缩、可扩展和安全性的非功能质量的要求。

本章主要讲解从传统的单体架构到服务化架构的发展历程，并讲解从服务化到现在流行的微服务架构的演进。这里提到的多种架构模式并不矛盾，而是一脉相承的，较新的架构思想是基于原有的架构思想在某个特定领域下满足特定需求演化而来的，因此，这里会更多地介绍这种架构适用的场景和服务的历史使命，并结合笔者在互联网企业中的实践经验，针对实施服务化后的系统遇到的各种问题，提出切实有效的设计思路和解决方案。本章最后会为读者介绍市面上流行的服务化组件的优缺点，帮助读者在实际项目中针对服务化实施做出正确的技术选型决策。

1.1 从传统单体架构到服务化架构

本节介绍从传统单体架构到服务化架构的发展历程。

1.1.1 JEE 架构

JEE 以面向对象的 Java 编程语言为基础，扩展了 Java 平台的标准版，是 Java 平台企业版的简称。它作为企业级软件开发的运行时和开发平台，极大地促进了企业开发和定制信息化系统的进展。

JEE 将企业级软件架构分为三个层级：Web 层、业务逻辑层和数据存取层，每个层次的职责分别如下。

- Web 层：负责与用户交互或者对外提供接口。
- 业务逻辑层：为了实现业务逻辑而设计的流程处理和计算处理模块。
- 数据存取层：将业务逻辑层处理的结果持久化以待后续查询，并维护领域模型中对象的生命周期。

JEE 平台将不同的模块化组件聚合后运行在通用的应用服务器上，例如：WebLogic、WebSphere、JBoss 等，这也包含 Tomcat，但 Tomcat 仅仅是实现了 JEE Web 规范的 Web 容器。JEE 平台是典型的二八原则的一个应用场景，它将 80%通用的与业务无关的逻辑和流程封装在应用服务器的模块化组件里，通过配置的模式提供给应用程序访问，应用程序实现 20%的专用逻辑，并通过配置的形式来访问应用服务器提供的模块化组件。事实上，应用服务器提供的对象关系映射服务、数据持久服务、事务服务、安全服务、消息服务等通过简单的配置即可在应用程序中使用。

JEE 时代的典型架构如图 1-1 所示。

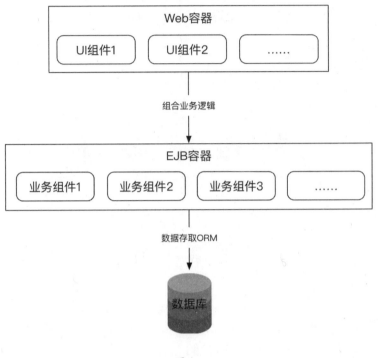

图 1-1

JEE 时代的架构已经对企业级应用的整体架构进行了逻辑分层，包括上面提到的 Web 层、业务逻辑层和数据存取层，分别对应图 1-1 中的 Web 容器、EJB 容器和数据存取 ORM 组件与数据持久层（数据库），不同的层级有自己的职责，并从功能类型上划分层级，每个层级的职责单一。

在这一时期，由于在架构上把整体的单体系统分成具有不同职责的层级，对应的项目管理也倾向于把大的团队分成不同的职能团队，主要包括：用户交互 UI 团队、后台业务逻辑处理团队、数据存取 ORM 团队与 DBA 团队等，每个团队只对自己的职责负责，并对使用方提供组件服务质量保证。

因此，在分层架构下需要对项目管理过程中的团队进行职责划分，并建立团队交流机制。根据康威定律，设计系统的组织时，最终产生的设计等价于组织的沟通结构，通俗来讲，团队的交流机制应该与架构分层交互机制相对应。

JEE 架构下典型的职能团队划分如图 1-2 所示。

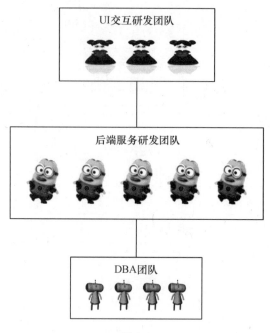

图 1-2

　　JEE 时代下对传统的单体架构进行了分层，职能团队的划分也反映了架构的分层，架构已经在一定程度上进行了逻辑上的拆分，让专业的人做专业的事儿初见端倪，但是，每个层次的多个业务逻辑的实现会被放在同一应用项目中，并且运行在同一个 JVM 中。尽管大多数公司会使用规范来约束不同业务逻辑的隔离性来解耦，但是久而久之，随着复杂业务逻辑的迭代增加及开发人员的不断流动，新手工程师为了节省时间和赶进度，非法使用了其他组件的服务，业务组件之间、UI 组件之间、数据存取之间的耦合性必然增加，最后导致组件与组件之间难以划清界限，完全耦合在一起，将来的新功能迭代、增加和维护将难上加难。

　　另外，由于 JEE 主要应用于企业级应用开发，面向的用户较少，所以尽管 JEE 支持 Web 容器和 EJB 容器的分离部署，这个时代的大多数项目仍然部署在同一个应用服务器上并跑在一个 JVM 进程中。

1.1.2 SSH 架构

Sun 公司是 JEE 规范制定的发起者，早在传统企业全面信息化的初始阶段，Sun 公司看到了企业信息化建设的巨大市场，在制定 JEE 规范时，更注重规范的全面性和权威性，对企业级应用开发的方方面面制定了标准，并且联合 IBM 等大型企业进行推广。然而，在铺天盖地的规范和标准的限制下开发出来的符合 JEE 规范的应用服务器，不但没有简化在瘦客户环境下的应用开发，反而加重了开发者使用的成本和负担，尤其是早期 EJB 版本（2.0）的实现由于大量使用了 XML 配置文件，所以实现一个服务后的配置工作颇多，EJB 组件学习曲线较高，又难以做单元测试，被称为超重量级的组件开发系统。

在 JEE 开始流行但没有完全奠定其地位时，开源软件 Struts、Spring 和 Hibernate 开始崭露头角，很快成为行业内企业开发的开源框架标配（简称 SSH），JEE 规范中的各种技术如 EJB，迅速失去了进一步发展的机会。Web MVC 框架 Struts 在用户交互的 UI 层进一步划分了前端的职责，将用户交互层划分为视图、模型和控制器三大块（简称 MVC 模型），其结构示意图如图 1-3 所示。

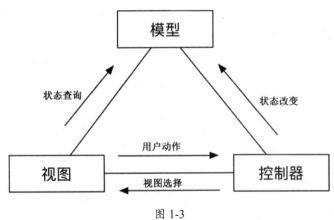

图 1-3

在那个时代，Struts MVC 模型几乎服务于大多数企业服务的 Web 项目。

后来，开源框架 Spring 的发布，更加改变了 JEE 一开始制定的战略目标。Spring 框架作为逻辑层实现的核心容器，使用起来简单、方便又灵活，几乎大部分开发者完全倒向了 Spring 开源派。Spring 框架有两个核心思想：IOC 和 AOP，如下所述。

Spring IOC 指的是控制翻转，将传统 EJB 基于容器的开发改造成普通的 Java 组件的开发，并且在运行时由 Spring 容器统一管理和串联，服务于不同的流程，在开发过程中对 Spring 容器没有强依赖，便于开发、测试、验证和迁移。使用 EJB 实现一个服务化组件 Bean 时，需要依赖于多个容器接口，并需要根据容器的规则进行复杂的 XML 配置，测试需要依赖于应用服务器的环境，有诸多不便；使用 Spring 框架则不然，开发业务逻辑时每个业务逻辑的服务组件都是独立的，而不依赖于 Spring 框架，借助 Spring 容器对单元测试的支持，通过对下层依赖服务进行 Mock，每个业务组件都可以在一定范围内进行单元化测试，而不需要启动重型的容器来测试。

Spring 对 AOP 的支持是 Spring 框架成功的另外一大核心要素。AOP 代表面向切面的编程，通常适用于使用面向对象方法无法抽象的业务逻辑，例如：日志、安全、事务、应用程序性能管理（APM）等，使用它们的场景并不能用面向对象的方法来表达和实现，而需要使用切面来表达，因为它们可能穿插在程序的任何一个角落里。在 Java 的世界里，AOP 的实现方式有如下三种。

- 对 Java 字节码进行重新编译，将切面插入字节码的某些点和面上，可以使用 cglib 库实现。

- 定制类加载器，在类加载时对字节码进行补充，在字节码中插入切面，增加了除业务逻辑外的功能，JVM 自身提供的 Java Agent 机制就是在加载类的字节码时，通过增加切面来实现 AOP 的。

- JVM 本身提供了动态代理组件，可以通过它实现任意对象的代理模式，在代理的过程中可以插入切面的逻辑。可以使用 Java 提供的 APIProxy.newProxyInstance()和 InvocationHandler 来实现。

另外，AspectJ 是实现 AOP 的专业框架和平台，通过 AspectJ 可以实现任意方式的字节码切面，Spring 框架完全支持 AspectJ。

到现在为止，SSH 开源标配框架中有了 UI 交互层的 Struts 框架和业务逻辑实现层的 Spring 框架，由于面向对象领域的模型与关系型数据库存在着天然的屏障，所以对象模型和关系模型之间需要一个纽带框架，也就是我们常说的 ORM 框架，它能够将对象转化成关系，也可以将关系转化成对象，于是，Hibernate 框架出现了。Hibernate 通过配置对象与关系表之间的映射关系，来指导框架对对象进行持久化和查询，并且可以让应用层开发者像执行 SQL 一样执行对象查找。这大大减少了应用层开发人员写 SQL 的时间。然而，随着时间的发展，高度抽象的 ORM 框架被证明性能有瓶颈，因此，后来大家更倾向于使用更加灵活的 MyBatis 来实现 ORM 层。

SSH 时代的架构如图 1-4 所示。

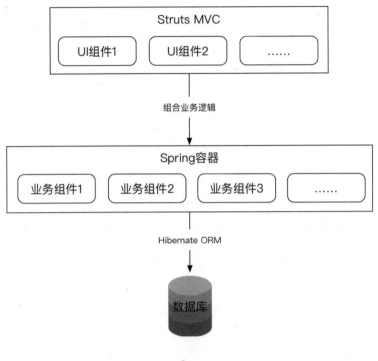

图 1-4

这一时代的 SSH 架构与 JEE 时代的架构类似，可分为三个层次：实现交互 UI 接口的 Web MVC 层、实现业务逻辑的 Spring 层及实现对象关系映射的 Hibernate 层，每个层级的实现比 JEE 对应的层次更简单、更轻量级，不需要开启整个应用服务器即可测试和验证，极大提高了开发效率，这得益于 Spring 框架的控制翻转理念。

由于这一时代的企业级软件服务的对象仍然是企业，用户量并不大，因此，大多数企业里的 SSH 架构最终会被打包到同一个 JEE 规范的 War 包里，并且部署在 Apache Tomcat Web 容器里，因此，整个结构还是趋向于传统的单体架构，业务逻辑仍然耦合在一个项目中，即使通过规范来约束模块化组件的耦合度，效果也往往适得其反。

这一时代的职能团队的划分仍然停留在层次上，与 JEE 架构下的职能团队划分类似，分为前端团队、后端业务逻辑研发团队和 DBA 团队。

1.1.3 服务化架构

从 JEE 时代到 SSH 时代，服务的特点仍然是单体化，服务的粒度抽象为模块化组件，所有组件耦合在一个开发项目中，并且配置和运行在一个 JVM 进程中。如果某个模块化组件需要升级上线，则会导致其他没有变更的模块化组件同样上线，在严重情况下，对某个模块化组件的变更，由于种种原因，会导致其他模块化组件出现问题。

另外，在互联网异军突起的环境下，传统 JEE 和 SSH 无法满足对海量用户发起的高并发请求进行处理的需求，无法突破耦合在一起的模块化组件的性能瓶颈，单一进程已经无法满足需求，并且水平扩展的能力也是很有限的。

为了解决上述问题，SOA 出现了。SOA 代表面向服务的架构，俗称服务化，后面所说的 SOA、服务化、SOA 服务化若没有特殊说明则指 SOA。SOA 将应用程序的模块化组件通过定义明确的接口和契约联系起来，接口是采用中立的方式进行定义的，独立于某种语言、硬件和操作系统，通常通过网络通信来完成，但是并不局限于某种网络协议，可以是底层的 TCP/IP，可以是应用层的 HTTP，也可以是消息队列协议，甚至可以是约定的某种数据库存储形式。这使得各种各样的系统中的模块化组件可以以一种统一和通用的方式进行交互。

对比 JEE 和 SSH 时代的模块化组件后发现，SOA 将模块化组件从单一进程中进一步拆分，形成独立的对外提供服务的网络化组件，每个网络化组件通过某种网络协议对外提供服务，这种架构下的特点如下。

- SOA 定义了良好的对外接口，通过网络协议对外提供服务，服务之间表现为松耦合性，松耦合性具有灵活的特点，可以对服务流程进行灵活组装和编排，而不需要对服务本身做改变。
- 组成整个业务流程的每个服务的内部结构和实现在发生改变时，不影响整个流程对外提供服务，只要对外的接口保持不变，则改变服务内部的实现机制对外部来说可以是透明的。
- SOA 在这一时代的数据通信格式通常为 XML，因为 XML 标记定义在大规模、高并发通信过程中，冗余的标记会给性能带来极大的影响，所以后来被 JSON 所取代。
- SOA 通过定义标准的对外接口，可以让底层通用服务进行下沉，供多个上层的使用方同时使用，增加了服务的可重用性。

- SOA 可以让企业最大化地使用内部和外部的公共服务，避免重复造轮子，例如：通过 SOA 从外部获取时间服务。

要彻底理解 SOA 时代的服务化发展情况，我们必须理解 SOA 的两个主流实现方式：Web Service 和 ESB。

1. Web Service

Web Service 技术是 SOA 服务化的一种实现方式，它使得运行在不同的机器及操作系统上的服务的互相发现和调用成为可能，并且可以通过某种协议交换数据。

图 1-5 是 Web Service 的工作原理图。

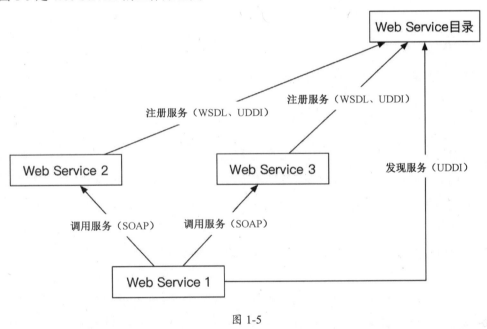

图 1-5

从图 1-5 中可以看到，每个服务之间是对等的，并且互相是解耦的，通过 WSDL 定义的服务发现接口进行访问，并通过 SOAP 协议进行通信。SOAP 协议通常是一种在 HTTP 或者 HTTPS 通道上传输 XML 数据来实现的协议，但是每个服务都要依赖中心化 Web Service 目录来发现现存的服务。

Web Service 的工作原理如下。

- 服务提供者 Web Service 2 和 Web Service 3 通过 UDDI 协议将服务注册到 Web Service 目录服务中。
- 服务消费者 Web Service 1 通过 UDDI 协议从 Web Service 目录中查询服务，并获得服务的 WSDL 服务描述文件。
- 服务消费者 Web Service 1 通过 WSDL 语言远程调用和消费 Web Service 2 和 Web Service 3 提供的服务。

通过这个过程，要改造一个新的业务流程，可以从 Web Service 目录中发现现有的服务，并最大限度地重用现有的服务，经过服务流程的编排来服务新的业务。

2. ESB

ESB 是企业服务总线的简称，是用于设计和实现网络化服务交互和通信的软件模型，是 SOA 的另一种实现方式，主要用于企业信息化系统的集成服务场景中。Mule 是企业服务总线的一个实现。

在 SOA 服务化发展之前，企业对信息化系统进行了初步建设，这些企业信息化系统由异构技术栈实现：不同的开发语言、操作系统和系统软件为了快速响应新的市场，完全使用新技术重建所有的信息化系统是不现实的，在现有的服务系统上增加新的功能或者叠加新的服务化系统的方法更加可行，这需要对这些现有的信息化系统和新增的信息化系统进行组合。SOA 凭借其松耦合的特性，正好应用于这一场景，使得企业可以按照服务化的方式来添加新服务或升级现有服务，来解决新业务对流程编排的需要，甚至可以通过不同的渠道来获得外部服务，并与企业的现有应用进行组合，来提供新的业务场景所需要的信息化流程。

ESB 也适用于事件处理、数据转换和映射、消息和事件异步队列顺序处理、安全和异常处理、协议转换和保证通信服务的质量等场景。

ESB 的架构如图 1-6 所示。

第 1 章　分布式微服务架构设计原理

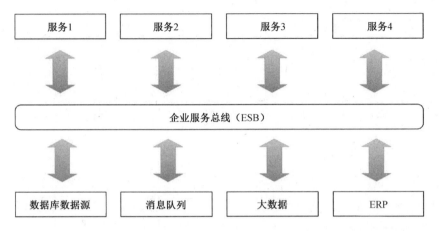

图 1-6

从图 1-6 可以看出，ESB 服务没有中心化的服务节点，每个服务提供者都是通过总线的模式插入系统，总线根据流程的编排负责将服务的输出进行转换并发送给流程要求的下一个服务进行处理。

这里我们可以看到，ESB 的核心在于企业服务总线的功能和职责，如下所述。

- 监控和控制服务之间的消息路由。
- 控制可插拔的服务化的功能和版本。
- 解析服务之间交互和通信的内容和格式。
- 通过组合服务、资源和消息处理器来统一编排业务需要的信息处理流程。
- 使用冗余来提供服务的备份能力。

根据以上分析，我们看到企业服务总线是 ESB 的核心要素，所有服务都可以在总线上插拔，并通过总线的流程编排和协议转接能力来组合实现业务处理能力。

1.2　从服务化到微服务

本节介绍从互联网的服务化架构到微服务架构的演进历程，以及微服务架构的特点、实现原理和最佳实践。

1.2.1 微服务架构的产生

随着互联网企业的不断发展，互联网产品需要服务的用户量逐渐增加，海量用户发起的大规模、高并发请求是企业不得不面对的，前面介绍的 SOA 服务化系统能够分解任务，让每个服务更简单、职责单一、更易于扩展，但无论是 Web Service 还是 ESB，都有时代遗留的问题。

Web Service 的问题如下。

- 依赖中心化的服务发现机制。
- 使用 SOAP 通信协议，通常使用 XML 格式来序列化通信数据，XML 格式的数据冗余太大，协议太重。
- 服务化管理和治理设施并不完善。

ESB 的问题如下。

- ESB 虽然是 SOA 实现的一种方式，却更多地体现了系统集成的便利性，通过统一的服务总线将服务组合在一起，并提供组合的业务流程服务。
- 组合在 ESB 上的服务本身可能是一个过重的整体服务，或者是传统的 JEE 服务等。
- ESB 视图通过总线来隐藏系统内部的复杂性，但是系统内部的复杂性仍然存在。
- 对于总线本身的中心化的管理模型，系统变更影响的范围经常会随之扩大。

问题是驱动人类进步的原动力，于是，近年来服务化架构设计得到了进一步的演化和发展，微服务架构已经出现在不同公司的讨论和设计中，并且在实践的过程中证明，微服务设计模式起到了正向的作用，以至于在不同的公司里，每个人都在以微服务来设计系统架构，但并不是所有同行都意识到他们使用的就是微服务架构模式，而是在默默享受微服务给软件设计、实现和运营带来的好处。

微服务架构倡导将软件应用设计成多个可独立开发、可配置、可运行和可维护的子服务，子服务之间通过良好的接口定义通信机制，通常使用 RESTful 风格的 API 形式来通信，因为 RESTful 风格的 API 通常是在 HTTP 或者 HTTPS 通道上传输 JSON 格式的数据来实现的，HTTP 协议有跨语言、跨异构系统的优点，当然，也可以通过底层的二进制协议、消息队列协议等进行交互。这些服务不需要中心化的统一管理，每个服务的功能可自治，并且可以由不同的语言、系统和平台实现。

微服务架构致力于松耦合和高内聚的效果，与 SOA 和 ESB 相比，不再强调服务总线和通信机制的多样性，常常通过 RESTful 风格的 API 和轻量级的消息通信协议来完成。

微服务架构也并不是一个全新的概念，最早可追溯到 UNIX 操作系统的实现。在 UNIX 操作系统的脚本中，每个技术人员都会使用管道，管道连接前后两个命令，前面命令的输出通过管道传送给后一个命令作为输入，每个命令"各自为政"，完成各自的功能需求。下面是笔者常用的一个管道命令，用来通过 Tomcat Access 文件计算服务在每秒内处理多少个请求：

awk -f' ' '{print $5}' | sort | uniq -c | sort -nr

从对比来看，管道中的每个命令都代表一个微服务，它们高度自治并完成自己的职责，然后将结果输出。管道类似于微服务的网络通信协议，负责微服务之间的交互。

最后需要强调，微服务架构并不是为了拆分而拆分，真正的目的是通过对微服务进行水平扩展解决传统的单体应用在业务急剧增长时遇到的问题，而且由于拆分的微服务系统中专业的人做专业的事，人员和项目的职责单一、低耦合、高内聚，所以产生问题的概率就会降到最小。

1.2.2 微服务架构与传统单体架构的对比

微服务的架构如图 1-7 所示。

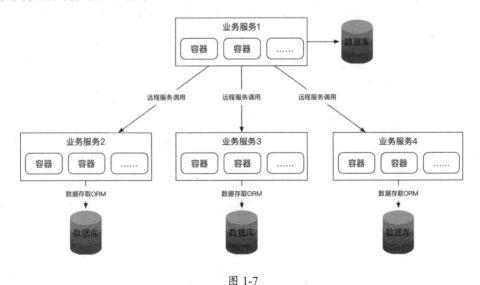

图 1-7

从图 1-7 可以得出如下结论。

- 微服务把每一个职责单一的功能放在一个独立的服务中。
- 每个服务运行在一个单独的进程中。
- 每个服务有多个实例在运行,每个实例可以运行在容器化平台内,达到平滑伸缩的效果。
- 每个服务有自己的数据存储,实际上,每个服务应该有自己独享的数据库、缓存、消息队列等资源。
- 每个服务应该有自己的运营平台,以及独享的运营人员,这包括技术运维和业务运营人员;每个服务都高度自治,内部的变化对外透明。
- 每个服务都可根据性能需求独立地进行水平伸缩。

传统单体架构的伸缩架构如图 1-8 所示。

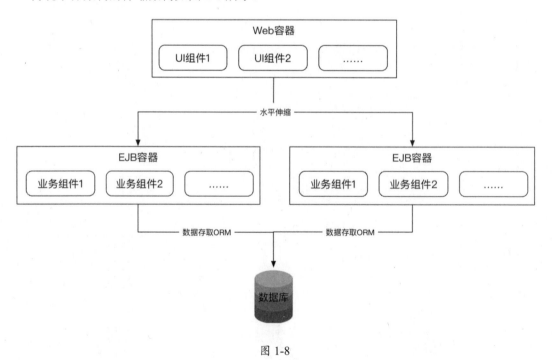

图 1-8

通过对比微服务架构与传统单体架构,我们得知传统单体架构具有如下特点。

- 传统单体架构将所有模块化组件混合后运行在同一个服务 JVM 进程中。
- 可对包含多个模块化组件的整体 JVM 进程进行水平扩展，而无法对某个模块化组件进行水平扩展。
- 某个模块化组件发生变化时，需要所有的模块化组件进行编译、打包和上线。
- 久而久之，模块间的依赖将会不清晰，互相耦合、互相依赖成为家常便饭。

通过对比来看，微服务架构更灵活并且可水平伸缩，可以让专业的人来做专业的事。

1.2.3 微服务架构与 SOA 服务化的对比

我们看到微服务架构的一些特点与 SOA 服务化架构相似，事实上微服务架构与 SOA 服务化架构并不冲突，它们一脉相承，微服务架构是服务化架构响应特定历史时期的使用场景的延续，是服务化进行升华并落地的一种实现方式。SOA 服务化的理念在微服务架构中仍然有效，微服务在 SOA 服务化的基础上进行了演进和叠加，形成了适合现代化应用场景的一个方法论。本书后续在介绍完服务化演进后，将不再对服务化和微服务进行区分，后续章节提供的设计模式和解决方案既适合 SOA 服务化架构，也适合微服务架构。

微服务架构与 SOA 服务化虽然一脉相承，却略有不同，如下所述。

1. 目的不同

- SOA 服务化涉及的范围更广一些，强调不同的异构服务之间的协作和契约，并强调有效集成、业务流程编排、历史应用集成等，典型代表为 Web Service 和 ESB。
- 微服务使用一系列的微小服务来实现整体的业务流程，目的是有效地拆分应用，实现敏捷开发和部署，在每个微小服务的团队里，减少了跨团队的沟通，让专业的人做专业的事，缩小变更和迭代影响的范围，并达到单一微服务更容易水平扩展的目的。

2. 部署方式不同

- 微服务将完整的应用拆分成多个细小的服务，通常使用敏捷扩容、缩容的 Docker 技术来实现自动化的容器管理，每个微服务运行在单一的进程内，微服务中的部署互相独立、互不影响。
- SOA 服务化通常将多个业务服务通过组件化模块方式打包在一个 War 包里，然后统一部署在一个应用服务器上。

3. 服务粒度不同

- 微服务倡导将服务拆分成更细的粒度，通过多个服务组合来实现业务流程的处理，拆分到职责单一，甚至小到不能再进行拆分。
- SOA 对粒度没有要求，在实践中服务通常是粗粒度的，强调接口契约的规范化，内部实现可以更粗粒度。

1.3 微服务架构的核心要点和实现原理

在本节中，我们将进一步理解微服务架构的核心要点和实现原理，为读者的实践提供微服务的设计模式，以期让微服务在读者正在工作的项目中起到积极的作用。

1.3.1 微服务架构中职能团队的划分

回顾 1.1 节中，传统单体架构将系统分成具有不同职责的层次，对应的项目管理也倾向于将大的团队分成不同的职能团队，主要包括：用户交互 UI 团队、后台业务逻辑处理团队与数据存取 ORM 团队、DBA 团队等。每个团队只对自己分层的职责负责，并对使用方提供组件服务质量保证。如果其中一个模块化组件需要升级、更新，那么这个变更会涉及不同的分层团队，即使升级和变更的改变很小，也需要进行跨团队沟通：需求阶段需要跨团队沟通产品功能，设计阶段需要跨团队沟通设计方案，开发阶段需要跨团队沟通具体的接口定义，测试阶段需要沟通业务回归等事宜，甚至上线都需要跨团队沟通应用的上线顺序。可见在传统的整体架构下，后期的维护成本很高，出现事故的风险很大。

根据康威定律，团队的交流机制应该与架构设计机制相对应。因此，在微服务架构下，职能团队的划分方法是我们首先要考虑的一个核心要素。

微服务时代的团队沟通方式如图 1-9 所示。

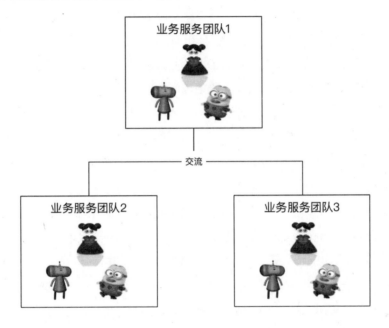

图 1-9

微服务架构按照业务的功能进行划分，每个单一的业务功能叫作一个服务，每个服务对应一个独立的职能团队，团队里包含用户交互 UI 设计师、后台服务开发人员、DBA、运营和运维人员。

在传统的整体架构中，软件是有生命周期的，经历需求分析、开发和测试，然后被交付给运维团队，这时开发团队将会解散，这是对软件的一个"放手"。而在微服务架构中，提倡运维人员也是服务项目团队的一员，倡导谁开发、谁维护，实施终生维护制度。

在业务服务的内部实现需要升级或者变更时，团队内的各角色成员进行沟通即可，而不需要进行跨团队沟通，这大大提高了沟通效率。只有服务之间的接口需要变更时才需要跨部门沟通，如果前期在服务之间的交互上定义了良好的接口，则接口变更的概率并不大，即使接口模式有变更，也可以通过一定的设计模式和规范来解决，可参考 1.3.3 节。

1.3.2 微服务的去中心化治理

笔者曾经在一个互联网平台上工作，平台的决策者倡导建设 API 网关，所有外部服务和内部服务都由统一的 API 网关进行管理。在项目初期，中心化的 API 网关统一了所有 API 的入口，这看起来很规范，但从技术角度来看限制了 API 的多样化。随着业务的发展，API 网关开始暴露问题，每个用户请求经过机房时只要有服务之间的交互，则都会从 API 网关进行路由，服务上量以后，由于内部服务之间的交互都会叠加在 API 网关的调用上，所以在很大程度上放大了 API 网关的调用 TPS，API 网关很快就遇到了性能瓶颈。

这个案例是典型的微服务的反模式，微服务倡导去中心化的治理，不推荐每个微服务都使用相同的标准和技术来开发和使用服务。在微服务架构下可以使用 C++开发一个服务，来对接 Java 开发的另外一个服务，对于异构系统之间的交互标准，通常可以使用工具来补偿。开发者可以开发共用的工具，并分享给异构系统的开发者使用，来解决异构系统不一致的问题，例如：Thrift 远程调用框架使用中间语言（IDL）来定义接口，中间语言是独立于任何语言的，并提供了工具来生成中间语言，以及在中间语言与具体语言之间的代码转换。

微服务架构倡导去中心化的服务管理和治理，尽量不设置中心化的管理服务，最差也需要在中心化的管理服务宕机时有替代方案和设计。在笔者工作的支付平台服务化建设中，第 1 层 SOA 服务化采用 Dubbo 框架进行定制化，如果 Dubbo 服务化出现了大面积的崩溃，则服务化体系会切换到点对点的 hessian 远程调用，这被称为服务化降级，降级后点对点的 hessian 远程调用时没有中心化节点，整体上符合微服务的原理。

1.3.3 微服务的交互模式

本节介绍微服务之间交互的通用设计模式，这些设计模式对微服务之间的交互定义契约，服务的生产者和调用者都需要遵守这些契约，才能保证微服务不出问题。

1. 读者容错模式

读者容错模式（Tolerant Reader）指微服务化中服务提供者和消费者之间如何对接口的改变进行容错。从字面上来讲，消费者需要对提供者提供的功能进行兼容性设计，尤其对服务提供者返回的内容进行兼容，或者解决在服务提供者改变接口或者数据的格式的情况下，如何让服务消费者正常运行。

任何一个产品在设计时都无法预见将来可能增加的所有需求，服务的开发者通常通过迭代及时地增加新功能，或者让服务提供的 API 自然地演进。不过，服务提供者对外提供的接口的数据格式的改变、增加和删除，都会导致服务的消费者不能正常工作。

因此，在服务消费者处理服务提供者返回的消息的过程中，需要对服务返回的消息进行过滤，只提取自己需要的内容，对多余或者未知的内容采取抛弃的策略，而不是硬生生地抛错处理。

在实现过程中不推荐使用严格的校验策略，而是推荐使用宽松的校验策略，即使服务消费者拿到的消息报文发生了改变，程序也只需尽最大努力提取需要的数据，同时忽略不可识别的数据。只有在服务消费者完全不能识别接收到的消息，或者无法通过识别的信息继续处理流程时，才能抛出异常。

服务的消费者的容错模式忽略了新的消息项、可选的消息项、未知的数据值及服务消费者不需要的数据项。

笔者当前在某个支付公司工作，公司里几乎每个业务都需要使用枚举类型，在微服务平台下，笔者在研发流程规范中定义了一条枚举值使用规范：

在服务接口的定义中，参数可以使用枚举值，在返回值的 DTO 中禁止使用枚举值。

这条规范就是读者容错模式在实践中的一个实例，之所以在参数中允许使用枚举值，是因为如果服务的提供者升级了接口，增加了枚举值，若服务的消费者并没有感知，则服务的消费者得知新的枚举值就可以传递新的枚举值了；但是如果接口的返回 DTO 中使用了枚举值，并且因为某种原因增加了枚举值，则服务消费者在反序列化枚举时就会报错，因此在返回值中我们应该使用字符串等互相认可的类型，来做到双方的互相兼容，并实现读者容错模式。

2. 消费者驱动契约模式

消费者驱动契约模式用来定义服务化中服务之间交互接口改变的最佳规则。

服务契约分为：提供者契约、消费者契约及消费者驱动的契约，它从期望与约束的角度描述了服务提供者与服务消费者之间的联动关系。

- 提供者契约：是我们最常用的一种服务契约，顾名思义，提供者契约是以提供者为中心的，提供者提供了什么功能和消息格式，各消费者都会无条件地遵守这些约定，不论消费者实际需要多少功能，消费者接受了提供者契约时，都会根据服务提供者的规则来使用服务。

- 消费者契约：是对某个消费者的需求进行更为精确的描述，在一次具体的服务交互场景下，代表消费者需要提供者提供功能中的哪部分数据。消费者契约可以被用来标识现有的提供者契约，也可以用来发现一个尚未明确的提供者契约。

- 消费者驱动的契约：代表服务提供者向其所有当前消费者承诺遵守的约束。一旦各消费者把自己的具体期望告知提供者，则提供者无论在什么时间和场景下，都不应该打破契约。

在现实的服务交互设计中，上面这三种契约是同时存在的，笔者所在的支付平台里，交易系统在完成一笔支付后，需要到账务系统为商户入账，在这个过程中，服务契约表现如下。

- 生产者契约：账务系统提供 Dubbo 服务化接口，参数为商户账户 ID、入账订单号和入账金额。

- 消费者契约：账务系统返回 DTO，包含商户账户 ID、入账订单号、入账金额、入账时间、账务流水号、入账状态等，而交易系统只需使用其中的入账订单号和入账状态。

- 消费者驱动的契约：为了保证资金安全，交易系统作为入账的发起者向账务提出要求，需要账务做幂等和滤重处理，对重复的入账请求进行拦截；账务系统在接受这个契约后，即使将来有任何改变，也不能打破这个限制，否则就会造成资金的损失，这在金融系统中是最严重的问题。

服务之间的交互需要使用的三种服务契约如图 1-10 所示。

第1章 分布式微服务架构设计原理

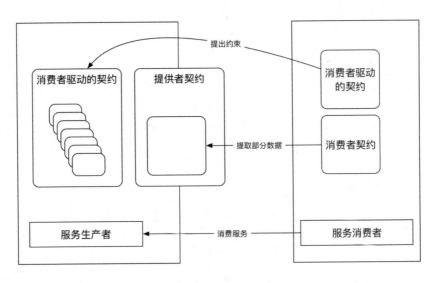

图 1-10

从图 1-10 可以看到，服务提供者契约是服务提供者单方面定下的规则，而一个消费者契约会成为提供者契约的一部分，多个服务消费者可以对服务提供者提出约束，服务提供者需要在将来遵守服务消费者提出的契约，这就是消费者驱动的契约。

3. 去数据共享模式

与 SOA 服务化对比，微服务是去 ESB 总线、去中心化及分布式的；而 SOA 还是以 ESB 为核心实现遗留系统的集成，以及基于 Web Service 为标准实现的通用的面向服务的架构。在微服务领域，微服务之间的交互通过定义良好的接口来实现，不允许使用共享数据来实现。

在实践的过程中，有些方案的设计使用缓存或者数据库作为两个微服务之间的纽带，在业务流程的处理过程中，为了处理简单，前一个服务将中间结果存入数据库或者缓存，下一个服务从缓存或者数据库中拿出数据继续处理。处理流程如图 1-11 所示。

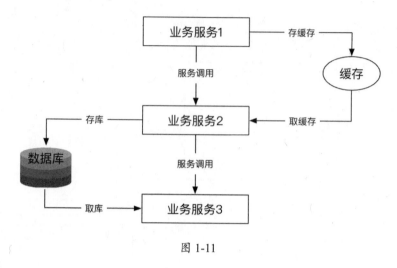

图 1-11

这种交互流程的缺点如下。

- 使得微服务之间的交互除了接口契约,还存在数据存储契约。
- 上游的数据格式发生变化时,可能导致下游的处理逻辑出现问题。
- 多个服务共享一个资源服务,对资源服务的运维难以划清职责和界限。
- 在做双机房独立部署时,需要考虑服务和资源的路由情况,跨机房的服务调用不能使用独立的资源部署模式,因此难以实现服务自治。

因此,在设计微服务架构时,一定不要共享缓存和数据库等资源,也不要使用总线模式,服务之间的通信和交互只能依赖定义良好的接口,通常使用 RESTful 样式的 API 或者透明的 RPC 调用框架。

1.3.4 微服务的分解和组合模式

使用微服务架构划分服务和团队是微服务架构实施的重要一步,良好的划分和拆分使系统达到松耦合和高内聚的效果,然后通过微服务的灵活组装可以满足上层的各种各样的业务处理需求。

在微服务架构的需求分析和架构设计过程中,通常是用领域的动词和名词来划分微服务的,例如，对于一个电商后台系统，可以分解为订单、商品、商品目录、库存、购物车、交易、支付、发票、物流等子系统，每个名词和动词都可以是一个微服务，将这几个微服务组合在一起，就实现了电商平台用户购买商品的整个业务流。

这样拆分以后，系统具有敏捷性、灵活性、可伸缩性等，拆分后有多个高度自治的微服务，那么以什么方式组合微服务呢？

1. 服务代理模式

服务代理模式是最简单的服务组合模式，它根据业务的需求选择调用后端的某个服务。在返回给使用端之前，代理可以对后端服务的输出进行加工，也可以直接把后端服务的返回结果返回给使用端。

服务代理模式的架构如图 1-12 所示。

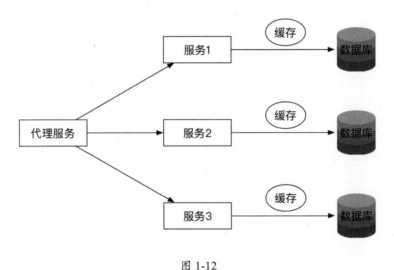

图 1-12

在笔者工作的微服务化架构平台下，经常会使用这种模式，典型的案例是做平滑的系统迁移，通常经历如下 4 个阶段。

- 在新老系统上双写。
- 迁移双写之前的历史遗留数据。

- 将读请求切换到新系统。
- 下调双写逻辑，只写新系统。

服务代理模式常常应用到第 3 步，一般会对读请求切换设计一个开关，开关打开时查询新系统，开关关闭时查询老系统。

迁移案例中开关的逻辑如图 1-13 所示。

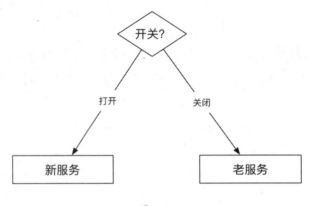

图 1-13

2. 服务聚合模式

服务聚合模式是最常用的服务组合模式，它根据业务流程处理的需要，以一定的顺序调用依赖的多个微服务，对依赖的微服务返回的数据进行组合、加工和转换，最后以一定的形式返回给使用方。

这里，每个被依赖的微服务都有自己的缓存和数据库，聚合服务本身可以有自己的数据存储，包括缓存和数据库等，也可以是简单的聚合，不需要持久化任何数据。

服务聚合模式的架构如图 1-14 所示。

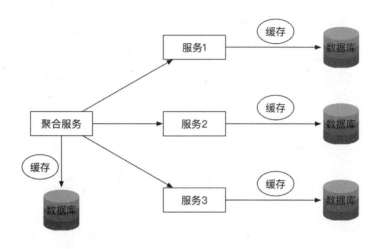

图 1-14

这里体现了 DRY（Don't Repeat Yourself）原则的设计理念，在设计或者构造应用时，最大限度地重用了现有的实现。假如一块业务逻辑由三个独立的逻辑块组成，每个独立的逻辑块可能有多个使用方，则 DRY 原则推荐将三个独立的逻辑块封装成三个独立运行的微服务，然后使用本节的服务聚合模式开发聚合服务，将三个独立的逻辑块聚合在一起提供给上层组合服务。这样的设计原则有如下好处。

- 三个独立的子服务可以各自独立开发、敏捷变更和部署。
- 聚合服务封装下层的业务处理服务，由三个独立的子服务完成数据持久化等工作，项目结构清晰明了。
- 三个独立的子服务对于其他使用方仍然可以重用。

考虑到本节开头的例子，在对微服务进行拆分时，将电商后台系统大致拆分成订单、商品、商品目录、库存、购物车、交易、支付、发票、物流等微服务，那么电商平台的前端应用就是后端各个微服务的一个最大的聚合服务，前端应用通过调用商品和商品目录显示商品列表，提供给用户选择商品的功能，用户选择商品后增加商品到购物车，在用户从购物车结算时，调用交易系统完成交易和支付等。

电商前台的聚合模式的案例架构如图 1-15 所示。

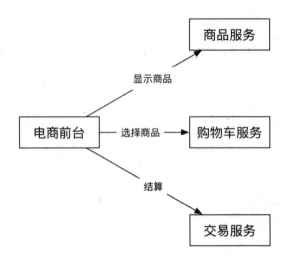

图 1-15

另外,聚合服务也可以是一个纯后台服务,通过聚合对使用方输出组合的服务,例如在上面的电商系统案例中,在用户选择结算后,系统调用交易,交易系统会调用库存系统锁库存,然后创建交易订单,引导用户去支付,支付成功后扣减库存,最后通过发票服务开具电子发票。

电商后台交易服务的聚合模式架构如图 1-16 所示。

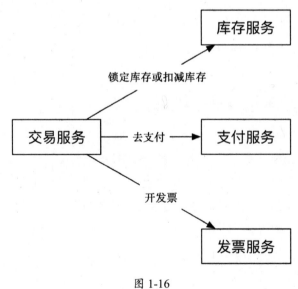

图 1-16

3. 服务串联模式

服务串联模式类似于一个工作流,最前面的服务 1 负责接收请求和响应使用方,串联服务后再与服务 1 交互,随后服务 1 与服务 2 交互,最后,从服务 2 产生的结果经过服务 1 和串联服务逐个处理后返回给使用方,如图 1-17 所示。

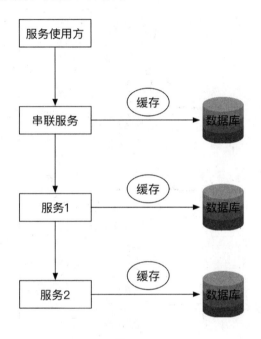

图 1-17

服务串联模式之间的调用通常使用同步的 RESTful 风格的远程调用实现,注意,这种模式采用的是同步调用方式,在串联服务没有完成并返回之前,所有服务都会阻塞和等待,一个请求会占用一个线程来处理,因此在这种模式下不建议服务的层级太多,如果能用服务聚合模式代替,则优先使用服务聚合模式,而不是使用这种服务串联模式。

相对于服务聚合模式,服务串联模式有一个优点,即串联链路上再增加一个节点时,只要不是在串联服务的正后面增加,那么串联服务是无感知的。

在串联服务中调用链的最后端增加服务无感知的架构如图 1-18 所示。

在上面提及的电商案例中,UI 前端应用调用交易,交易调用商品库存系统锁定库存和扣减库存,使用的就是服务串联模式。

服务串联模式案例的架构如图 1-19 所示。

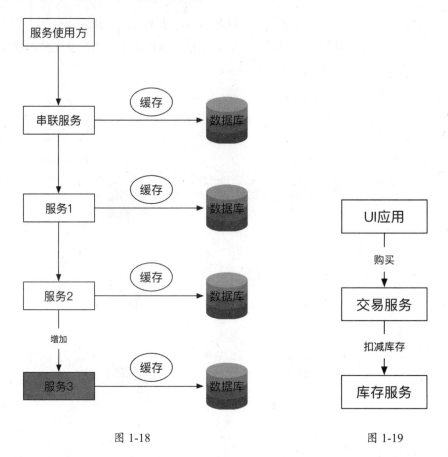

图 1-18　　　　　　　　　　图 1-19

4. 服务分支模式

服务分支模式是服务代理模式、服务聚合模式和服务串联模式相结合的产物。

分支服务可以拥有自己的数据库存储，调用多个后端的服务或者服务串联链，然后将结果进行组合处理再返回给客户端。分支服务也可以使用代理模式，简单地调用后端的某个服务或者服务链，然后将返回的数据直接返回给使用方。

服务分支模式的架构如图 1-20 所示。

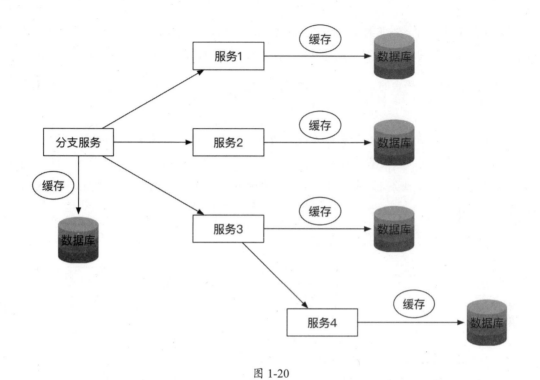

图 1-20

在实际的业务平台建设中，由于业务的复杂性，抽象的微服务可能有多层的依赖关系，依赖关系并不会太简单，经常呈现树形的分支结构。

以电商平台的支付服务架构为例，如图 1-21 所示。

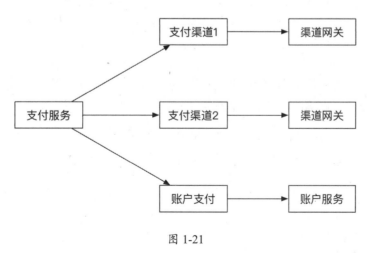

图 1-21

支付服务对接两个外部的支付网关，都要经过各自的支付渠道网关，同时支持账户余额支付，这个支付服务其实就是一个分支模式，在实际项目中这种服务分支模式很多。

笔者在构建支付平台时，由于大量地使用了服务分支模式，所以发现了一个比较有趣的现象，如下所述。

假设有一个基础服务，在服务分支模式的多个层次中对基础服务都有依赖，那么当基础服务的一台机器宕机时，假设基础服务有 8 台机器，则最后受影响的流量并不是 1/8。假设基础服务 6 共有 8 台机器，服务 1、服务 3 和服务 5 组成某服务的一个调用链，则调用链过程中会多次调用基础服务 6。

具体服务的调用链示意图如图 1-22 所示。

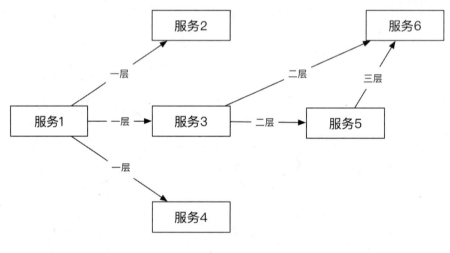

图 1-22

某天，基础服务 6 的 8 台机器中的 1 台宕机，按照常理，大家都认为只影响其中 1/8 的流量，而统计结果显示影响的业务结果竟然大于 1/8。

仔细思考，造成这个结果的原因是调用链上有多个层次重复调用了基础服务，导致基础服务挂掉时影响的流量有累加效果，具体计算如下。

假设进入系统的流量为 n，调用链从服务 3 开始调用服务 6，服务 3 有 1/8 的流量失败，这时剩下的成功的流量为 $7/8 \times n$，剩下的成功的流量继续走到服务 5，服务 5 再次调用服务 6，又有 1/8 的流量失败，剩下 $7/8 \times 7/8 \times n$。

假设基础服务资源池中的机器个数为 i，一次挂掉的机器个数为 j，一个调用链中调用 x 次基础服务，那么正确处理的流量的计算公式为：

$$成功率 = ((i-j)/i)^x$$

假设允许的可用性波动率为 a，求出底层服务一次宕机 1 台时最少应该配置的机器数为：

$$a > 1 - ((i-j)/i)^x$$

对公式进行转换：

$$\sqrt[x]{1-a} < (i-j)/i$$

由于一次只允许一台机器宕机：

$$1 - \sqrt[x]{1-a} > 1/i$$

所以得出需要设置的机器数量 i 为：

$$i > 1/(1-\sqrt[x]{1-a})$$

对于上面的案例，每次最多允许基础服务 6 宕机 1 台，在这种情况下需要保持可用性的波动率小于 25%，一共有两层服务依赖基础服务 6，通过上述公式计算得出：

$$i > 7.5$$

结果，至少为服务 6 部署 9 台机器，这样在 1 台机器宕机时，对可用性的波动性影响控制在 25% 以内。

由于分支模式放大了服务的依赖关系，因此在现实的微服务设计中尽量保持服务调用级别的简单，在使用服务组合和服务代理模式时，不要使用服务串联模式和服务分支模式，以保持服务依赖关系的清晰明了，这也减少了日后维护的工作量。

5. 服务异步消息模式

前面的所有服务组合模式都使用同步的 RESTful 风格的同步调用来实现，同步调用模式在调用的过程中会阻塞线程，如果服务提供方迟迟没有返回，则服务消费方会一直阻塞，在严重情况下会撑满服务的线程池，出现雪崩效应。

因此，在构建微服务架构系统时，通常会梳理核心系统的最小化服务集合，这些核心的系统服务使用同步调用，而其他核心链路以外的服务可以使用异步消息队列进行异步化。

服务异步消息模式的架构如图 1-23 所示。

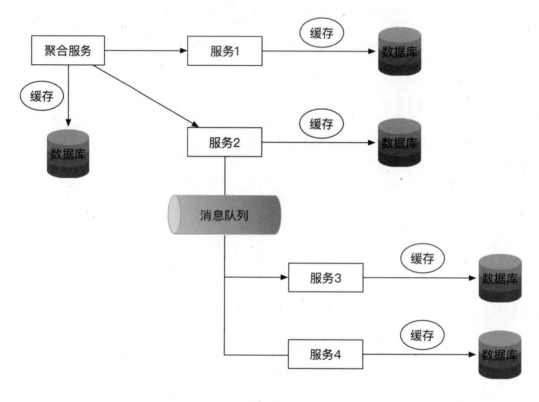

图 1-23

在图 1-23 中，聚合服务同步调用服务 1 和服务 2，而服务 2 通过消息队列将异步消息传递给服务 3 和服务 4。

典型的案例就是在电商系统中，交易完成后向物流系统发起消息通知，通知物流系统发货，如图 1-24 所示。

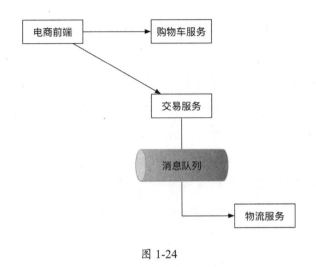

图 1-24

6. 服务共享数据模式

服务共享数据模式其实是反模式,在 1.3.3 节中提出了去数据共享模式,由于去掉了数据共享,所以仅仅通过服务之间良好定义的接口进行交互和通信,使得每个服务都是自治的,服务本身和服务的团队包含全角色栈的技术和运营人员,这些人都是专业的人做专业的事,使沟通在团队内部解决,因此可以使效率最大化。

服务共享数据模式的架构如图 1-25 所示。

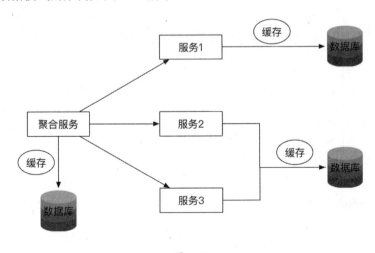

图 1-25

然而，在下面两种场景下，我们仍然需要数据共享模式。

1. 单元化架构

一些平台由于对性能有较高的要求，所以采用微服务化将服务进行拆分，通过网络服务进行通信，尽管网络通信的带宽已经很宽，但是还会有性能方面的损耗，在这种场景下，可以让不同的微服务共享一些资源，例如：缓存、数据库等，甚至可以将缓存和数据在物理拓扑上与微服务部署在一个物理机中，最大限度地减少网络通信带来的性能损耗，我们将这种方法称为"单元化架构"。

单元化架构的示意图如图 1-26 所示。

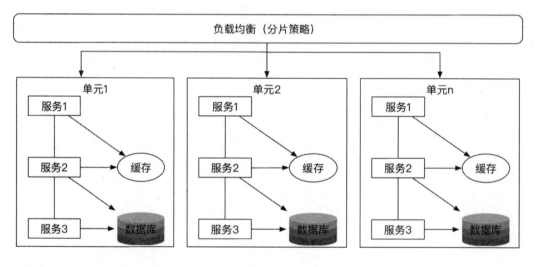

图 1-26

2. 遗留的整体服务

对于历史遗留的传统单体服务，我们在重构微服务的过程中，发现单体服务依赖的数据库表耦合在一起，对其拆分需要进行反规范化的处理，可能会造成数据一致性问题，在没有对其完全理解和有把握的前提下，会选择保持现状，让不同的微服务暂时共享数据存储。

除了上面提到的两个场景，任何场景都不能使用服务数据共享模式。

1.3.5 微服务的容错模式

在使用了微服务架构以后,整体的业务流程被拆分成小的微服务,并组合在一起对外提供服务,微服务之间使用轻量级的网络协议通信,通常是 RESTful 风格的远程调用。由于服务与服务的调用不再是进程内的调用,而是通过网络进行的远程调用,众所周知,网络通信是不稳定、不可靠的,一个服务依赖的服务可能出错、超时或者宕机,如果没有及时发现和隔离问题,或者在设计中没有考虑如何应对这样的问题,那么很可能在短时间内服务的线程池中的线程被用满、资源耗尽,导致出现雪崩效应。本节针对微服务架构中可能遇到的这些问题,讲解应该采取哪些措施和方案来解决。

1. 舱壁隔离模式

这里用航船的设计比喻舱壁隔离模式,若一艘航船遇到了意外事故,其中一个船舱进了水,则我们希望这个船舱和其他船舱是隔离的,希望其他船舱可以不进水,不受影响。在微服务架构中,这主要体现在如下两个方面。

1)微服务容器分组

笔者所在的支付平台应用了微服务,将微服务的每个节点的服务池分为三组:准生产环境、灰度环境和生产环境。准生产环境供内侧使用;灰度环境会跑一些普通商户的流量;大部分生产流量和 VIP 商户的流量则跑在生产环境中。这样,在一次比较大的重构过程中,我们就可以充分利用灰度环境的隔离性进行预验证,用普通商户的流量验证重构没有问题后,再上生产环境。

另外一个案例是一些社交平台将名人的自媒体流量全部路由到服务的核心池子中,而将普通用户的流量路由到另外一个服务池子中,有效隔离了普通用户和重要用户的负载。

其服务分组如图 1-27 所示。

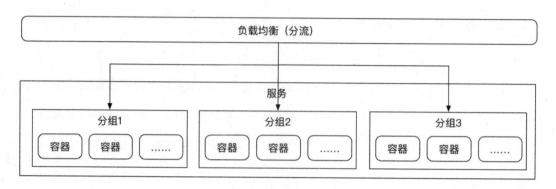

图 1-27

2）线程池隔离

在微服务架构实施的过程中，我们不一定将每个服务拆分到微小的力度，这取决于职能团队和财务的状况，我们一般会将同一类功能划分在一个微服务中，尽量避免微服务过细而导致成本增加，适可而止。

这样就会导致多个功能混合部署在一个微服务实例中，这些微服务的不同功能通常使用同一个线程池，导致一个功能流量增加时耗尽线程池的线程，而阻塞其他功能的服务。

线程池隔离如图 1-28 所示。

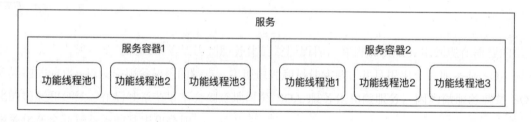

图 1-28

2. 熔断模式

可以用家里的电路保险开关来比喻熔断模式，如果家里的用电量过大，则电路保险开关就会自动跳闸，这时需要人工找到用电量过大的电器来解决问题，然后打开电路保险开关。在这个过程中，电路保险开关起到保护整个家庭电路系统的作用。

对于微服务系统也一样，当服务的输入负载迅速增加时，如果没有有效的措施对负载进行熔断，则会使服务迅速被压垮，服务被压垮会导致依赖的服务都被压垮，出现雪崩效应，因此，可通过模拟家庭的电路保险开关，在微服务架构中实现熔断模式。

微服务化的熔断模式的状态流转如图1-29所示。

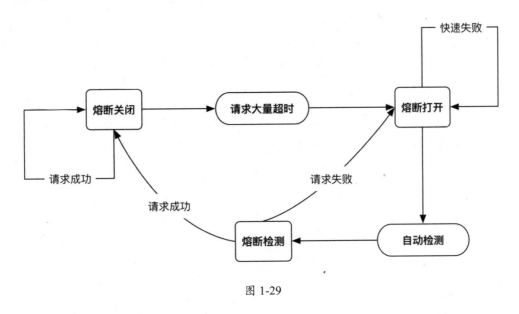

图 1-29

3. 限流模式

服务的容量和性能是有限的，在第3章中会介绍如何在架构设计过程中评估服务的最大性能和容量，然而，即使我们在设计阶段考虑到了性能压力的问题，并从设计和部署上解决了这些问题，但是业务量是随着时间的推移而增长的，突然上量对于一个飞速发展的平台来说是很常见的事情。

针对服务突然上量，我们必须有限流机制，限流机制一般会控制访问的并发量，例如每秒允许处理的并发用户数及查询量、请求量等。

有如下几种主流的方法实现限流。

1）计数器

通过原子变量计算单位时间内的访问次数，如果超出某个阈值，则拒绝后续的请求，等到下一个单位时间再重新计数。

在计数器的实现方法中通常定义了一个循环数组（见图1-30），例如：定义5个元素的环形数组，计数周期为1s，可以记录4s内的访问量，其中有1个元素为当前时间点的标志，通常来说每秒程序都会将前面3s的访问量打印到日志，供统计分析。

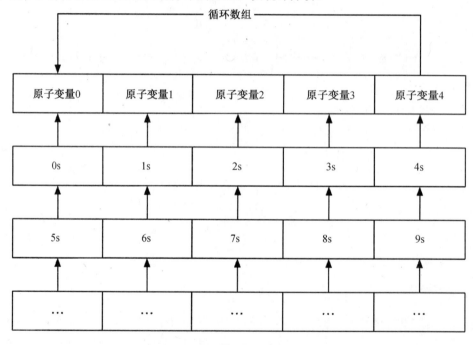

图 1-30

我们将时间的秒数除以数组元素的个数 5，然后取模，映射到环形数组里的数据元素，假如当前时间是 1 000 000 002s，那么对应当前时间的环形数组里的第 3 个元素，下标为 2。

此时的数组元素的数据如图 1-31 所示。

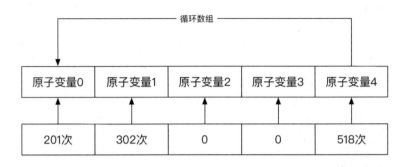

图 1-31

在图 1-31 中，当前时间为 1 000 000 002s，对应的计数器在第 3 个元素，下标为 2，当前请求是在这个时间周期内的第 1 个访问请求，程序首先需要对后一个元素即第 4 个元素，也就是下标为 3 的元素清零；在 1 000 000 002s 内，任何一个请求如果发现下标为 3 的元素不为 0，则都会将原子变量 3 清零，并记录清零的时间。

这时程序可以对第 3 个元素即下标为 2 的元素，进行累加并判断是否达到阈值，如果达到阈值，则拒绝请求，否则请求通过；同时，打印本次及之前 3 秒的数据访问量，打印结果如下。

当前：1 次，前 1s：302 次，前 2s：201 次，前 3s：518 次

然而，如果当前秒一直没有请求量，下一秒的计数器始终不能清零，则下一秒的请求到达后要首先清零再使用，并更新清零时间。

在下一秒的请求到达后，若检查到当前秒对应的原子变量计数器不为 0，而且最后的清零时间不是上一秒，则先对当前秒的计数器清零，再进行累加操作，这避免发生上一秒无请求的场景，或者上一秒的请求由于线程调度延迟而没有清零下一秒的场景，后面这种场景发生的概率较小。

另外一种实现计数器的简单方法是单独启动一个线程，每隔一定的时间间隔执行对下一秒的原子变量计数器清零操作，这个时间间隔必须小于计数时间间隔。

2）令牌筒

令牌筒是一个流行的实现限流的技术方案，它通过一个线程在单位时间内生产固定数量的令牌，然后把令牌放入队列，每次请求调用需要从桶中拿取一个令牌，拿到令牌后才有资格执行请求调用，否则只能等待拿到令牌再执行，或者直接丢弃。

令牌筒的结构如图 1-32 所示。

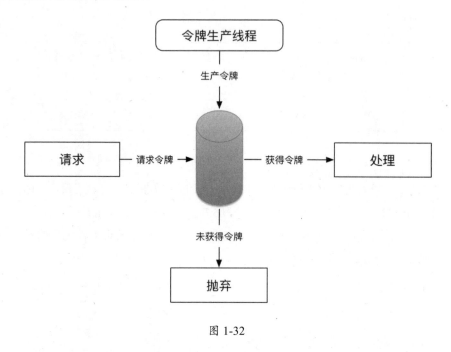

图 1-32

3）信号量

限流类似于生活中的漏洞，无论倒入多少油，下面有漏管的流量是有限的，实际上我们在应用层使用的信号量也可以实现限流。

使用信号量的示例如下：

```
public class SemaphoreExample {
    private ExecutorService exec = Executors.newCachedThreadPool();
    public static void main(String[] args) {
        final Semaphore sem = new Semaphore(5);
        for (int index = 0; index < 20; index++) {
            Runnable run = new Runnable() {
                public void run() {
                    try {
                        // 获得许可
                        sem.acquire();
                        // 同时只有5个请求可以到达这里
                        Thread.sleep((long) (Math.random()));
                        // 释放许可
```

```
                sem.release();
                System.out.println("剩余许可: " + sem.availablePermits());
            } catch (InterruptedException e) {
                e.printStackTrace();
            }
        }
    };
    exec.execute(run);
}
exec.shutdown();
```

4. 失效转移模式

若微服务架构中发生了熔断和限流,则该如何处理被拒绝的请求呢?解决这个问题的模式叫作失效转移模式,通常分为下面几种。

- 采用快速失败的策略,直接返回使用方错误,让使用方知道发生了问题并自行决定后续处理。
- 是否有备份服务,如果有备份服务,则迅速切换到备份服务。
- 失败的服务有可能是某台机器有问题,而不是所有机器有问题,例如 OOM 问题,在这种情况下适合使用 failover 策略,采用重试的方法来解决,但是这种方法要求服务提供者的服务实现了幂等性。

1.3.6 微服务的粒度

在服务化系统或者微服务架构中,我们如何拆分服务才是最合理的?服务拆分到什么样的粒度最合适?

按照微服务的初衷,服务要按照业务的功能进行拆分,直到每个服务的功能和职责单一,甚至不可再拆分为止,以至于每个服务都能独立部署,扩容和缩容方便,能够有效地提高利用率。拆得越细,服务的耦合度越小,内聚性越好,越适合敏捷发布和上线。

然而，拆得太细会导致系统的服务数量较多，相互依赖的关系较复杂，更重要的是根据康威定律，团队要响应系统的架构，每个微服务都要有相应的独立、自治的团队来维护，这也是一个不切实际的想法。

因此，这里倡导对微服务的拆分适可而止，原则是拆分到可以让使用方自由地编排底层的子服务来获得相应的组合服务即可，同时要考虑团队的建设及人员的数量和分配等。

有的公司把每个接口包装成一个工程，或者把每一次 JDBC 调用包装成一个工程，然后号称是"微服务"，最后有成百上千的微服务项目，这是不合理的。当然，有的公司把一套接口完成的一个粗粒度的流程耦合在一个项目中，导致上层服务想要使用这套接口中某个单独的服务时，由于这个服务与其他逻辑耦合在一起，所以需要在流程中做定制化才能实现使用方使用部分服务的需求，这也是不合理的，原因是服务粒度太粗。

总之，拆分的粒度太细和太粗都是不合理的，根据业务需要，能够满足上层服务对底层服务自由编排并获得更多的业务功能即可，并需要适合团队的建设和布局。

1.4 Java 平台微服务架构的项目组织形式

1.4.1 微服务项目的依赖关系

在微服务化架构中，软件项目被拆分成多个自治的服务，服务之间通过网络协议进行调用，通常使用透明的 RPC 远程调用。

在 Java 领域，每个服务上线后，对外输出的接口为一个 Jar 包。在微服务领域，Jar 包被分为一方库、二方库、三方库。

- 一方库：本服务在 JVM 进程内依赖的 Jar 包。
- 二方库：在服务外通过网络通信或者 RPC 调用的服务的 Jar 包。
- 三方库：所依赖的其他公司或者组织提供的服务或者模块。

Java 微服务架构中的库依赖如图 1-33 所示。

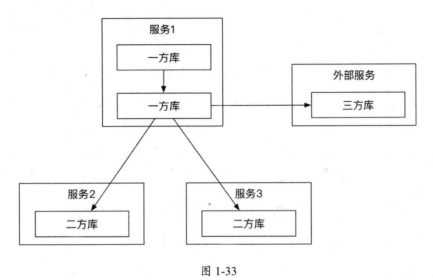

图 1-33

1.4.2 微服务项目的层级结构

Java 微服务项目的层级结构一般为：服务导出层、接口层和逻辑实现层，如图 1-34 所示。

图 1-34

其中，每个层级的职责和最终的表现形式如下。

- 服务导出层：最后会打包成一个 War 包，包含服务的实现 Jar 包、接口 Jar 包，以及 Web 项目导出 RPC 服务所需要的配置文件等。
- 服务接口层：包含业务接口、依赖的 DTO 及需要的枚举类等，最后打包成 Jar 包，并发布到 Maven 服务器上，也包含在服务导出层的 War 包中。
- 服务实现层：包含业务逻辑实现类、依赖的第三方服务的包装类，以及下层数据库访问的 DAO 类等，最后打包成 Jar 包，包含在服务导出层的 War 包中。

Java 平台下微服务实现层的架构如图 1-35 所示。

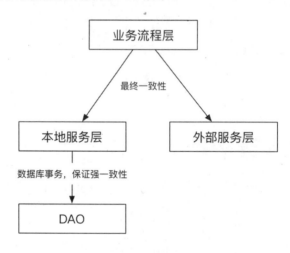

图 1-35

在图 1-35 中，本地服务层通过 DAO 层与数据库进行交互。这里使用了数据库事务，保证了数据存取的强一致性，业务流程层通过组合本地服务和外部服务来完成业务逻辑的实现，由于有远程服务的依赖，因此只能保证数据的最终一致性，最终一致性的保证方法将在下一节中进行详细分析。

这里有一个反模式，切记永远不要在本地事务中调用远程服务，在这种场景下如果远程服务出现了问题，则会拖长事务，导致应用服务器占用太多的数据库连接，让服务器负载迅速攀升，在严重情况下会压垮数据库。顺便说一下，虽然我们要竭力避免这种场景的发生，但是数据库也应该有负载熔断机制。

Java 平台下微服务实现层的反模式架构如图 1-36 所示。

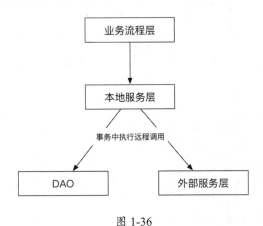

图 1-36

1.4.3 微服务项目的持续发布

微服务项目需要实现自动化的持续部署和持续集成的功能，包括：代码管理、自动编译、发布 QA、自动化测试、性能测试、准生产部署和测试、生产环境发布等。

1.5 服务化管理和治理框架的技术选型

SOA 服务化和微服务架构已经发展多年，市场上已经有很多成熟的商业和开源产品，我们没有必要从头搭建一套服务化管理和治理平台，完全可以基于开源服务化框架进行定制化，以适应我们的业务需要。

本节介绍各种流行的 RPC 框架、服务化管理和治理、微服务框架，并通过讲解其特点来帮助我们做技术选型。

1.5.1 RPC

本节介绍简单的远程服务调用的技术栈。

1. JDK RMI

自 JDK1.4 开始，JDK 内置了远程服务调用的技术栈，可以帮助开发者创建基于 Java 到 Java 的分布式调用架构，一个 Java 进程内的服务可以调用其他 Java 进程内的服务，使用 JDK 内置的序列化和反序列化协议。

RMI 是 JEE 规范中 EJB 远程调用的基础，然而，JDK 内置的 RMI 服务并没有得到广泛应用，几乎没有哪家公司采用这种方式来构建服务化平台。

原因如下。

- RMI 采用 JDK 自带的专用序列化协议，不能跨语言。
- 使用了底层的网络协议，不如基于文本的 HTTP 可读，也不如 HTTP 被广泛认可和应用。
- 开源框架的飞速发展，严重削弱了 JDK 资深技术的流行程度。

2. Hessian 及 Burlap

Hessian 及 Burlap 都是 Caucho 公司提供的开源的远程调用协议，基于 HTTP 传输，防火墙通常会设置在某个端口上以允许特定的 HTTP 通信。其中，Hessian 将对象序列化成与语言无关的二进制协议；而 Burlap 将对象序列化成与语言无关的 XML 数据，数据是可读的。两者都是与语言无关的，可以在多种语言的服务中互相调用。

Hessian 及 Burlap 都适合传输较小的对象，对较大、复杂的对象，无论是在序列化方式上还是在传输通道上都没有 RMI 有优势。

由于服务化架构中大量的服务调用都是大规模、高并发的短小请求，因此，Hessian 和 Burlap 协议在服务化架构中得到了广泛应用。

3. Spring HTTP Invoker

Spring HTTP Invoker 重用了 JDK 内置的对象序列化技术传输对象，这与 RMI 的原理一致，但是，它通过 HTTP 通道传输数据，在效率上应该略低于 RMI，并且由于使用了 JDK 内置的序列化机制，因此也是不能跨语言的。

1.5.2 服务化

本节介绍 SOA 服务化时代的服务化框架和平台。

1. Dubbo

Dubbo 是阿里巴巴开源的一个分布式服务框架，不但提供了高性能和透明化的 RPC 远程服务调用，还提供了基本的服务监控、服务治理和服务调度等能力。它默认支持多种序列化协议和通信编码协议，默认使用 Dubbo 协议传输 Hessian 序列化的数据。Dubbo 使用 ZooKeeper 作为注册中心来注册和发现服务，并通过客户端负载均衡来路由请求，负载均衡算法包括：随机、轮询、最少活跃调用数、一致性哈希等。它基于 Java 语言，不能与其他语言的服务化平台互相调用。Dubbo 服务框架在互联网企业得到了广泛应用，几乎每个中小型公司都开始使用 Dubbo 完成服务化的使命。

然而，Dubbo 也有如下缺点。

- Dubbo 开发得较早，近些年已经没有开发者维护和升级。
- 早期留下的 Bug 一直没有得到修复，需要使用者自己发现和修复。
- Dubbo 没有经过全面优化，在服务量级到达一定程度时，会出现通知系统携带过多的冗余信息，在极端情况下会导致网络广播风暴。
- Dubbo 服务框架是 SOA 服务化时代的产物，对微服务化提出的各种概念如熔断、限流、服务隔离等没有做精细的设计和实现。
- Dubbo 的监控和服务治理模块比较简单，难以满足复杂业务的需求。

2. HSF

HSF（High Speed Framework，好舒服）是淘宝内部大规模使用的一款高性能服务框架，也是一款为企业级互联网架构量身定制的分布式服务框架。HSF 以高性能网络通信框架为基础，提供了诸如服务发布与注册、服务调用、服务路由、服务鉴权、服务限流、服务降级和服务调用链路跟踪等一系列久经考验的功能特性。

HSF 与 Dubbo 均来自阿里巴巴，但是并不开源，只在阿里巴巴内部使用，在外部很少有相关的资料，HSF 据说性能要比 Dubbo 高，但是与业务系统耦合重，无法抽取并开源。

3. Thrift

Thrift 是 Facebook 实现的一种高性能并且支持多语言的远程服务调用框架，由 Apache 开源。它采用中间的接口描述语言定义并创建服务，支持跨语言服务开发和调用，并且包含中间的接口描述语言与代码生成和转换工具，支持包括 C++、Java、Python、PHP、Ruby、Erlang、Perl、Haskell、C#、Cocoa、Smalltalk 等在内的流行语言，传输数据时采用二进制序列化格式，相对于 JDK 本身的序列化、XML 和 JSON 等，尺寸更小，在互联网高并发、海量请求和跨语言的环境下更有优势。

由于 Thrift 具有跨语言和高性能等优点，在互联网企业里颇受欢迎，如果正在建设跨语言的服务化平台，则 Thrift 是首选。

4. AXIS

Axis 是 Apache Web Service 项目中的子项目，最初起源于 IBM 的"SOAP4J"，应该属于最早的一批用于构造基于 Web Service 应用的框架。

前面章节提到 Web Service 使用 SOAP 协议，而 SOAP 协议通常使用 HTTP 传输 XML 格式的数据，因为性能低下，而且 SOAP 协议有复杂和臃肿等缺点，所以现在几乎没有企业采用这种框架做服务化了。

5. Mule ESB

Mule ESB 是 MuleSoft 公司出品的基于 Java 语言的企业服务总线产品，它可以把多个复杂的异构系统通过总线模式集成在一起，并让它们之间可以互相通信，包括 JMS、Web Service、连接数据库的 JDBC、HTTP 和历史遗留系统等。

它的优点是可以把现有的不同技术栈的历史遗留系统与新增的服务化系统通过总线进行串联和编排，来满足日新月异的业务功能需求。

1.5.3 微服务

本节主要介绍近年流行的 Spring Cloud 系列的微服务框架。

1. Spring Boot

通过使用 Spring Boot 可以很容易地创建独立的、具有高品质的基于 Spring 的应用程序，基于 Sping Boot 创建的应用可以随时随地启动和运行，一般只需要较少的配置和搭建环境的工作量。

在 JEE 时代，企业级开发涉及的通用功能被提取到了容器层实现，例如：Tomcat Web 容器负责管理服务的启动、停止、监控、配置和日志等，应用开发人员只要按照规范将应用打包成 War，并发布到 Tomcat Web 容器中，就可以对外提供服务了，这一时代的应用是包含在容器内的。

应用包含在容器内的架构如图 1-37 所示。

图 1-37

Spring Boot 的思路正好相反，它将容器嵌入自启动的 Jar 包中，在 Spring Boot 应用启动时，内部启动嵌入的容器，例如：Tomcat、Jetty 和 Netty 等，然后通过内嵌的服务器将应用中提供的服务暴露。

Spring Boot 的容器包含在应用内的架构如图 1-38 所示。

图 1-38

Spring Boot 这种设计在微服务架构下有如下明显的优点。

- 可以创建独立、自启动的应用程序。
- 不需要构建 War 包并发布到容器中，构建和维护 War 包、容器的配置和管理也是需要成本的。
- 通过 Maven 的定制化标签，可以快速创建 Spring Boot 的应用程序。
- 可以最大化地自动化配置 Spring，而不需要人工配置各项参数。
- 提供了产品化特点，例如：性能分析、健康检查和外部化配置。
- 全程没有 XML 配置，也不需要代码生成。

Spring Boot 是 Spring Cloud 构建微服务架构的重要基础。

2. Netflix

Netflix 由 Netflix 公司开发且合并到 Spring Cloud 项目中，主要提供了服务发现、断路器和监控、智能路由、客户端负载均衡、易用的 REST 客户端等服务化必需的功能。

其中 Hystrix 框架提供了微服务架构所需的容错机制的解决方案和设计模式，这些设计模式的原理在 1.3.5 节已经详细介绍了。Hystrix 大大简化了微服务下容错机制的实现，包括服务分组和隔离、熔断和防止级联失败、限流机制、失效转移机制和监控机制等。

3. Spring Cloud Netflix

Spring Cloud Netflix 集成了 Spring Boot 对微服务敏捷启动和发布的功能，以及 Netflix 提供的微服务化管理和治理的能力，成为一个完美的微服务解决方案。在 Spring Cloud Netflix 平台下，开发人员通过几个简单的注解配置即可完成一个大规模分布式系统的发布工作。

Spring Cloud Netflix 包括服务发现组件 Eureka、容错性组件 Hystrix、智能路由组件 Zuul 和客户端负载均衡组件 Ribbon。

Spring Cloud Netflix 的整体架构如图 1-39 所示。

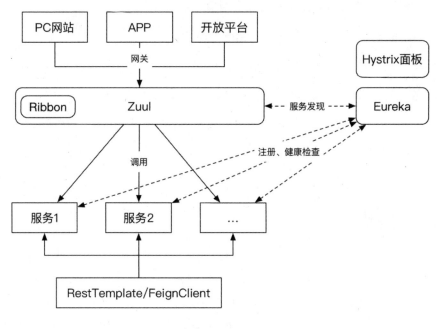

图 1-39

结合图 1-39，我们看到 Netflix 中的交互流程如下。

- 服务在 Eureka 服务器实例上注册。
- Zuul 作为一个特殊的服务在 Eureka 上注册并发现服务。
- Zuul 作为网关，将发现的服务导出给 PC 网站、App 和开放平台使用。
- RestTemplace 和 FeignClient 使用简单的服务调用的方法调用服务 1、服务 2 等。

在这个微服务的使用流程中，Netflix 具有如下特点。

- 服务在 Eureka 实例中注册，由 Spring 管理的 Bean 来发现和调用。
- 通过配置的方式可以启动嵌入式的 Eureka 服务器。
- Feign 客户端通过声明的方式即可导入服务代理。
- Zuul 使用 Ribbon 服务实现客户端的负载均衡。
- 通过声明的方式即可插入 Hystrix 的客户端。
- 通过配置的方式即可启动 Hystrix 面板服务器。
- 在 Spring 环境中可以直接配置 Netflix 的组件。
- Zuul 可以自动注册过滤器和路由器，形成一个反向代理服务器。
- Hystrix 面板可以对服务的状态进行监控，并提供了容错机制。

Spring Cloud Netflix 是当前最流行的微服务架构的落地和实现，由于发布的时间较晚，理念较新，如果读者所在的公司允许一定的试错成本，则也是一个不错的选择。

1.6 本章小结

本章主要讲解从传统的单体架构到服务化的发展历程，并讲解从服务化到现在流行的微服务架构的演化，以及微服务架构的特点、实现原理和最佳实践，并且提出了微服务是 SOA 服务化的拓展和延续。在后续章节里不会刻意地区分 SOA 服务化和微服务，因为微服务就是 SOA 服务化在全新场景下的升华和叠加。

最后再次强调微服务架构的主要特点。

- 将传统单体应用拆分成网络服务，来实现模块化组件。
- 根据微服务架构的服务划分来分组职能团队，减少跨团队的沟通。
- 每个服务对应一个团队，团队成员负责开发、测试、运维和运营，开发后在团队内运维和运营，不需要交付给其他团队。

- 去中心化、去 SOA 服务化的中心服务治理和去企业服务总线。
- 微服务重视服务的合理拆分、分层和构造，可建设自动化持续发布平台，并进行敏捷开发和部署。
- 具备兼容性设计、容错性设计和服务的契约设计。

第 2 章

彻底解决分布式系统一致性的问题

第 1 章介绍了从服务化到微服务架构的演进,并肯定了服务化和微服务架构是一脉相承的。微服务在服务化的基础上,对服务化的细节和方案进行了细化,重点突出无中心化管理的微服务架构,通过对服务进行有效的拆分来实现敏捷开发和自动化部署,并在海量的用户请求下,提高了微服务架构下较细粒度的水平伸缩能力。

然而,微服务架构是一把双刃剑,我们在享受微服务对单体系统拆分后的红利的同时,也会遇到数据模型和服务之间不一致的问题。在微服务架构下多个服务通过非可靠的网络进行通信,如何让服务之间高效地通信和协作,如何解决系统之间状态的不一致,这些都是我们在本章中需要解决的问题。

由于服务化与微服务架构是一脉相承的,在后续的章节中如果不做特殊说明,则不再对服务化与微服务架构进行区分,后面给出的解决方案和设计模式将适用于两者。

2.1 什么是一致性

一致性是一个抽象的、具有多重含义的计算机术语，在不同的应用场景下有不同的定义和含义。在传统IT时代，一致性通常指强一致性，强一致性通常体现在"你中有我、我中有你、浑然一体"；而在互联网时代，一致性的含义远远超出了它的原有含义。在讨论互联网时代的一致性之前，我们先了解一下互联网时代的特点。互联网时代信息量巨大，需要非常强大的计算能力，不但要求对用户的响应速度快，还要求吞吐量指标向外扩展（即水平伸缩），于是单节点的服务器无法满足人们的需求，服务节点开始池化。想想那个经典的故事，一只筷子一折就断，一把筷子怎么折都折不断，可见人多力量大的思想有多么重要。但是人多也不一定能解决所有事情，还得有序、合理地分配任务，并进行有效的管理，于是互联网时代谈论最多的话题就是拆分。拆分一般分为水平拆分和垂直拆分，这并不单指对数据库或者缓存的拆分，主要是表达一种分而治之的思想和逻辑。

- 水平拆分指由于单一节点无法满足性能需求，需要扩展为多个节点，多个节点具有一致的功能，组成一个服务池，一个节点服务一部分的请求量，所有节点共同处理大规模高并发的请求量。
- 垂直拆分指按照功能进行拆分，秉着"专业的人干专业的事"的原则，把一个复杂的功能拆分为多个单一、简单的功能，不同的单一功能组合在一起，和未拆分前完成的功能是一样的。由于每个功能职责单一、简单，使得维护和变更都变得更简单、容易、安全，所以更易于产品版本的迭代，还能够快速地进行敏捷发布和上线。

在这样的互联网时代，一致性指分布式服务化系统之间的弱一致性，包括应用系统的一致性和数据的一致性。

无论是水平拆分还是垂直拆分，都解决了特定场景下的特定问题，然而，拆分后的系统或者服务化的系统的最大问题就是一致性问题：对于这么多具有单一功能的模块，或者同一个功能池中的多个节点，如何保证它们的信息、工作进度、状态一致并且协调有序地工作呢？

下面我们将对服务化系统中最难解决的一致性问题进行研究和探讨，试图从实践经验中找到规律，抽象出模式，能够帮助读者在实际项目中解决现实的一致性问题。

2.2 一致性问题

本节会列举几种不一致的实际案例,在后续章节会陆续针对这些案例所涉及的问题和场景给出不同的解决方案和设计模式。

案例1:下订单和扣库存

电商系统中有一个经典的案例,即下订单和扣库存如何保持一致。如果先下订单,扣库存失败,那么将会导致超卖;如果下订单不成功,扣库存成功,那么会导致少卖。这两种情况都会导致运营成本增加,在严重情况下需要赔付。

案例2:同步调用超时

服务化的系统间调用常常因为网络问题导致系统间调用超时,即使网络状况很好的机房,在亿次流量的基数下,同步调用超时也是家常便饭。系统A同步调用系统B超时,系统A可以明确得到超时反馈,但是无法确定系统B是否已经完成了预设的功能。于是,系统A不知道应该继续做什么,如何反馈给使用方。

曾经有一个B2B支付产品的客户要求在接口超时的情况下重新通知他们,这在技术上难以实现,因为服务器本身可能并不知道自己超时,可能会继续正常地返回数据,只是客户端并没有接收到结果,因此这不是一种合理的解决方案。

案例3:异步回调超时

此案例和上一个同步超时的案例类似,不过这是一个受理模式的场景,使用了异步回调返回处理结果,系统A同步调用系统B发起指令,系统B采用受理模式,受理后则返回成功信息,然后系统B处理后异步通知系统A处理结果。在这个过程中,如果系统A由于某种原因迟迟没有收到回调结果,那么这两个系统间的状态就不一致,互相认知的状态不同会导致系统间发生错误,在严重情况下会影响核心链路上的交易的状态准确性,甚至会导致资金损失。

案例4:掉单

在分布式系统中,两个系统协作处理一个流程,分别为对方的上下游,如果一个系统中存在一个请求（通常指订单），另外一个系统不存在，则会导致掉单，掉单的后果很严重，有时也会导致资金损失。

案例 5：系统间状态不一致

此案例与上面掉单的案例类似，不同的是两个系统间都存在请求，但是请求的状态不一致。

案例 6：缓存和数据库不一致

交易系统基本上离不开关系型数据库，依赖关系型数据库提供的 ACID 特性，但是在大规模、高并发的互联网系统里，一些特殊的场景对读操作的性能要求极高，服务于交易的数据库难以抗住大规模的读流量，通常需要在数据库前增加一层缓存，那么缓存和数据库之间的数据如何保持一致性？是要保持强一致性还是弱一致性呢？

案例 7：本地缓存节点间不一致

一个服务池上的多个节点为了满足较高的性能需求，需要使用本地缓存，这样每个节点都会有一份缓存数据的复制，如果这些数据是静态的、不变的，就永远不会有问题，但是如果这些数据是半静态的或者经常被更新的，则被更新时各个节点的更新是有先后顺序的，在更新的瞬间，在某个时间窗口内各个节点的数据是不一致的，如果这些数据是为某个开关服务的，则想象一下重复的请求进入了不同的节点（在 failover 重试或者补偿的场景下，重复请求是一定会发生的，也是服务化系统必须处理的），一个请求进入了开关打开的逻辑，同时另外一个请求进入了开关关闭的逻辑，会导致请求被处理两次，最坏的情况是导致资金损失。

案例 8：缓存数据结构不一致

这个案例时有发生，某系统需要在缓存中暂存某种类型的数据，该数据由多个数据元素组成，其中，某个数据元素需要从数据库或者服务中获取，如果一部分数据元素获取失败，则由于程序处理不正确，仍然将不完全的数据存入缓存中，在缓存使用者使用时很有可能因为数据的不完全而抛出异常，例如 NullPointerException 等，然后可能因为没有合理处理异常而导致程序出错。

2.3　解决一致性问题的模式和思路

本节针对前面抛出的一致性问题，逐个进行分析并提出解决方案，最后形成通用的设计模式。

2.3.1 酸碱平衡理论

ACID 在英文中的意思是"酸",BASE 的意思是"碱",这里讲的是"酸碱平衡"的故事。

1. ACID(酸)

如何保证强一致性呢?计算机专业的同学在学习关系型数据库时都学习了 ACID 原理,这里对 ACID 做个简单介绍。

关系型数据库天生用于解决具有复杂事务场景的问题,完全满足 ACID 的特性。

ACID 指如下内容。

- A:Atomicity,原子性。
- C:Consistency,一致性。
- I:Isolation,隔离性。
- D:Durability,持久性。

具有 ACID 特性的数据库支持强一致性,强一致性代表数据库本身不会出现不一致,每个事务都是原子的,或者成功或者失败,事务间是隔离的,互相完全不受影响,而且最终状态是持久落盘的。因此,数据库会从一个明确的状态过渡到另外一个明确的状态,中间的临时状态是不会出现的,如果出现也会及时地自动修复,因此是强一致的。3 个典型的关系型数据库 Oracle、MySQL、DB2 都能保证强一致性,通常是通过多版本控制协议(MVCC)来实现的。

如果在为交易的相关系统做技术选型,则交易的存储应该只考虑关系型数据库,对于核心系统,如果需要较好的性能,则可以考虑使用更强悍的硬件,这种向上扩展(升级硬件)虽然成本较高,却是最简单、有效的。另外,NoSQL 完全不适合交易场景,主要用来做数据分析、ETL、报表、数据挖掘、推荐、日志处理、调用链跟踪等非核心交易场景。

2.2 节提到的案例 1 在数据量较小的情况下,可以利用关系型数据库的强一致性解决,也就是把订单表和库存表放在同一个关系型数据库中,利用关系型数据库进行下订单和扣库存两个紧密相关的操作,达到订单和库存实时一致的结果。

然而,前面提到,互联网项目大多数具有大规模、高并发的特性,必须使用拆分的理念,对高并发的压力"分而治之、大而化小、小而化了",否则难以满足动辄亿级流量的需求,即使使用关系型数据库,单机也难以满足存储和吞吐量上的性能需求。对于案例 1,应尽量保证将订单和库存放入同一个数据库分片,这样通过关系型数据库就解决了不一致的问题。

但有时事与愿违,由于业务规则的限制,我们无法将相关数据分到同一个数据库分片,这时就需要实现最终一致性。

2. CAP(帽子原理)

由于对系统或者数据进行了拆分,我们的系统不再是单机系统,而是分布式系统,针对分布式系统的 CAP 原理包含如下三个元素。

- C:Consistency,一致性。在分布式系统中的所有数据备份,在同一时刻具有同样的值,所有节点在同一时刻读取的数据都是最新的数据副本。
- A:Availability,可用性,好的响应性能。完全的可用性指的是在任何故障模型下,服务都会在有限的时间内处理完成并进行响应。
- P:Partition tolerance,分区容忍性。尽管网络上有部分消息丢失,但系统仍然可继续工作。

CAP 原理证明,任何分布式系统只可同时满足以上两点,无法三者兼顾。由于关系型数据库是单节点无复制的,因此不具有分区容忍性,但是具有一致性和可用性,而分布式的服务化系统都需要满足分区容忍性,那么我们必须在一致性和可用性之间进行权衡。如果在网络上有消息丢失,也就是出现了网络分区,则复制操作可能会被延后,如果这时我们的使用方等待复制完成再返回,则可能导致在有限时间内无法返回,就失去了可用性;而如果使用方不等待复制完成,而在主分片写完后直接返回,则具有了可用性,但是失去了一致性。

3. BASE(碱)

BASE 思想解决了 CAP 提出的分布式系统的一致性和可用性不可兼得的问题,如果想全面地学习 BASE 思想,则请参考维基百科的 Eventual consistency 页面。

BASE 是"碱"的意思,ACID 是"酸"的意思,基于这两个名词提出了"酸碱平衡"的理论,简单来说就是在不同的场景下,可以分别利用 ACID 和 BASE 来解决分布式服务化系统的一致性问题。

BASE 思想与 ACID 原理截然不同,它满足 CAP 原理,通过牺牲强一致性获得可用性,一般应用于服务化系统的应用层或者大数据处理系统中,通过达到最终一致性来尽量满足业务的绝大多数需求。

BASE 模型包含如下三个元素。

- BA:Basically Available,基本可用。
- S:Soft State,软状态,状态可以在一段时间内不同步。
- E:Eventually Consistent,最终一致,在一定的时间窗口内,最终数据达成一致即可。

软状态是实现 BASE 思想的方法,基本可用和最终一致是目标。以 BASE 思想实现的系统由于不保证强一致性,所以系统在处理请求的过程中可以存在短暂的不一致,在短暂的不一致的时间窗口内,请求处理处于临时状态中,系统在进行每步操作时,通过记录每个临时状态,在系统出现故障时可以从这些中间状态继续处理未完成的请求或者退回到原始状态,最终达到一致状态。

以转账为例,我们将用户 A 向用户 B 转账分成 4 个阶段:第 1 个阶段,用户 A 准备转账;第 2 个阶段,从用户 A 账户扣减余额;第 3 个阶段,对用户 B 增加余额;第 4 个阶段,完成转账。系统需要记录操作过程中每个步骤的状态,一旦系统出现故障,系统便能够自动发现没有完成的任务,然后根据任务所处的状态继续执行任务,最终彻底完成任务,资金从用户 A 的账户转账到用户 B 的账户,达到最终的一致状态。

在实际应用中,上面这个过程通常是通过持久化执行任务的状态和环境信息,一旦出现问题,则定时任务会捞取未执行完的任务,继续执行未执行完的任务,直到执行完成,或者取消已经完成的部分操作并回到原始状态。这种方法在任务完成每个阶段时,都要更新数据库中任务的状态,这在大规模、高并发系统中不会有太好的性能,一种更好的办法是用 Write-Ahead Log(写前日志),这和数据库的 Bin Log(操作日志)相似,在进行每个操作步骤时,都先写入日志,如果操作遇到问题而停止,则可以读取日志并按照步骤进行恢复,继续执行未完成的工作,最后达到一致的状态。写前日志可以利用机械硬盘的追加写来达到较好的性能,然而这是一种专业化的实现方式,多数业务系统还是使用数据库记录的字段来记录任务的执行状态,也就是记录中间的"软状态"。一个任务的状态流转一般可以通过数据库的行级锁来实现，这比使用写前日志实现更简单、快速。

有了 BASE 思想作为基础，我们对复杂的分布式事务进行拆解，对其中的每个步骤都记录其状态，有问题时可以根据记录的状态来继续执行任务，达到最终一致。通过这种方法我们可以解决 2.2 节案例 1 中下订单和扣库存的一致性问题。

4. 对酸碱平衡的总结

本节介绍了 ACID、CAP 和 BASE 理论，由于 ACID 和 BASE 理论的名字与英文中的酸和碱相同，因此我们称其为酸碱平衡理论，后续我们解决分布式系统中的一致性问题都是依据这些原理的，下面是解决一致性问题的三条实践经验。

- 使用向上扩展(强悍的硬件)并运行专业的关系型数据库(例如 Oracle、DB2 和 MySQL)，能够保证强一致性，能用向上扩展解决的问题都不是问题。

- 如果向上扩展的成本很高，则可以对廉价硬件运行的开源关系型数据库(例如 MySQL)进行水平伸缩和分片，将相关数据分到数据库的同一个片上，仍然能够使用关系型数据库保证事务。

- 如果业务规则限制，无法将相关数据分到同一个分片上，就需要实现最终一致性，在记录事务的软状态（中间状态、临时状态）时若出现不一致，则可以通过系统自动化或者人工干预来修复不一致的问题。

2.3.2 分布式一致性协议

国际开放标准组织 Open Group 定义了 DTS（分布式事务处理模型），模型中包含 4 种角色：应用程序、事务管理器、资源管理器和通信资源管理器。事务管理器是统管全局的管理者，资源管理器和通信资源管理器是事务的参与者。

JEE（Java 企业版）规范也包含此分布式事务处理模型的规范，并在所有 AppServer 中进行实现。在 JEE 规范中定义了 TX 协议和 XA 协议，TX 协议定义应用程序与事务管理器之间的接口，XA 协议则定义事务管理器与资源管理器之间的接口。在过去使用 AppServer 如 WebSphere、

WebLogic、JBoss 等配置数据源时会看见类似 XADatasource 的数据源，这就是实现了分布式事务处理模型的关系型数据库的数据源。在企业级开发 JEE 中，关系型数据库、JMS 服务扮演资源管理器的角色，而 EJB 容器扮演事务管理器的角色。

下面我们介绍两阶段提交协议、三阶段提交协议及阿里巴巴提出的 TCC，它们都是根据 DTS 这一思想演变而来的。

1. 两阶段提交协议

JEE 的 XA 协议就是根据两阶段提交来保证事务的完整性，并实现分布式服务化的强一致性。

两阶段提交协议把分布式事务分为两个阶段，一个是准备阶段，另一个是提交阶段。准备阶段和提交阶段都是由事务管理器发起的，为了接下来讲解方便，我们将事务管理器称为协调者，将资源管理器称为参与者。

两阶段提交协议的流程如下所述。

- 准备阶段：协调者向参与者发起指令，参与者评估自己的状态，如果参与者评估指令可以完成，则会写 redo 或者 undo 日志（Write-Ahead Log 的一种），然后锁定资源，执行操作，但是并不提交。

- 提交阶段：如果每个参与者明确返回准备成功，也就是预留资源和执行操作成功，则协调者向参与者发起提交指令，参与者提交资源变更的事务，释放锁定的资源；如果任何一个参与者明确返回准备失败，也就是预留资源或者执行操作失败，则协调者向参与者发起中止指令，参与者取消已经变更的事务，执行 undo 日志，释放锁定的资源。

两阶段提交协议的成功场景如图 2-1 所示。

第 2 章 彻底解决分布式系统一致性的问题

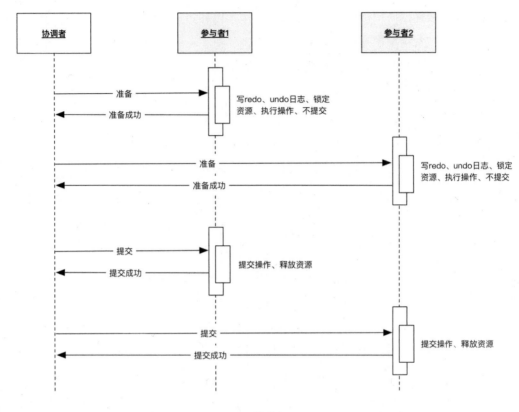

图 2-1

我们看到两阶段提交协议在准备阶段锁定资源,这是一个重量级的操作,能保证强一致性,但是实现起来复杂、成本较高、不够灵活,更重要的是它有如下致命的问题。

- 阻塞:从上面的描述来看,对于任何一次指令都必须收到明确的响应,才会继续进行下一步,否则处于阻塞状态,占用的资源被一直锁定,不会被释放。

- 单点故障:如果协调者宕机,参与者没有协调者指挥,则会一直阻塞,尽管可以通过选举新的协调者替代原有协调者,但是如果协调者在发送一个提交指令后宕机,而提交指令仅仅被一个参与者接收,并且参与者接收后也宕机,则新上任的协调者无法处理这种情况。

- 脑裂:协调者发送提交指令,有的参与者接收到并执行了事务,有的参与者没有接收到事务就没有执行事务,多个参与者之间是不一致的。

上面的所有问题虽然很少发生，但都需要人工干预处理，没有自动化的解决方案，因此两阶段提交协议在正常情况下能保证系统的强一致性，但是在出现异常的情况下，当前处理的操作处于错误状态，需要管理员人工干预解决，因此可用性不够好，这也符合 CAP 协议的一致性和可用性不能兼得的原理。

2. 三阶段提交协议

三阶段提交协议是两阶段提交协议的改进版本。它通过超时机制解决了阻塞的问题，并且把两个阶段增加为以下三个阶段。

- 询问阶段：协调者询问参与者是否可以完成指令，参与者只需要回答是或不是，而不需要做真正的操作，这个阶段超时会导致中止。

- 准备阶段：如果在询问阶段所有参与者都返回可以执行操作，则协调者向参与者发送预执行请求，然后参与者写 redo 和 undo 日志，执行操作但是不提交操作；如果在询问阶段任意参与者返回不能执行操作的结果，则协调者向参与者发送中止请求，这里的逻辑与两阶段提交协议的准备阶段是相似的。

- 提交阶段：如果每个参与者在准备阶段返回准备成功，也就是说预留资源和执行操作成功，则协调者向参与者发起提交指令，参与者提交资源变更的事务，释放锁定的资源；如果任何参与者返回准备失败，也就是说预留资源或者执行操作失败，则协调者向参与者发起中止指令，参与者取消已经变更的事务，执行 undo 日志，释放锁定的资源，这里的逻辑与两阶段提交协议的提交阶段一致。

三阶段提交协议的成功场景示意图如图 2-2 所示。

第 2 章　彻底解决分布式系统一致性的问题

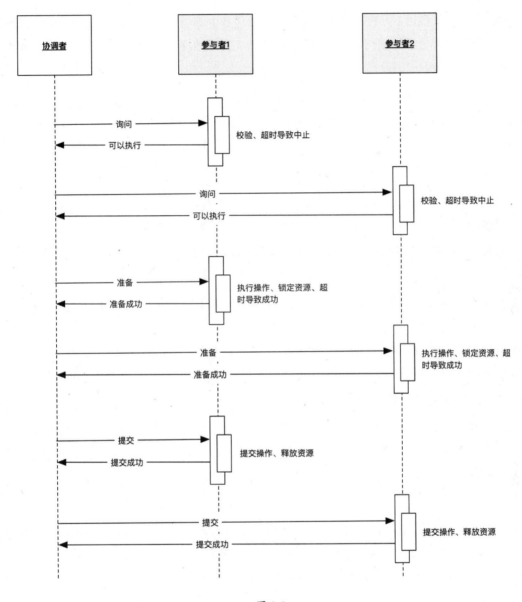

图 2-2

三阶段提交协议与两阶段提交协议主要有以下两个不同点。

- 增加了一个询问阶段，询问阶段可以确保尽可能早地发现无法执行操作而需要中止的行为，但是它并不能发现所有这种行为，只会减少这种情况的发生。

- 在准备阶段以后,协调者和参与者执行的任务中都增加了超时,一旦超时,则协调者和参与者都会继续提交事务,默认为成功,这也是根据概率统计超时后默认为成功的正确性最大。

三阶段提交协议与两阶段提交协议相比,具有如上优点,但是一旦发生超时,系统仍然会发生不一致,只不过这种情况很少见,好处是至少不会阻塞和永远锁定资源。

3. TCC

前两节讲解了两阶段提交协议和三阶段提交协议,实际上它们能解决 2.2 节案例 1 中分布式事务的问题,但是遇到极端情况时,系统会产生阻塞或者不一致的问题,需要运营或者技术人员解决。两阶段及三阶段方案中都包含多个参与者、多个阶段实现一个事务,实现复杂,性能也是一个很大的问题,因此,在互联网的高并发系统中,鲜有使用两阶段提交和三阶段提交协议的场景。

后来有人提出了 TCC 协议,TCC 协议将一个任务拆分成 Try、Confirm、Cancel 三个步骤,正常的流程会先执行 Try,如果执行没有问题,则再执行 Confirm,如果执行过程中出了问题,则执行操作的逆操作 Cancel。从正常的流程上讲,这仍然是一个两阶段提交协议,但是在执行出现问题时有一定的自我修复能力,如果任何参与者出现了问题,则协调者通过执行操作的逆操作来 Cancel 之前的操作,达到最终的一致状态。

可以看出,从时序上来说,如果遇到极端情况,则 TCC 会有很多问题,例如,如果在取消时一些参与者收到指令,而另一些参与者没有收到指令,则整个系统仍然是不一致的。对于这种复杂的情况,系统首先会通过补偿的方式尝试自动修复,如果系统无法修复,则必须由人工参与解决。

从 TCC 的逻辑上看,可以说 TCC 是简化版的三阶段提交协议,解决了两阶段提交协议的阻塞问题,但是没有解决极端情况下会出现不一致和脑裂的问题。然而,TCC 通过自动化补偿手段,将需要人工处理的不一致情况降到最少,也是一种非常有用的解决方案。某著名的互联网公司在内部的一些中间件上实现了 TCC 模式。

我们给出一个使用 TCC 的实际案例,在秒杀的场景中,用户发起下订单请求,应用层先查询库存,确认商品库存还有余量,则锁定库存,此时订单状态为待支付,然后指引用户去支付,由于某种原因用户支付失败或者支付超时,则系统会自动将锁定的库存解锁以供其他用户秒杀。

TCC 协议的使用场景如图 2-3 所示。

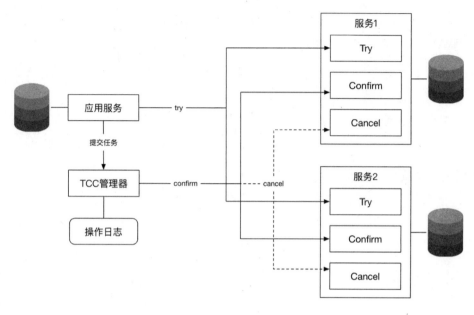

图 2-3

2.3.3 保证最终一致性的模式

在大规模、高并发服务化系统中,一个功能被拆分成多个具有单一功能的子功能,一个流程会有多个系统的多个单一功能的服务组合实现,如果使用两阶段提交协议和三阶段提交协议,则确实能解决系统间的一致性问题。除了这两个协议的自身问题,其实现也比较复杂、成本比较高,最重要的是性能不好,相比来看,TCC 协议更简单且更容易实现,但是 TCC 协议由于每个事务都需要执行 Try,再执行 Confirm,略显臃肿,因此,现实系统的底线是仅仅需要达到最终一致性,而不需要实现专业的、复杂的一致性协议。实现最终一致性有一些非常有效、简单的模式,下面就介绍这些模式及其应用场景。

1. 查询模式

任何服务操作都需要提供一个查询接口,用来向外部输出操作执行的状态。服务操作的使用方可以通过查询接口得知服务操作执行的状态，然后根据不同的状态来做不同的处理操作。

为了能够实现查询，每个服务操作都需要有唯一的流水号标识，也可使用此次服务操作对应的资源 ID 来标识，例如：请求流水号、订单号等。

首先，单笔查询操作是必须提供的，也鼓励使用单笔订单查询，这是因为每次调用需要占用的负载是可控的。批量查询则根据需要来提供，如果使用了批量查询，则需要有合理的分页机制，并且必须限制分页的大小，以及对批量查询的吞吐量有容量评估、熔断、隔离和限流等措施。

查询模式如图 2-4 所示。

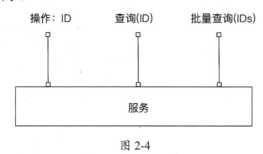

图 2-4

对于 2.2 节的案例 2～案例 5，我们都需要使用查询模式来了解被调用服务的处理情况，决定下一步做什么，例如是补偿未完成的操作还是回滚已经完成的操作。

2. 补偿模式

有了上面的查询模式，在任何情况下，我们都能得知具体的操作所处的状态，如果整个操作都处于不正常的状态，则我们需要修正操作中有问题的子操作，这可能需要重新执行未完成的子操作，后者取消已经完成的子操作，通过修复使整个分布式系统达到一致。为了让系统最终达到一致状态而做的努力都叫作补偿。

对于服务化系统中同步调用的操作，若业务操作发起方还没有收到业务操作执行方的明确返回或者调用超时，则可参考案例 2，这时业务发起方需要及时地调用业务执行方来获得操作执行的状态，这里使用在前面学习的查询模式。在获得业务操作执行方的状态后，如果业务执行方已经完成预设工作，则业务发起方向业务的使用方返回成功；如果业务操作执行方的状态为失败或者未知，则会立即告诉业务使用方失败，也叫作快速失败策略，然后调用业务操作的逆向操作，保证操作不被执行或者回滚已经执行的操作，让业务使用方、业务操作发起方和业务操作执行方最终达到一致状态。

补偿模式如图 2-5 所示。

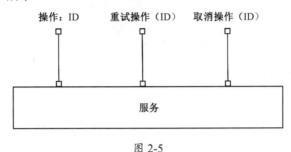

图 2-5

补偿操作根据发起形式分为以下几种。

- 自动恢复：程序根据发生不一致的环境，通过继续进行未完成的操作，或者回滚已经完成的操作，来自动达到一致状态。
- 通知运营：如果程序无法自动恢复，并且设计时考虑到了不一致的场景，则可以提供运营功能，通过运营手工进行补偿。
- 技术运营：如果很不巧，系统无法自动回复，又没有运营功能，那么必须通过技术手段来解决，技术手段包括进行数据库变更或者代码变更，这是最糟的一种场景，也是我们在生产中尽量避免的场景。

3. 异步确保模式

异步确保模式是补偿模式的一个典型案例，经常应用到使用方对响应时间要求不太高的场景中，通常把这类操作从主流程中摘除，通过异步的方式进行处理，处理后把结果通过通知系统通知给使用方。这个方案的最大好处是能够对高并发流量进行消峰，例如：电商系统中的物流、配送，以及支付系统中的计费、入账等。

在实践中将要执行的异步操作封装后持久入库，然后通过定时捞取未完成的任务进行补偿操作来实现异步确保模式，只要定时系统足够健壮，则任何任务最终都会被成功执行。

异步确保模式如图 2-6 所示。

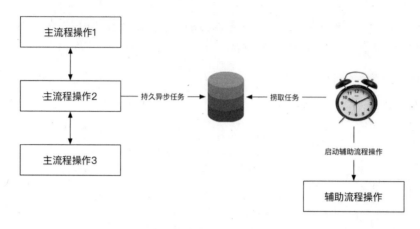

图 2-6

对于 2.2 节中的案例 3，若对某个操作迟迟没有收到响应，则通过查询模式、补偿模式和异步确保模式来继续未完成的操作。

4. 定期校对模式

系统在没有达到一致之前，系统间的状态是不一致的，甚至是混乱的，需要通过补偿操作来达到最终一致性的目的，但是如何来发现需要补偿的操作呢？

在操作主流程中的系统间执行校对操作，可以在事后异步地批量校对操作的状态，如果发现不一致的操作，则进行补偿，补偿操作与补偿模式中的补偿操作是一致的。

另外，实现定期校对的一个关键就是分布式系统中需要有一个自始至终唯一的 ID，生成全局唯一 ID 有以下两种方法。

- 持久型：使用数据库表自增字段或者 Sequence 生成，为了提高效率，每个应用节点可以缓存一个批次的 ID，如果机器重启则可能会损失一部分 ID，但是这并不会产生任何问题。
- 时间型：一般由机器号、业务号、时间、单节点内自增 ID 组成，由于时间一般精确到秒或者毫秒，因此不需要持久就能保证在分布式系统中全局唯一、粗略递增等。

对唯一 ID 的生成请参考原创发号器项目 Vesta，项目地址为 http://vesta.cloudate.net/vesta/doc/Vesta.html。

在分布式系统中，全局唯一 ID 的分布如图 2-7 所示。

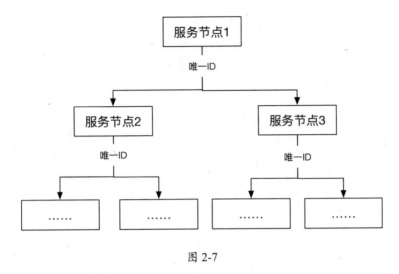

图 2-7

在实践中想在分布式系统中迅速定位问题时，可通过分布式系统的调用链跟踪系统进行，它能够跟踪一个请求的调用链。调用链是从二维的维度跟踪一个调用请求，最后形成一个调用树，其原理可参考谷歌的 Dapper 论文及它的一个流行的开源实现项目 Pinpoint。

分布式系统中的调用链跟踪如图 2-8 所示。

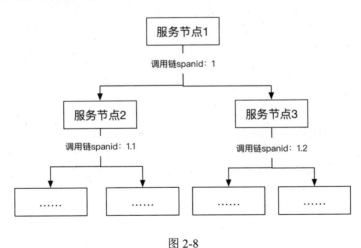

图 2-8

全局的唯一流水 ID 可以将一个请求在分布式系统中的流转路径聚合，而调用链中的

SpanID 可以将聚合的请求路径通过树形结构进行展示，让技术支持工作人员轻松地发现系统出现的问题，能够快速定位出现问题的服务节点，提高应急效率。笔者会在第 5 章中介绍基于调用链的服务治理系统的设计与实现。

在分布式系统中构建了唯一 ID、调用链等基础设施后，我们很容易对系统间的不一致进行核对。通常我们需要构建第三方的定期核对系统，从第三方的角度来监控服务执行的健康程度。

定期核对系统如图 2-9 所示。

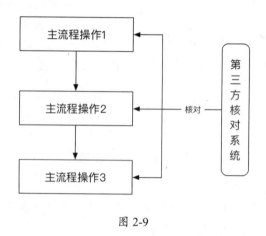

图 2-9

对于 2.2 节的案例 4 和案例 5，通常通过定期校对模式发现问题，并通过补偿模式来修复，最后达到系统间的最终一致性。

定期校对模式多应用于金融系统中。金融系统由于涉及资金安全，需要保证准确性，所以需要多重的一致性保证机制，包括商户交易对账、系统间的一致性对账、现金对账、账务对账、手续费对账等，这些都属于定期校对模式。顺便说一下，金融系统与社交应用在技术上的本质区别为：社交应用在于量大，而金融系统在于数据的准确性。

到现在为止，我们看到通过查询模式、补偿模式和定期核对模式可以解决 2.2 节中案例 2～案例 5 的所有问题：对于案例 2，如果同步超时发生，则需要查询状态进行补偿；对于案例 3，如果迟迟没有收到回调响应，则也会通过查询状态进行补偿；对于案例 4 和案例 5，通过定期核对模式可以保证系统间操作的一致性，避免因为掉单和状态不一致而导致出现问题，可实时止损。

5. 可靠消息模式

在分布式系统中，对于主流程中优先级比较低的操作，大多采用异步的方式执行，也就是前面提到的异步确保模型，为了让异步操作的调用方和被调用方充分解耦，也由于专业的消息队列本身具有可伸缩、可分片、可持久等功能，我们通常通过消息队列实现异步化。对于消息队列，我们需要建立特殊的设施来保证可靠的消息发送及处理机的幂等性。

1) 消息的可靠发送

消息的可靠发送可以认为是尽最大努力发送消息通知，有以下两种实现方法。

第 1 种，在发送消息之前将消息持久到数据库，状态标记为待发送，然后发送消息，如果发送成功，则将消息改为发送成功。定时任务定时从数据库捞取在一定时间内未发送的消息并将消息发送。可靠消息发送模式 1 如图 2-10 所示。

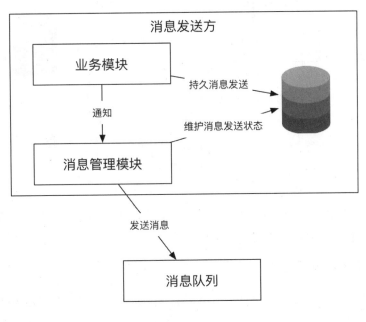

图 2-10

第 2 种，该实现方式与第 1 种类似，不同的是持久消息的数据库是独立的，并不耦合在业务系统中。发送消息前，先发送一个预消息给某个第三方的消息管理器，消息管理器将其持久到数据库，并标记状态为待发送，在发送成功后，标记消息为发送成功。定时任务定时从数据库中捞取一定时间内未发送的消息,查询业务系统是否要继续发送,根据查询结果来确定消息的状态。可靠消息发送模式 2 如图 2-11 所示。

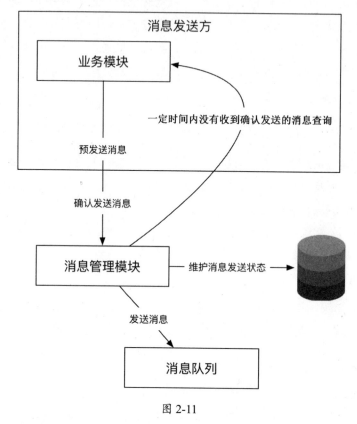

图 2-11

一些公司把消息的可靠发送实现在了中间件里,通过 Spring 的注入,在消息发送时自动持久消息记录,如果有消息记录没有发送成功,则定时补偿发送。

2)消息处理器的幂等性

如果我们要保证可靠地发送消息,简单来说就是要保证消息一定发送出去,那么需要有重试机制。有了重试机制后,消息就一定会重复,那么我们需要对重复的问题进行处理。

处理重复问题的最佳方式是保证操作的幂等性,幂等性的数学公式为:

$$f(f(x)) = f(x)$$

保证操作的幂等性的常用方法如下。

- 使用数据库表的唯一键进行滤重，拒绝重复的请求。
- 使用分布式表对请求进行滤重。
- 使用状态流转的方向性来滤重，通常使用数据库的行级锁来实现。
- 根据业务的特点，操作本身就是幂等的，例如：删除一个资源、增加一个资源、获得一个资源等。

6. 缓存一致性模式

在大规模、高并发系统中的一个常见的核心需求就是亿级的读需求，显然，关系型数据库并不是解决高并发读需求的最佳方案，互联网的经典做法就是使用缓存来抗住读流量。下面是使用缓存来保证一致性的最佳实践。

- 如果性能要求不是非常高，则尽量使用分布式缓存，而不要使用本地缓存。
- 写缓存时数据一定要完整，如果缓存数据的一部分有效，另一部分无效，则宁可在需要时回源数据库，也不要把部分数据放入缓存中。
- 使用缓存牺牲了一致性，为了提高性能，数据库与缓存只需要保持弱一致性，而不需要保持强一致性，否则违背了使用缓存的初衷。
- 读的顺序是先读缓存，后读数据库，写的顺序要先写数据库，后写缓存。

这里的最佳实践能够避免 2.2 节案例 6、案例 7 和案例 8 中的问题。

2.4 超时处理模式

在服务化或者微服务架构里，传统的整体应用拆分成多个职责单一的微服务，微服务之间通过某种网络通信协议互相通信和交互，完成特定的功能。然而，由于网络通信不稳定，我们在设计系统时必须考虑到对网络通信的容错，特别是对调用超时问题的处理。

2.4.1 微服务的交互模式

服务与服务之间的交互模式可以分为以下 3 类。

1. 同步调用模式

在同步调用模式中,服务 1 调用服务 2,服务 1 的线程阻塞等待服务 2 返回处理结果,如果服务 2 一直不返回处理结果,则服务 1 一直等待到超时为止。

同步调用模式如图 2-12 所示。

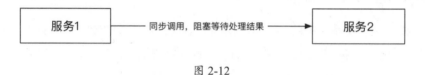

图 2-12

同步调用模式适用于大规模、高并发的短小操作,而不适用于后端负载较高的场景,例如:几乎所有 JDBC 的实现完全使用 BIO 同步阻塞模式。

2. 接口异步调用模式

在接口异步调用模式中,服务 1 请求服务 2 受理某项任务,服务 2 受理后即刻返回给服务 1 其受理结果,如果受理成功,则服务 1 继续做其他任务,而服务 2 异步地处理这项任务,直到服务 2 处理完这项任务后,才反向地通知服务 1 任务已经完成,服务 1 再做后续处理。

接口异步调用模式如图 2-13 所示。

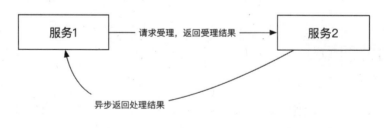

图 2-13

接口异步调用模式适用于非核心链路上负载较高的处理环节,这个环节经常耗时较长,并且对时效性要求不高。例如：在 B2C 电商系统中，一件商品售卖成功后，需要给相应的商户入账收入，这个过程对时效性要求不高，可以使用接口异步调用模式。

3. 消息队列异步处理模式

消息队列异步处理模式利用消息队列作为通信机制，在这种交互模式中，通常服务 1 只需将某种事件传递给服务 2，而不需要等待服务 2 返回结果。在这样的场景下，服务 1 与服务 2 可以充分解耦，并且在大规模、高并发的微服务系统中，消息队列对流量具有消峰的功能。

消息队列异步处理模式如图 2-14 所示。

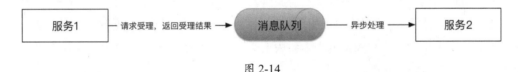

图 2-14

消息队列异步处理模式与接口异步调用模式类似，多应用于非核心链路上负载较高的处理环节中，并且服务的上游不关心下游的处理结果，下游也不需要向上游返回处理结果。例如：在电商系统中，用户下订单支付且交易成功后，后续的物流处理适合使用消息队列异步处理模式，因为物流发货属于物流和配送系统的职责，不应该影响交易，所以交易系统不需要对其有感知。

以上三种交互模式普遍应用于服务化和微服务架构中，它们之间没有绝对的好坏，只需要在特定场景下做出更适合的选择。

2.4.2　同步与异步的抉择

一些互联网公司试图通过规范来约束这三种方式的使用和选择，下面是笔者在工作中收集的两个不同的团队倡导的关于同步和异步选择的原则。

- 尽量使用异步来替换同步操作。
- 能用同步解决的问题，不要引入异步。

这两个原则从字面意义上看是完全不同的，甚至是矛盾的。实际上，这里的原则都没有错，只不过原则抽象得太干净利落,以至于没有给出适合这些原则的环境信息。

第 1 条原则是从业务功能的角度出发的,也就是从与用户或者使用方的交互模式出发的,如果业务逻辑允许,用户对产品的交互形态没有异议,则我们可以将一些耗时较长的、用户对响应没有特别要求的操作异步化,以此来减少核心链路的层级,释放系统的压力。例如:12306 在订票高峰期会开启订票异步模式,在购票后用户并不会马上得知购票的结果,而是后续通过查询得知结果,这样系统便赢得了为成千上万的用户处理购票逻辑的时间。

第 2 条原则是从技术和架构的角度出发的,这条原则应用的前提是同步能够解决问题,这隐含了一个含义:如果性能不是问题,或者所处理的操作是短小的轻量级处理逻辑,那么同步调用方式是最理想不过的,因为这样不需要引入异步化的复杂处理流程。例如:所有 JDBC 的实现使用同步阻塞的 BIO 模型,即访问数据库操作时无论是查询还是更新,原则上都是短小操作,不需要异步化,而是在同步过程中完成请求的受理和处理过程,这也是为什么不推荐将大数据存储到关系型数据库中,关系型数据库只存储交易相关的最小化核心信息。

2.4.3 交互模式下超时问题的解决方案

本节介绍 2.4.1 节提出的交互模式下可能遇到的超时问题,并对每个问题给出相应的方法、模式和解决方案。

1. 同步调用模式下的解决方案

在同步调用模式下,对外的接口会提供服务契约,契约定义了服务的处理结果会通过返回值返回给使用方,对返回的状态定义分为以下两种。

- 成功和失败。
- 成功、失败和处理中。

我们将第 1 种定义称为两状态的同步接口,将第 2 种定义称为三状态的同步接口。

1）两状态的同步接口

对于上面的第 1 种定义，服务契约中只规定了两种互斥的状态：成功和超时，服务处理结果必须是成功的或者失败的，在这种情况下可能发生两种同步调用超时。

第 1 种同步调用超时发生在使用方调用此同步接口的过程中，如图 2-15 所示。

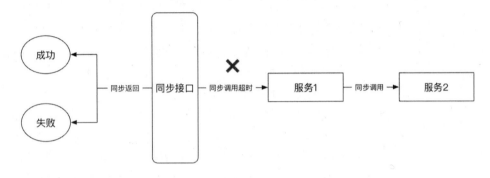

图 2-15

针对这个问题，我们需要服务的使用方使用 2.3.4 节中提到的查询模式，异步查询处理结果，在获得明确的处理结果后，得知处理结果是成功还是失败，然后做相应的处理。如果处理结果为成功，那么使用方可以继续下面的操作；如果结果为失败，那么调用方可以发起重试，请求再次进行处理。然而，这里有一个问题，如果查询模式的返回状态是未知请求，那么在这种情况下使用方超时，服务 1 实际上没有接收到或者还没有接收到一开始的处理请求，服务使用方需要使用同一个请求 ID 进行重试，服务 1 也必须实现请求处理的幂等性。

第 2 种同步调用超时发生在内部服务 1 调用服务 2 的过程中，如图 2-16 所示。

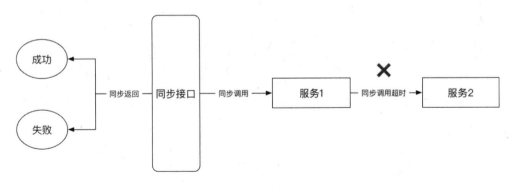

图 2-16

在使用方调用服务 1，且服务 1 接收到请求后，同步调用服务 2，由于通信出现了问题，所以服务 1 得到超时的结果。这时服务 1 应该怎么做呢？是重试、取消还是快速失败？

我们看到图 2-16 的左面，服务 1 对外接口的契约中包含两个返回状态：成功或者失败，也就是对于使用方来讲，不允许有中间的处理中的状态，对于这种服务内部超时的场景，必须使用快速失败的策略：针对这个超时错误，服务快速返回失败，同时在内部调用服务 2 的冲正接口，服务 2 的冲正接口可以判断之前是否接收到请求，如果接收到请求并做了处理，则应该做反向的回滚操作。如果服务 2 之前没有接收到处理请求，则忽略冲正请求，以此来实现服务的幂等性。

2）三状态的同步接口

对于上面的第 2 种定义，服务契约中规定了三种处理结果，状态值为：成功、失败和处理中，对于超时等系统错误的请求，其实可以认为是处理中状态的一个特例，在这种场景的应用里，超时被视为内部暂时的问题，随后可能被修复，因此，可能在一定的时间窗口内告知使用方在处理中，随后修复问题并补偿执行，达到最大化请求处理成功的目标，不至于让使用方重试，以提升用户体验。

服务处理结果可能是成功或者失败，也可能是处理中，在这种情况下可能发生两种同步调用超时。

第 1 种同步调用超时发生在使用方调用此同步接口的过程中，如图 2-17 所示。

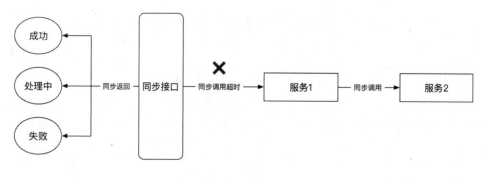

图 2-17

这种场景和两状态同步调用的接口超时场景类似，使用方调用服务 1 的接口，由于网络等原因获得超时的结果，这时使用方应该将超时看作处理中的一个特例，使用服务 1 的查询接口后续补齐上一个请求的处理状态，可参照两状态同步调用的接口超时场景的方案。

第 2 种同步调用超时发生在内部服务 1 调用服务 2 的过程中，如图 2-18 所示。

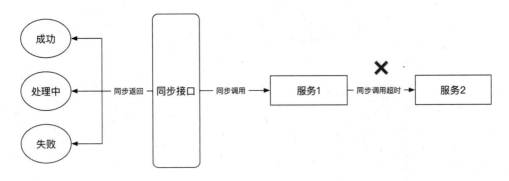

图 2-18

在使用方调用服务 1，且服务 1 接收到请求后，同步调用服务 2，由于通信出现了问题，所以服务 1 得到超时的结果，这时服务 1 又应该怎么做呢？

这和两状态同步调用的内部超时场景不一样，两状态设计由于与使用方约定了契约，不是成功就是失败，所以必须在同步调用时给予一个明确的结果，然而，在三状态同步调用的内部超时场景下，可以返回给使用方一个中间状态，也就是处理中的结果，变相地把同步接口变成异步接口，达到最终一致的效果。

在这种场景下，我们更倾向于给用户更好的体验，尽最大努力成功处理用户发来的请求。因此，针对在服务 1 调用服务 2 时超时，我们会返回给用户处理中的状态，随后系统尽最大努力补偿执行出错的部分，服务 1 需要通过服务 2 的查询接口得到最新的请求处理状态，如果服务 2 没有明确回复，则可以尝试重新发送请求，当然，这里需要服务 2 也实现了操作的幂等性。

2. 异步调用模式下的解决方案

在异步调用模式下，对外的接口也会提供服务契约，契约定义了服务的受理结果会通过返回值返回给使用方，返回的状态通常为两个：受理和未受理。和三状态同步调用接口不同的是，异步调用模式还有异步处理返回结果的通知，状态包括处理成功和处理失败。

不同阶段的网络通信产生的超时和处理方案如下。

1)异步调用接口超时

异步调用接口超时如图 2-19 所示。

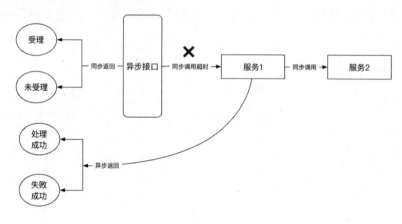

图 2-19

异步调用接口超时发生在使用方调用服务 1 的受理接口时,同两状态同步调用接口超时及三状态同步调用接口超时的场景是一样的,需要通过查询来补齐状态,并根据状态来判断后续的操作,具体的解决方案参考两状态同步调用接口超时和三状态同步调用接口超时的解决方案。

2)异步调用内部超时

异步调用内部超时如图 2-20 所示。

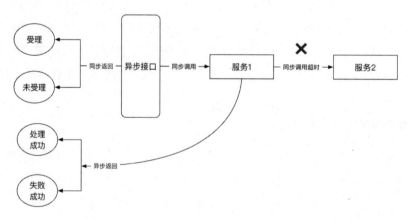

图 2-20

异步调用内部超时发生在服务 1 受理了使用方的请求后,服务 1 在处理请求时,在调用服务 2 的过程中超时,这和三状态同步调用内部超时的场景相似,由于异步调用模式使用的是受理模式,所以一旦受理,我们便应该尽最大努力将用户请求的操作处理成功,因此,在服务 1 调用服务 2 超时的场景下,服务 1 需要根据服务 2 的查询接口获得最新状态,根据状态补偿后续的操作,这和三状态同步调用内部超时的解决方案一致,不同的是此场景下一旦处理成功,则需要异步回调通知使用方,而在三状态同步调用内部超时的场景下,只需要等待使用方查询,不需要通知,也无法实现通知。

3) 异步调用回调超时

异步调用回调超时如图 2-21 所示。

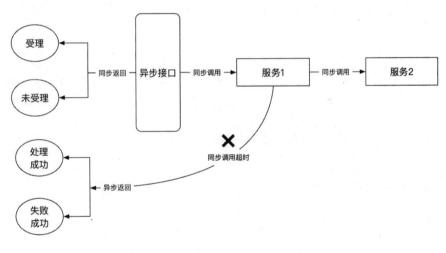

图 2-21

回调超时的问题在生产中经常出现,通常发生于这样的场景下:服务 1 受理后成功地调用了依赖服务 2,获得了明确的处理结果,但是在将处理结果通知使用方时出现超时。由于使用方有可能是公司内部的也可能是外部的,网络环境复杂多变,发生超时的概率很大,因此,大多数公司都会开发一个通知子系统,用来专门处理回调通知。

由于服务 1 通过回调通知使用方,所以服务 1 需要保证通知一定可送达,如果遇到超时,则服务 1 负责重新继续补偿,通常会设计一个通知时间按一定间隔递增的策略,例如:指数回退,直到通知成功为止,通知是否成功以对方的回写状态为准。

3. 消息队列异步处理模式的解决方案

消息队列异步处理模式多用于疏松耦合的项目，这些项目通常是在主流程中无法处理耗时的任务，恰好耗时的任务又不是核心流程的一部分，比如：电商平台的物流、配送等。

这类交互使用消息队列进行解耦，电商交易系统成功处理交易后，需要发送消息到消息队列服务器，后续的流程由物流平台处理，也不需要将处理结果反馈给交易平台。

使用消息队列解耦后，处理流程被分为两个阶段：生产者投递和消费者处理，在不同的阶段会产生不同的超时问题，解决方案如下。

1）消息队列的生产者超时

消息队列的生产者超时如图 2-22 所示。

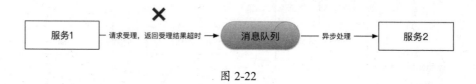

图 2-22

对于这种场景，请参考 2.3.3 节可靠消息模式部分的内容。

2）消息队列的消费者超时

消息队列的消费者超时如图 2-23 所示。

图 2-23

对于消息队列的处理机与消息队列之间的超时或者网络问题，通常可以通过消息队列提供的机制来解决。

一般消息队列会提供如下两种方式来消费消息。

（1）自动增长消费的偏移量：在一个消费者从消息服务器中取走消息后，消息队列的消息偏移量自动增加,即消息一旦被从消息队列中取走,则不再存在于服务器中,假如消息处理机对此消息处理失败,则也无法从消息服务器中找回。

(2)手工提交消费的偏移量:在一个消费者从消息服务器中取走消息后,处理机先把消息持久到本地数据库中,然后告诉消息服务器已经消费消息,消息服务器才会移除消息,如果在没有告诉消息服务器已经消费消息之前,持久失败或者发生了其他问题,则消息仍然存在于消息服务器中,消息处理器下次还可以继续消费消息。

如果允许丢消息,则我们使用第 1 种处理方式,这种方式的并发量高、性能好,但是如果我们对消息处理的准确性要求较高,则必须采用第 2 种方式。

本节对 2.4.1 节提出的同步调用、异步调用和消息队列异步处理等交互模式下的每一段网络通信进行了分析,识别可能产生的网络超时等错误造成的问题,并对应地给出了解决方案和设计模式。

2.4.4 超时补偿的原则

对于 2.4.3 节的多个场景来说,我们都需要对服务间同步超时造成的后果进行处理,而处理方法有快速失败和内部补偿两种,补偿模式也有调用方补偿和接收方补偿两种,具体使用哪种方式呢?

超时补偿问题如图 2-24 所示。

图 2-24

我们先来看看生活中类似的问题:假如小明和杰森是员工和领导的关系,杰森将一项任务交给小明,杰森将任务的目标和内容介绍给小明,然后小明说:"好的,老板,交给我,您不用管了",于是小明开启了完成任务的模式,甚至是不遗余力、不择手段地完成任务(暂不考虑公司的奖惩制度)。

小明会这样做，如图 2-25 所示。小明使用了各种方法来完成任务，因为他答应完成任务，这就形成了无形的契约。

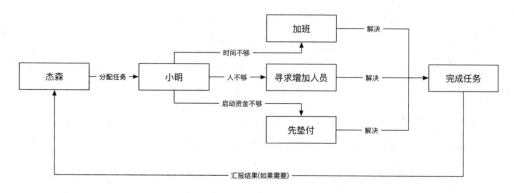

图 2-25

假设小明和杰森仍然是员工和领导的关系，杰森将一项任务交给小明，杰森将任务的目标和内容介绍给小明，但是小明手上还有一个重要的任务最近要出结果，于是小明没有做任何表态，由于某种原因杰森也没有要求小明表态，则这次谈话不了了之。

这时，小明会这样做，如图 2-26 所示。

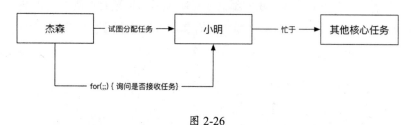

图 2-26

小明仍然忙于其他任务，无暇顾及杰森的新任务，而杰森的任务没有被分配出去，会周期性地找小明询问情况，一旦小明有时间，则再次尝试将任务分配给小明。

通过这个案例，我们很容易理解服务间调用超时补偿的原则。

- 服务 1 调用服务 2，如果服务 2 响应服务 1 并且告诉服务 1 消息已接收，那么服务 1 的任务就结束了；如果服务 2 处理失败，那么服务 2 应该负责重试或者补偿。在这种情况下，服务 2 通常接收消息后先持久再告诉服务 1 接收成功，随后服务 2 才开始处理持久的消息，避免服务进程被杀掉而导致消息丢失。

- 服务 1 调用服务 2，如果服务 2 没有给出明确的接收响应，例如网络超时，那么服务 1 应该持续进行重试，直到服务 2 明确表示已经接收消息。在这种情况下容易出现重复的消息，因此在服务 2 中通常要保证滤重或者幂等性。

那么什么是明确的响应呢？如果是底层的网络通信，则必须拿到对方返回的报文，从报文中找到状态位，状态位是成功的才算是明确的响应。如果是一次 API 调用，则必须拿到明确的返回值，并且检查返回值中的关键状态，发生超时等异常都属于没有明确的响应。

2.5 迁移开关的设计

本节介绍在应用微服务架构的过程中，对迁移场景下不一致问题的解决方案。

在大多数企业里，新项目和老项目一般会共存，大家都在努力地去掉老项目，但是由于种种原因总是去不掉，如果要彻底地去掉老项目，就必须有非常完善的迁移方案。

在迁移过程中必须使用开关，开关一般都会基于多个维度来设计，例如：全局的、用户的、角色的、商户的、产品的，等等。如果在迁移过程中遇到问题，则我们需要关闭开关，迁移回老的系统，这需要我们的新系统兼容老系统的数据，老系统也兼容新系统的数据。从某种意义上来讲，迁移比实现新系统更加困难。

有的开关设计在应用层次，通过一个 curl 语句调用，没有权限控制，这样的开关在服务池的每个节点中都有可能是不一致的；还有的系统将开关配置在中心化的配置系统、数据库或者缓存等中，处理的每个请求都通过统一的开关来判断是否迁移等，这样的开关有一个致命的缺点：在服务请求的处理过程中，开关可能会有变化，各节点之间的开关可能不同步、不一致，导致重复的请求可能既走到新逻辑又走了老逻辑，如果新逻辑和老逻辑没有保证幂等，则这个请求就被重复处理了，如果是金融行业的应用，则可能会导致资金损失，电商系统可能会发生发货和退款同时进行等问题。

这里推荐使用订单开关，不管我们在什么维度上设计了开关，在接收到服务请求后，在请求创建的关联实体（例如：订单）上标记开关，对于以后的处理流程，包括同步的和异步的处理流程，都通过订单上的开关来判断，而不是通过全局的或者基于配置的开关来判断，这样在订单创建时，开关已经确定，不再变更，若一份数据不再发生变化，那么它永远是并发安全的，并且不会有不一致的问题。

这种模式在生产中的使用比较频繁，建议每个企业都把这种模式作为设计评审的一项，如果不检查这一项，则很多开发人员都会偷懒，直接在配置或者数据库中做个开关就上线了。

2.6 本章小结

本章从一致性问题的实践出发，对大规模、高并发服务化系统的实践经验进行总结，列举了导致不一致的具体问题，并围绕这些具体问题，提出一致性原理如 ACID、CAP 和 BASE 等；并学习了两阶段、三阶段和 TCC 一致性协议，总结了实现最终一致性的查询模式、补偿模式、异步确保模式、定期校对模式、可靠消息模式和缓存一致性模式等；最后针对服务化系统中同步调用、异步调用、消息队列等应用场景详细分析了超时发生的场景和解决方案，以供大家在开发服务化系统的过程中参考。

第 3 章
服务化系统容量评估和性能保障

"天下武功出少林"指中国各门各派的武功都与少林武学有一定的渊源,在技术上也是相同的道理,所有技术最终体现在计算机知识的基本功上,这些基本功是技术的"易筋经",是"内功"。我们不但要练好"内功",修炼好"易筋经",还要学习可高效生产的各类技术框架。对框架的掌握程度则体现在"剑术"上。作为工程师和架构师的我们,在练好"内功"的基础上,也要修炼好"剑术"。

在 IT 行业的发展过程中,先有传统行业,再有互联网,传统行业和互联网是少林与武当的关系,其中的技术相辅相成,互联网技术不一定比传统行业的技术高深很多,而是各有侧重点。传统行业更偏向于企业级开发,项目具有业务复杂、流程完善、中心化管理、企业级抽象度高、业务重用率高等特点;而互联网技术则倾向于把复杂的业务拆分成单一的职责模块,并对各个模块的非功能质量进行大幅度优化,包括高可用性、高性能、可伸缩、可扩展、安全性、稳定性、可维护性、健壮性等。

本章提供了一个基本的面向互联网技术评审的方法论,主要介绍互联网行业如何在完成产品功能的前提下,更好地满足用户对非功能质量的需求,特别是对性能和容量的需求,这是每个互联网程序设计人员和架构设计人员都应该掌握的一项基本技能。

3.1 架构设计与非功能质量

如果我们定义架构设计不是艺术,而是方法论,那么在软件架构方法论中一般将架构设计分为需求分析和整理、概要设计和详细设计等三个阶段。在需求分析和整理阶段梳理所有用例和场景,并抽象出系统面向的用户和角色,梳理对于每个用户和角色应该提供的功能需求、非功能质量需求和限制。这里的非功能质量需求包括:高可用性、高性能、可伸缩、可扩展、安全性、稳定性、健壮性、可测试性等,然后对功能性需求和非功能质量需求进行整理,识别核心需求和特色需求,最后,以核心需求和特色需求为根本来展开架构设计。在概要设计阶段,根据需求分析和整理阶段产出的核心需求和特色需求,对整个系统进行模块划分,并定义良好的模块之间的关系和交互。在详细设计阶段,通常会使用多视图的方法来描述系统的架构,多视图包括:数据视图、逻辑视图、开发视图、进程视图、物理视图、性能视图、安全视图等。

在互联网时代,软件架构设计使用服务化或者微服务架构对系统进行拆分,拆分后的系统职责单一,每个服务的业务逻辑简单,但是对非功能质量尤其是性能和容量需求的要求非常高。互联网架构权衡分析方法(Architecture Tradeoff Analysis Method,ATAM)是评价软件构架的一种综合且全面的方法,它不仅可以揭示架构满足特定质量目标的情况,而且可以使我们更清楚地认识到质量与目标之间的制约和权衡,因为在系统分析阶段,对于一个功能会捕捉多个质量属性,质量属性之间可能是有关联的,还有可能是互斥的,这需要对具体问题进行具体分析。

在生产实践中完成一个系统的构建,就必须满足用户提出的功能需求和非功能质量,例如:生产汽车的厂家在生产汽车的时候,不但需要汽车能够在路上行驶,还需要评估汽车的性能和油耗等,这对应软件的高性能、可用性、可升级性和安全性等非功能需求。

ATAM 是一个能够在项目开始实施之前评估架构是否能够满足这些非功能质量的方法论。这个方法论通过在架构设计的不同阶段提出不同的问题,来帮助架构设计人员发现架构设计上的问题,并在实践中总结出设计的模式,进而可以将这些模式应用到将来更多的项目中。

接下来我们学习 ATAM 方法论在互联网公司里的实践和落地,并根据笔者在互联网公司实践 ATAM 的经验,总结保证非功能质量的方法、模式和最佳实践。

3.2 全面的非功能质量需求

互联网企业会把业务进行水平拆分和垂直拆分，拆分后的服务职责单一、功能简单，可实现快速、敏捷地上线，但是对服务的非功能质量要求较高。这里我们学习具体的非功能质量和针对不同的技术组件需要关注的非功能质量指标。

3.2.1 非功能质量需求的概述

本节讲解核心非功能质量指标，主要体现在高性能、高可用、可伸缩、可扩展、安全性等方面，并讲解其他非功能质量指标，例如：可测试性、可监控性等，读者可以通过参考这些质量指标，来保证系统架构设计满足用户和系统对非功能质量的需求。

核心非功能质量指标如表 3-1 所示。

表 3-1

核心非功能质量指标	描述
高性能	运行效率高、性价比高
可用性	持续可用性、缩短宕机时间、出错恢复、可靠性
可伸缩性	垂直伸缩、水平伸缩
可扩展性	可插拔、组件重用
安全性	数据安全、加密、熔断、防攻击

这里，对于一个线上服务，高性能通常指单节点服务的吞吐量和响应时间；可用性以全年时间减去当年的宕机时间，并用得到的差值除以全年时间计算得出，通常是表明服务质量的最核心的指标；可伸缩性指横向扩展的能力，也就是随着节点的增加，服务能力能够随着节点增加而线性增加，如果不能，则也可以使用百分比来衡量；可扩展性通常指架构上的灵活性及可插拔性，将来可以不断地在系统上叠加新业务和新功能，读者一定要区分可伸缩性和可扩展性；安全性指系统的安全保护措施，要防止攻击和数据泄露等。

其他非功能质量指标如表 3-2 所示。

表 3-2

其他非功能质量指标	描述
可监控性	快速发现、定位和解决
可测试性	可灰度、可预览、可 Mock、可拆解
鲁棒性	容错性、可恢复性
可维护性	易于维护、监控、运营和扩展
可重用性	可移植性、解耦
易用性	可操作性

这里,可监控性是非常重要的,一个线上服务如果没有监控系统,那么系统的可用性就没法保障,监控系统可以帮助开发人员和应急人员快速发现问题;可测试性指我们开发的服务一定要在不同的阶段有相应的方法和途径来测试,包括 QA 测试、准生产测试和生产测试等;对于不具备测试条件的系统使用 Mock 等方式来解决;鲁棒性表明系统的容错性、健壮性和可恢复性;可维护性指系统要易于监控、运营和扩展;可重用性指系统具有模块化、可移植、可通过迭代增加新功能的特性;易操作性指系统对用户友好,方便系统的各类用户使用。

3.2.2 非功能质量需求的具体指标

非功能质量需求的具体指标针对不同的系统主要分为 4 部分:应用服务器、数据库、缓存和消息队列,本节会总结并列出这 4 部分指标,以帮助读者在实际生产实践中做非功能质量需求的设计方案。

1. 应用服务器

应用服务器是服务的入口,请求流量从这里进入系统,数据库、缓存和消息队列的访问量取决于应用服务器的访问量。对应用服务器的访问量进行评估至关重要,应用服务器主要关心每秒请求的峰值及对请求的响应时间等指标,通过这些指标可以评估我们需要的应用服务器资源的数量。

部署结构的相关指标如表 3-3 所示。

表 3-3

序 号	部 署 结 构
1	负载均衡策略
2	高可用策略
3	I/O 模型（NIO/BIO）
4	线程池模型
5	线程池中的线程数量
6	是否多业务混合部署

容量和性能的相关指标如表 3-4 所示。

表 3-4

序 号	容量和性能
1	每天的请求量
2	各接口的访问峰值
3	平均的请求响应时间
4	最大的请求响应时间
5	在线的用户量
6	请求的大小
7	网卡的 I/O 流量
8	磁盘的 I/O 负载
9	内存的使用情况
10	CPU 的使用情况

其他相关指标如表 3-5 所示。

表 3-5

序 号	其 他 指 标
1	请求的内容是否包含大对象
2	GC 收集器的选型和配置

2. 数据库

根据应用层的访问量和访问峰值，计算出需要的数据库资源的吞吐量、每天的数据总量等，由此来评估所需数据库资源的数量和配置、部署结构等。

部署结构的相关指标表 3-6 所示。

表 3-6

序 号	部 署 结 构
1	复制模型
2	失效转移策略
3	容灾策略
4	归档策略
5	读写分离策略
6	分库分表（分片）策略
7	静态数据和半静态数据是否使用缓存
8	有没有考虑缓存穿透并压垮数据库的情况
9	缓存失效和缓存数据预热策略

容量和性能的相关指标如表 3-7 所示。

表 3-7

序 号	容量和性能
1	当前的数据容量
2	每天的数据增量（预估容量）
3	每秒的读峰值
4	每秒的写峰值
5	每秒的事务量峰值

其他相关指标如表 3-8 所示。

表 3-8

序 号	其 他 指 标
1	查询是否走索引
2	有没有大数据量的查询和范围查询
3	有没有多表关联，关联是否用到索引
4	有没有使用悲观锁，是否可以改造成乐观锁，是否可以利用数据库内置行级锁
5	事务和一致性级别

续表

序 号	其 他 指 标
6	使用的 JDBC 数据源类型及连接数等配置
7	是否开启 JDBC 诊断日志
8	有没有存储过程
9	伸缩策略（分区表、自然时间分表、水平分库分表）
10	水平分库分表实现方法（客户端、代理、NoSQL）

3. 缓存

根据应用层的访问量和访问峰值，通过评估热数据占比，计算缓存资源的大小并估算缓存资源的峰值，由此来计算所需缓存资源的数量、部署结构、高可用方案等。

部署结构的相关指标如表 3-9 所示。

表 3-9

序 号	部 署 结 构
1	复制模型
2	失效转移
3	持久策略
4	淘汰策略
5	线程模型
6	预热方法
7	哈希分片策略

容量和性能的相关指标如表 3-10 所示。

表 3-10

序 号	容量与性能
1	缓存内容的大小
2	缓存内容的数量
3	缓存内容的过期时间
4	缓存的数据结构
5	每秒的读峰值
6	每秒的写峰值

其他相关指标如表 3-11 所示。

表 3-11

序 号	其 他 指 标
1	冷热数据比例
2	是否有可能发生缓存穿透
3	是否有大对象
4	是否使用缓存实现分布式锁
5	是否使用缓存支持的脚本（Lua）
6	是否避免了 Race Condition
7	缓存分片方法（客户端、代理、集群）

4. 消息队列

根据应用层的平均访问量和访问峰值，计算出需要消息队列传递的数据量，进而计算出所需的消息队列资源的数量、部署结构、高可用方案等。

部署结构的相关指标如表 3-12 所示。

表 3-12

序 号	部 署 结 构
1	复制模型
2	失效转移
3	持久策略

容量和性能的相关指标如表 3-13 所示。

表 3-13

序 号	容量与性能
1	每天平均的数据增量
2	消息持久的过期时间
3	每秒的读峰值
4	每秒的写峰值
5	每条消息的大小
6	平均延迟
7	最大延迟

其他相关指标如表 3-14 所示。

表 3-14

序　号	其　他　指　标
1	消费者线程池模型
2	哈希分片策略
3	消息的可靠投递
4	消费者的处理流程和持久机制

3.3 典型的技术评审提纲

3.2 节介绍了架构设计中非功能质量需求分析、整理的内容，并给出了非功能质量相关的指标列表，然而，业务项目千差万别，没有一个统一的方法论可指导架构设计和技术评审，架构设计只需要从某些关键点来表达系统，即从大量的需求中识别出核心需求和特色需求，然后针对核心需求和特色需求来设计系统，最后，使用其他需求来验证系统。这里，我们给出非功能质量设计和评审的提纲，该提纲用于做架构评审，帮助大家整理思路并形成可实施的方案，在做系统设计时，可选择性地参考本提纲，根据业务的特点来完成一个可实现的有效的架构设计。本节提供了一个通用的技术架构评审提纲，内容包含需求的业务背景、技术背景及方案的对比和决策，对于每个方案给出了需要考虑的一些重要的设计点。

3.3.1 现状

1. 业务背景

（1）项目名称。

（2）业务描述。

2. 技术背景

（1）架构描述。

（2）当前的系统容量（系统调用量的平均值、请求响应时间的平均值等）。

（3）当前系统调用量的峰值、最小和最大的请求响应时间。

3.3.2 需求

1. 业务需求

（1）要改造的内容。

（2）要实现的新需求。

2. 性能需求

（1）预估系统容量（预估系统调用量的平均值、预估请求响应时间的平均值）。

（2）预估系统调用量的峰值、最小和最大的请求响应时间。

（3）其他非功能质量，例如：安全性、可伸缩性等。

3.3.3 方案描述

方案 1

整个方案需要参考如 3.2 节所述的相关指标来满足系统的非功能质量需求。

1. 概述

一句话概括方案的亮点，例如：双写、迁移、主从分离、分库分表、扩容、归档、接口改造等。

2. 详细说明

对方案的具体描述，文字描述不清楚的话可以结合图（指任何图：UML、概念图、框图等）来说明，如果是改造方案，则最好突出有变动的地方。以下列举了描述的角度。

- 中间件架构（应用服务器、数据库、缓存、消息队列等）。
- 逻辑架构（模块划分、模块通信、信息流、时序等）。
- 数据架构（数据结构、数据分布、拆分策略、缓存策略、读写分离策略、查询策略、数据一致性策略）。
- 异常处理、容灾策略、灰度发布、上线方案、回滚方案等。

3. 性能评估

- 给出方案的基准数据，并按性能需求评估需要使用的资源数量。
- 单机并发量。
- 单机容量。
- 单机吞吐量的峰值。
- 按照预估的性能需求，预估资源数量（应用服务器、缓存、存储、队列等）、伸缩方式和功能。

4. 方案的优缺点

列出方案的优缺点，优缺点要具有确定性，不要有"存在一定风险"这种描述，即要量化，有明确的目标和结果。

其他方案的描述同方案 1。

3.3.4 方案对比

对比可选方案，选择倾向的方案，并给出选择这种方案的理由。

3.3.5 风险评估

标识所选方案的风险,提出此风险发生时的应对策略,例如上线失败时的回滚策略。

3.3.6 工作量评估

描述使用所选方案时需要做的具体工作,并评估开发、测试等细化任务需要的时间,形成可实施的任务计划表,计划表一般从项目计划和人员分配两个角度来管理项目,推荐采用简单的 Excel 表,以减少工具使用和学习的曲线及成本。

3.4 性能和容量评估经典案例

我们通过一个互联网物流系统容量评估的案例,应用 3.3 节给出的技术评审提纲,来详细介绍互联网容量评估的分析过程。

3.4.1 背景

物流系统包含如下两个质量优先需求。

- 维护用户的常用地址,在下单时提供其地址列表。
- 下单时异步产生物流订单,物流系统后台通过第三方物流轮询拉取物流状态,已下单用户可查询订单的物流订单和物流记录。

由于用户量较大且可能有较快的增长速度,同时物流订单量基数较大,促销期峰值时的订单量可能存在上量的情况,因此对这两个需求的业务模块的数据存储需要进行分库分表,并借助消息队列和缓存抗住写和读的流量,本方案主要对这两个业务的容量和性能进行评估。

3.4.2 目标数据量级

选取行业内一线电商平台的量级作为目标。

- 用户量达两亿,平均每天增长 5 万个。
- 平时每天的订单量为 400 万个,下单时段集中在 9:00~23:00,促销时日订单量为 1400 万个,50%的下单时段集中在 19:30~20:30 和 22:00~23:00。

3.4.3 量级评估标准

这里列出容量评估的一些通用标准,需要澄清的是,这些标准都是在一些老型机器上测试得出的结果,指标有可能偏小,但是考虑到本节主要是体现容量评估的方法和过程,而不是关注数据本身的绝对值,我们保留这些指标数据。

1. 通用标准

- 容量:按照峰值的 5 倍进行冗余计算。
- 用户的常用地址容量:按照 30 年计算。
- 数据物流订单的容量:时效性较强,按照 3 年计算。
- 第三方物流查询接口:吞吐量为 5000/s。

2. MySQL

- 单端口读:1000/s。
- 单端口写:700/s。
- 单表容量:5000 万条。

3. Redis

- 单端口读：40000/s。
- 单端口写：40000/s。
- 单端口内存容量：32GB。

4. Kafka

- 单机读：30000/s。
- 单机写：5000/s。

5. 应用服务器

请求量的峰值：5000/s。

3.4.4 方案

方案1. 最大性能方案

由于整个电商网站刚刚上线，还无法清晰地确定数据量级，所以我们根据行业内知名电商的当前数据量级来设计最大性能方案，本方案可以应对行业内电商巨头的各种促销所带来的服务请求峰值，并且拥有最快的响应时间，达到服务性能的最大化。

需求1. 用户常用地址

1）整体流程

- 提供 RESTful 服务来增加用户的常用地址。
- 提供 RESTful 服务来获取用户的常用地址列表。

2）数据库资源评估

（1）读操作吞吐量

在用户每次下单时拉取一次用户的地址列表，按照促销时日订单量 1400 万且 50%的下单时段集中在两个小时内计算：

$$(1400 万 \times 0.5) / (2\times60\times60) = 1000/s$$

容量评估按照 5 倍冗余计算，读操作吞吐量峰值为 1000/s×5=5000/s，需要 5 端口数据库服务读。

（2）写操作吞吐量

假设每天新增的用户全部增加一次常用地址，并且在高峰期有 20%的用户在下单时会增加一条常用地址：

$$(1400 万 \times 0.2 + 5 万) / (2\times60\times60) = 400/s$$

容量评估按照 5 倍冗余计算：

$$400/s \times 5 = 2000/s$$

则需要 3 端口数据库服务写。

（3）数据容量

当前有两亿用户，每天增长 5 万用户，平均每个用户有 5 个常用地址，30 年后用户的常用地址表数量计算如下：

$$（2 亿 + 5 万 \times 365 \times 30 年）\times 5 = 35 亿$$

容量评估按照 5 倍冗余计算：

$$35 亿 \times 5 = 175 亿$$

则需要 350 张表即可容纳。

根据以上读操作吞吐量、写操作吞吐量的评估，如果读写混合部署，则我们共需要 8 个端口，可以使用 8 主 8 备；考虑使用读写分离，我们需要做主从部署，需要 3 主 6 从，与两倍数对齐，使用 4 主 8 从即可。

根据表容量，我们需要 350 张表和 2 的指数对齐，选择 512 张表，上面计算需要主库端口为 4，考虑到将来端口扩展时不用拆分数据库，尽量设计更多的库，比如使用 32 个库。

设计结果：4 端口 ×32 库 ×4 表，4 主 8 从

3）缓存资源评估

为了提升用户下单的体验，需要使用 Redis 缓存活跃用户的常用地址。

定义当天下单的用户为活跃用户，将活跃用户的地址缓存 24 小时，假定每天下单的用户均为不同的用户，每个用户有 5 个常用地址，每个地址大小为 1KB 左右，则缓存大小的计算如下：

$$1400\ 万 \times 5 \times 1KB = 70GB$$

容量评估按照 5 倍冗余计算：

$$70GB \times 5 = 350GB$$

按照每台 Redis 有 32GB 内存计算，需要 11 台机器，根据数据库对数据存取的吞吐量的设计，11 台机器完全可以满足 5000/s 的读操作吞吐量和 2000/s 的写操作吞吐量。

设计结果：11 台，主从

4）应用服务器资源评估

根据数据库的读操作吞吐量（5000/s）峰值和写操作吞吐量（2000/s）峰值计算，选择单台应用服务器即可，选择两台可避免单点。

设计结果：2 台

需求 2. 物流订单和物流记录

1）整体流程

- 订单提交后，通过消息队列产生物流订单，物流订单消息稍后传入物流系统，物流系统消费物流订单消息然后入库。

- 后台任务轮询未完成的物流订单，查询第三方物流接口状态，填写物流记录信息。按照每天产生 1400 万个订单，订单平均 3 天到货，第三方查询接口提供 5000/s 的吞吐量，则每次进行状态查询需要的时间计算如下：1400 万 × 3 天 / 5000 = 2 小时，即将任务定为两小时查一次。

- 提供 RESTful 服务获取物流订单信息。
- 提供 RESTful 服务获取物流记录信息。

2）数据库资源评估

（1）读操作吞吐量

在用户下单后三天到货,三天内 50%的用户每天会查询一次物流订单和一次物流记录,计算如下：

$$(1400 万 \times 3 \times 0.5) / (24 \times 60 \times 60) = 250/s$$

容量评估按照 5 倍冗余计算：

$$2 \times 250/s \times 5 = 2500/s$$

即需要 3 端口数据库服务读操作。

（2）写操作吞吐量

用户每次下单时产生一次物流订单,按照促销时日订单量为 1400 万,且 50%的下单时段集中在两个小时内计算：

$$(1400 万 \times 0.5) / (2 \times 60 \times 60) = 1000/s$$

按照每天产生 1400 万个订单,每个订单平均 3 天到货,每条物流订单产生 8 条物流记录,并且 8 条物流记录在 3 天内均匀产生,则物流记录写操作的吞吐量计算如下：

$$1400 万 \times 3 \times 8 / 3 / (24 \times 60 \times 60) = 1200/s$$

容量评估按照 5 倍冗余计算：

$$(1000/s + 1200/s) \times 5 = 11000/s$$

则需要 16（15.7）端口数据库服务写。

（3）数据容量

当前有两亿条物流订单积累,每天增加 400 万订单,则 3 年订单量计算如下：

$$2 亿 + 400 万 \times 365 天 \times 3 年 = 46 亿$$

容量评估按照 5 倍冗余计算：

$$46 亿 \times 5 = 230 亿$$

则需要 460 张表即可容纳。物流记录表是物流订单的 8 倍，为 460 × 8 = 3680 张表。

根据以上读操作吞吐量和写操作吞吐量，如果读写混合部署，则我们共需要 19 端口，以及 19 主 19 备；如果考虑读写分离，则我们需要 16 主 16 从。

根据表容量，我们需要 3680 张表，和 2 的指数对齐后选择 4096 张表。上面的计算需要主库端口为 16，考虑到将来端口扩展时不必拆分数据库，我们应尽量设计更多的库，即使用 32 个库。

设计结果：16 端口 ×32 库 ×8 表，16 主 16 从

3）消息队列资源评估

为了让系统能够应对峰值的突增，我们采用消息队列 Kafka 接收物流订单。

根据上面对物流订单写操作吞吐量的计算，考虑 5 倍冗余后峰值为 5000/s，通过单台 Kafka 和单台处理机即可处理，考虑到单点，所以至少使用两台 Kafka 服务器。

如果峰值发生突增，则可以增加 Kafka 集群的节点来抗住写流量，处理机根据后端入库的性能来决定。例如写峰值增加 10 倍，达到 50000/s，则需要 10 台 Kafka，每台 Kafka 的读吞吐量可达 30000/s，理论上需要两台处理机，然而，处理机的瓶颈是后端入库的写操作，根据上面的计算，入库的写操作的峰值按照 5000/s 设计，因此，采用单台处理机即可。在这个场景下会有消息的堆积，但是最终会处理完毕并达到消峰的效果，考虑到单点，至少使用两台 Kafka 处理机。

设计结果：两台 Kafka，两台处理机

4）应用服务器资源评估

根据数据库的读操作吞吐量（2500/s）峰值和写操作吞吐量（11000/s）峰值计算，使用 3 台应用服务器即可。

用于查询第三方接口的后台任务服务器，由于受到第三方接口 5000/s 吞吐量的限制，使用单台机器即可，为了避免单点，使用两台处理机即可。

设计结果：2 台

方案 2. 最小资源方案

由于当前系统的线上数据量不多，增长量也不大，读操作吞吐量和写操作吞吐量时使用单台机器完全可以处理，暂时不考虑使用缓存和消息队列，但是保留使用缓存和消息队列时的接口，如果缓存和消息队列的资源可用，则可以通过开关进行切换。

当前的数据量使用单库单表即可处理，然而，考虑到将来扩容方便，暂时使用一个数据库端口，但是保留我们在最大性能方案中对数据库的分库分表。当读操作和写操作突增时，DBA 可以把库重新拆分到多个端口来抗住写请求流量。

方案如下。

（1）用户常用地址

设计结果：1 端口 ×128 库 ×4 表，1 主 1 从

（2）物流订单和物流记录

设计结果：1 端口 ×512 库 ×8 表，1 主 1 从

3.4.5　小结

通过对比，我们倾向于采用最小资源方案，原因如下。

- 当前线上流量并不大，使用最小资源方案可节约成本。

- 最小资源方案充分考虑了数据库的分库分表，当读操作和写操作突增时，DBA 可以拆分库到不同的端口，也就是增加端口来应对。

- 最小资源方案在应用层设计了开关，如果性能突增，则可以临时申请和开启缓存、消息队列。

3.5 性能评估参考标准

设计一个系统时,最重要的非功能质量就是高性能,不但需要进行性能测试,而且需要在设计系统时就对系统各方面的容量进行合理评估,因此,我们需要对一些常用的计算机操作所需要的时间有个大体的评估,这样才能设计出一个合理且易于实现的系统,从而减小线上系统失败所带来的风险。

3.5.1 常用的应用层性能指标参考标准

以下标准是使用 PC X86 桌面机器的经验值,并不代表使用线上生产机器的经验值,仅供参考,评审时应该根据机器的不同进行调整。

1. 通用标准

- 容量按照峰值的 5 倍冗余计算。
- 分库分表后的容量一般可存储 30 年的数据。
- 第三方查询接口吞吐量为 5000/s。
- 单条数据库记录占用大约 1KB 的空间。

2. MySQL

- 单端口读:1000/s。
- 单端口写:700/s。
- 单表容量:5000 万条。

3. Redis

- 单端口读：40000/s。
- 单端口写：40000/s。
- 单端口内存容量：32GB。

4. Kafka

- 单机读：30000/s。
- 单机写：5000/s。

5. DB2

- 单机读峰值：20000/s。
- 单机写峰值：20000/s。
- 单表容量：1 亿条数据。

3.5.2 常用的系统层性能指标参考标准

1. 寄存器和内存

- 寄存器、L2、L3、内存、分支预测失败、互斥量加锁和解锁等耗时为纳秒级别。
- 内存随机读取可达 30 万次/s，顺序读取可达 500 万次/s。
- 内存每秒可以读取 GB 级别的数据。
- 读取内存中 1MB 的数据为 250ns，为亚毫秒级。

2. 硬盘 I/O

- 普通的 SATA 机械硬盘 IOPS 能达到 120 次/s。

- 普通的 SATA 机械硬盘顺序读取数据可达 100MB/s。

- 普通的 SATA 机械硬盘随机读取数据可达 2MB/s。

- 普通的 SATA 机械硬盘旋转半圈需要 3ms。

- 普通的 SATA 机械硬盘寻道需要 3ms。

- 普通的 SATA 机械硬盘在已经寻道后（找到了要读取的磁道，也找到了要读取的扇区）开始读取数据，读取一次数据真正的耗时为 2ms。

- FusionIO 卡（一种高的 SSD 硬盘套件）可达到百万级别的 IOPS。

- 高端机器如 IBM、华为等的服务器配上高端的存储设备，可以达到每秒 GB 级别的数据读取，相当于普通内存的读取速度。

- 固态硬盘访问延迟：0.1～0.2ms，为亚毫秒级别，和内存速度差不多。

3. 网络 I/O

- 常见的千兆网卡的传输速度为 1000Mbit/s，即 128Mbit/s。

- 千兆网卡读取 1MB 数据：10ms。

4. 数据库

- 读写数据库中的一条记录在毫秒级别，短则几毫秒，多则几百毫秒，大于 500ms 一般认为超时。

- MySQL 在 4 核心、256GB 内存的 CPU 中性价比最好，继续垂直扩展时由于体系结构的限制，成本开始增加，提升的性能开始减少，性价比开始降低。

5. IDC

- 同一机房网络来回：0.5ms。

- 异地机房来回：30～100ms。

- 同一机房的 RPC 服务调用为几个毫秒，有的为几十毫秒或者几百毫秒，一般设置 500ms 以上为超时。

6. 网站

- 网页加载为秒级别。

- UV：每日一共有多少用户来访，用 Cookie Session 跟踪。

- 独立 IP 访问：每日有多少独立 IP 来访，同一个局域网可看到同一个 IP。

- PV：每日单独用户的所有页面访问量。如果每日 UV 为 50 000 000，那么每秒的平均在线人数为 50 000 000/24/60/60 = 578 人，还要知道这一秒内每个用户都在做什么，如果每秒内都在做一次查询操作，那么需要有一个能承受 578/s 吞吐量的机器。

- 某社交媒体平台每秒的写入量上万，每秒的请求量上百万，每天登录的用户上亿，每天产生的数据量上千亿。

7. 组合计算和估算

- 普通的 SATA 机器硬盘一次随机读取的时间为：3ms（磁盘旋转）+ 3ms（寻道）+ 2ms（存取数据延迟）= 8ms。

- 普通的 SATA 机器硬盘每秒随机读取：1000ms / 8ms = 125 次 IOPS。

- IOPS 代表磁盘每秒可随机寻址多少次，随机读取速度取决于数据是如何存放的，如果数据按照块存放，每块 4KB，每次读取 10 块，那么随机读取速度为：10 × 4KB × 125 次/s = 5MB/s。

- 一次读取内存的时间：1000ms / 30 万次/s = 3ns。

- CPU 速度 = 10 倍 × 内存速度 = 100 倍 × I/O 速度。

- 顺序读取普通 SATA 机械硬盘 1MB 的数据：20ms。

- 请记住：2^{10} = 1KB，2^{20} = 1MB，2^{30} = 1GB，2^{32} = 4GB。

3.6 性能测试方案的设计和最佳实践

前面的小节重点介绍了互联网行业进行非功能质量设计的方法,尤其对性能和容量评估提出了有效的方法论,帮助读者在实际的生产过程中充分评估系统的容量,来保证系统的非功能质量;同时,在系统按照既定的设计实施之后,我们需要有切实有效的方法对系统进行验收,功能性测试用来验收功能需求,性能测试则用来验收非功能质量,性能指标尤为重要。

在互联网企业里,性能测试通常由一个独立的团队负责,各个技术团队把压力测试需求和目标提交到性能测试团队,性能测试团队根据压测目标制定测试场景和测试计划,并在需求方的配合下准备测试环境、测试脚本和测试数据,然后开始执行测试用例和测试计划,并观察和收集测试指标,对测试数据进行汇总,然后与需求方分析测试结果数据,找到性能的瓶颈,并与需求方配合,定位产生性能瓶颈的根本原因,在业务方对系统进行修改和优化后进行回归测试。

在互联网企业里,性能测试的任务俗称"压测",笔者会在后面全程使用这个名字,让读者更有身临其境的感觉;笔者也会在介绍压测方法论的过程中,全程使用典型交易系统作为全面压测的案例。

3.6.1 明确压测目标

在做任何事情之前,我们都要先明确目标和目的。对于压测,我们要明确测试目标,并且尽量让测试目标有量化的标准。

对于一个系统,最核心的性能指标莫过于响应时间和吞吐量了。响应时间指的是一个请求处理从发送请求到接收响应的总体时间;吞吐量指的是单位时间内系统可以处理的请求数量,这两个指标之间有一定的内在关系,假设系统资源恒定,则它们之间是互斥的。

假设我们的系统为单线程处理,则响应时间和吞吐量的计算公式如下:

$$吞吐量 = 1s / 响应时间$$

这里,吞吐量是系统每秒处理请求的个数,使用1s除以每个请求的平均响应时间,可得出系统每秒能够处理的请求数量,也就是吞吐量。这个公式是我们后续计算压测模型的重要基础。

然而,我们所使用系统的 CPU 有多个核心,多个核心的 CPU 通过 Linux 多线程技术可以并行地处理任务,因此,上面的公式可以扩展为:

$$吞吐量 = (1s\ /\ 响应时间) \times 并发数$$

也就是在并发系统中要达到相同的吞吐量,每个请求的响应时间可以延长,但是并发数会增加,这是因为多个 CPU 核心可以同时为不同的请求服务。

对一个通用的接口进行性能测试时,我们通常关注接口的响应时间、吞吐量和并发数,需要通过测试方法找到系统响应时间、吞吐量和并发数的最佳指标。对于 Web 类型的应用,我们还会关注同时在线的用户数、最大并发的用户数等。

对于不同的业务场景,我们除了对响应时间、吞吐量和并发数指标有需求,还对系统的可伸缩性、稳定性及异常情况下系统的健壮性等有特殊需求。

另外,性能测试团队应该与业务团队明确测试范围,梳理测试系统的依赖关系,并确定测试系统的范围,以及需要对哪些系统使用挡板等。

最后,我们以典型的交易系统来说明具体如何确定压测目标。典型交易系统的系统交互如图 3-1 所示。

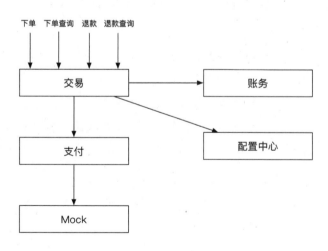

图 3-1

交易系统对外提供下单、下单查询、退款和退款查询 4 个接口，交易系统依赖于支付、账务系统和配置中心。由于支付系统依赖于渠道，而对接接渠道是有成本的，因此为了做压测，我们对渠道设置了挡板，挡板的延时反映了正常线上渠道系统的平均延时。

根据业务方对性能需求的描述，我们确定压测目标如下。

- 交易系统对外能输出每秒 300 次交易。
- 平均响应时间为 1s，最大响应时间为 3s。
- 可伸缩性能力达到 80%以上。
- 连续 24 小时稳定运行。

3.6.2 压测场景设计和压测方案制定

有了压测目标和压测范围以后，我们需要制定压测场景和压测方案。

1. 业务模型分析

首先，我们需要对业务模型进行分析，选择日常请求量比较大且路径覆盖范围较广的典型交易，建立性能测试的业务模型，确定各接口请求量的占比。

这里以上面典型的交易系统的场景为例，交易系统包含四个接口：下单、下单查询、退款和退款查询。由于 4 个接口是混合部署的，并且接口之间的调用频次有一定的关系，所以这些数据可以根据历史经验和线上数据进行统计。如果是新项目，则需要产品经理根据市场调研的基础数据进行确定。在我们的案例中，我们利用历史数据来确定各个接口的比例依次为 60%、37%、1%和 2%。

因为系统在下单和支付后通过异步回调的方式通知使用方，因此假定下单查询与整个交易的比例大约为 1:2，而退款接口并没有回调通知，因此使用方的查询此时比较多，退款与退款查询的比例为 1:2。

表 3-1 显示了提供下单、下单查询、退款和退款查询接口的混合部署系统的调用频次占比。

表 3-1

编　号	接　口	调用频次占比
1	下单	60%
2	下单查询	37%
3	退款	1%
4	退款查询	2%

2. 确定测试类型

在确定了测试的业务模型以后，我们需要确定测试类型。测试类型根据目标的不同，一般分为以下几种方式。

1）基准测试

基准测试指对单线程下单接口的测试，主要用于调试测试脚本的正确性，以及查看每个接口在无压力情况下对每个请求的响应时间，这个数据作为后续复杂压测场景的基础数据。

基准测试一般在几分钟内完成。

2）容量测试

容量测试指检查系统能处理的最大业务量，在测试过程中采用梯度加压的方式不断增加并发用户量，监控响应时间和系统资源的变化情况，响应时间曲线出现拐点时的业务量就是系统能处理的最大业务量。

容量测试一般在几十分钟内完成。

3）负载测试

负载测试用于测试单个接口在不产生任何错误的情况下能够提供的最佳的系统性能，从而得出单个接口在响应时间满足用户需求时的最大吞吐量和并发数。压力测试的目的是检查系统能够支持的最大的用户并发量，在测试过程中采用梯度加压的方法，不断增加并发数，监控接口响应时间和状态，当出现连接数平稳且系统开始超时或出现错误时，便会出现系统性能指标的衰退点。

负载测试一般在几十分钟内完成。

4）混合业务测试

混合业务测试指按照业务流程的要求对接口调用按照比例进行编排，并采用一定的测试加压方式进行加压，获取系统对业务流程的最大处理能力，以及每个接口单独的处理能力。

混合业务测试一般在几十分钟内完成。

5）稳定性测试

高并发的互联网系统，尤其是金融、支付、银行系统，对稳定性的要求比较高，因此需要对这些系统进行稳定性测试。在稳定性测试的过程中，按照混合测试的业务流程对系统施加合理的压力，并持续执行一定时间。针对系统的运行情况，判断系统是否健壮、是否存在内存泄漏、是否存在较多的上下文切换。最重要的是经过一定时间的稳定性测试，可以发现系统程序内隐藏的具有时间积累效应性质的Bug。

稳定性测试一般在12～24小时完成。

6）异常测试

异常测试指在依赖服务中断、网络中断、硬件故障等异常情况下，系统对业务的影响情况，例如系统对业务流程的处理是否产生不一致、系统设计的时效转移是否生效等。

异常测试没有时间的要求和标准，只要看到测试效果即可。

对于上文中引用的典型交易系统的案例，根据确定的压测目标，我们选择以混合业务测试为主，主要测试混合部署的交易系统的下单、下单查询、退款和退款查询接口在一定比例下表现出的最佳性能指标。另外，压测的目的只是找到系统在满足一定的响应时间需求并且保证系统资源利用率合理的情况下，系统能够提供的最优吞吐量、最佳的响应时间和所承受的最佳并发数的合理组合。

3. 确定加压方式

我们使用测试工具模拟系统真实的负载并对系统进行加压时，一般有如下加压方式。

1）瞬间加压

瞬间加压指通过测试工具模拟大量的并发请求，同时将全量负载加压到目标系统的接口，主要考验系统对突发流量的处理能力，也考验系统是否设计了消峰功能和对瞬间大量负载的熔断、限流、隔离、失效转移、降级功能，主要应用于类似秒杀、抢购、抢红包等场景中。

瞬间加压方式如图 3-2 所示。

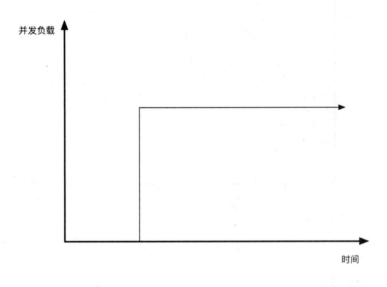

图 3-2

2）逐渐加压

逐渐加压指模拟通用的线上系统的压力。线上系统的压力在一定周期内大体为抛物线的趋势，例如在一天内，从早上开始，系统的压力会逐渐增加，直到晚上的黄金时间达到最大，然后逐渐下降。逐渐加压可以最大限度地模拟这种负载压力的分布情况。

逐渐加压方式如图 3-3 所示。

3）梯度加压

梯度加压与逐渐加压类似，但是加压目的不同，梯度加压的目的是通过逐渐增加用户并发量，并观察系统的输出能力，找到最佳或者最大的系统负载。具体指在响应时间满足业务要求的情况下达到的最优或者最大的吞吐量和并发数。

梯度加压方式如图 3-4 所示。

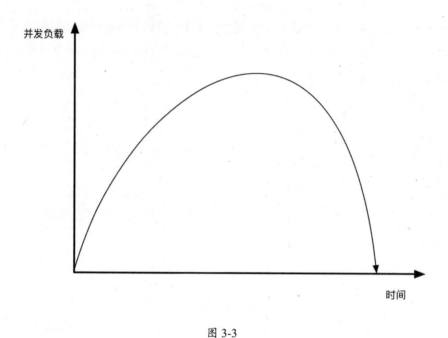

图 3-3

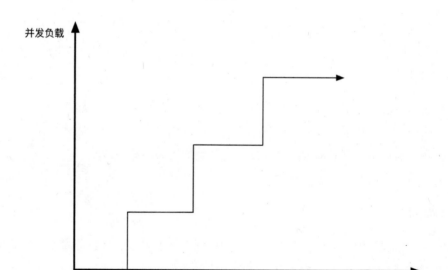

图 3-4

针对本章的典型交易系统案例,我们通过梯度加压方式测试出系统的最优吞吐量、响应时间和并发数的指标组合,在该组合下使用逐渐加压方式验证真实场景下的系统表现情况。

对应的压力终止方式有两种,一种是逐渐退出,另一种是立即同时退出,一般我们采用后者,然后观察系统资源的使用情况,包括:CPU、内存、I/O、网络带宽等,这些资源应该迅速被释放,否则说明系统负载有延续性或者关联效应,这时应找到系统负载延续的根本原因并尝试解决。

4. 确定延时方式

我们通过测试工具模拟系统的真实负载,并对系统进行加压,实际上就是在客户端机器上发送大量的请求到目标系统,那么我们如何发送请求呢?一般有以下三种方式。

(1) 一个请求发送完毕立即发送下一个请求。

(2) 一个请求发送完毕后间隔固定的时间再发送下一个请求。

(3) 以一定的时间间隔均衡地发送请求。

上述第3种方式更易于控制系统的吞吐量,因此我们在典型的交易系统案例中采用这种方式。

在下面的压测方案中笔者会介绍如何计算发送请求的时间间隔,来设定合适的时间间隔。能够帮助我们快速找到最佳的系统吞吐量、响应时间和并发数。

5. 压测方案和压测场景

首先,我们需要通过基准测试找到系统的各个接口在没有负载的情况下的响应时间,这里的响应时间将作为梯度加压的基础数据。基准测试中每个接口的响应时间如表3-2所示。

表 3-2

编 号	接 口	基准测试的响应时间
1	下单	0.5s
2	下单查询	0.2s
3	退款	0.6s
4	退款查询	0.2s

在得到基准测试的响应时间后,我们开始使用梯度加压方式。由于系统的目标吞吐量为

200/s,所以我们选择的吞吐量梯度测试为:100/s、200/s、300/s。

3.6 节开始处提供了吞吐量的计算公式:

$$吞吐量 = (1s\ /\ 响应时间) \times 并发数$$

我们根据目标吞吐量为 100/s,计算客户端使用的并发数,其中响应时间为基准测试的响应时间,并根据目标吞吐量和基准测试的响应时间,估算出需要使用的并发数,如表 3-3 所示。在实际测试的过程中,我们将基准测试的响应时间作为客户端发送请求的步长,将并发数作为客户端施加负载的线程数。

表 3-3

接口	占比	吞吐量	响应时间	并发数
下单	60%	60	0.5s	30
下单查询	37%	37	0.2s	7.4
退款	1%	1	0.6s	0.6
退款查询	2%	2	0.2s	0.4

通过实际测试,如果系统能够满足吞吐量为 100/s,而且响应时间都在目标范围内,则我们继续进行梯度测试,并且把实际计算的各个接口在吞吐量 100/s 的平均响应时间作为吞吐量下一个阶梯(200/s)的场景下的响应时间的输入,假设为 0.4s、0.1s、0.6s、0.15s。

我们根据目标吞吐量为 200/s,计算客户端使用的并发数,其中响应时间为上一梯度测试的响应时间,计算结果如表 3-4 所示。

表 3-4

接口	占比	吞吐量	响应时间	并发数
下单	60%	120	0.4s	48
下单查询	37%	72	0.1s	7.2
退款	1%	2	0.6s	1.2
退款查询	2%	4	0.15s	0.6

然后开始这一梯度的计算,以此类推,我们找到在响应时间满足业务方需求的情况下系统的最大吞吐量和并发数。

由于现在的系统都是服务化系统或者微服务架构系统,所以我们找到系统最大的吞吐量和并发数后,需要验证系统是否具有可伸缩性。我们需要把服务部署在双节点上,对双节点同时加压，查看双节点的最佳吞吐量、响应时间和并发数。一般吞吐量在 80% 以上比较合适，越高越好，例如：单节点吞吐量为 300/s，双节点吞吐量在 480/s 以上。

上面的梯度测试结果表明，吞吐量为 300/s 时，平均响应时间在 1s 以内，满足本节刚开始制定的压测目标，这时系统的资源利用率比较合理。通常我们认为 CPU 和内存利用率在 70% 以下为合理，然后使用这个最佳负载，让系统持续运行 24 小时来观察系统的稳定性，以确定系统没有出现超时、报错、内存溢出等错误，保证系统的稳定性。

3.6.3 准备压测环境

准备压测环境时，我们需要搭建和配置系统的软硬件，编写和调试测试脚本，以及进行前期的数据准备。

1. 压测环境的软硬件

我们秉着与线上软硬件环境相同的原则搭建环境，如果因为某种原因不能与线上软硬件环境完全一致，则也需要尽量保持与其相似或者相近。这里要注意，压测环境的硬件配置不能高于线上生产环境，否则测试数据不具备参考意义。

另外，笔者不推荐在一台机器上压测，推荐在多个客户端机器上同时对一台或者多台测试机施压，这样才能达到压测的真正效果。

2. 压测脚本

业务方的压测接口多种多样，由于压测时需要使用与接口兼容的客户端进行调用，因此需要开发脚本调用压测接口，并构建测试流程，在构建测试流程的过程中可能需要串联服务或者聚合服务，也可能需要对一些常量的参数进行配置，例如：用户名、密码等，这些都需要在测试脚本中实现。推荐一个测试脚本包含一个单独的业务流程，便于统计性能结果及在以后重用。

3. 数据准备

根据实际生产情况或者在前面进行的系统容量评估，我们可以确定测试的数据集大小。

针对上面典型交易系统的案例，我们确定了测试的数据集大小，如表 3-5 所示。

表 3-5

需 要	数 据 集 合	大　　小
1	订单数据	千万
2	退款数据	百万

3.6.4 压测的执行

压测的执行指根据我们制定的压测方案，执行各个压测场景的测试用例，并通过观察和监控系统资源、数据库、缓存和消息队列的使用情况，判断系统是否满足既定目标，并对测试过程中的数据进行记录和分析，形成最终的压测报告。

我们可以从以下几方面来观察系统的资源占用情况。

- 系统层面的指标：CPU、内存、磁盘 I/O、网络带宽、线程数、打开的文件句柄、线程切换和打开的 Socket 数量等。
- 接口的吞吐量、响应时间和超时情况等。
- 数据库的慢 SQL、SQL 行读、锁等待、死锁、缓冲区命中情况和索引的使用情况等。
- 缓存的读写操作的吞吐量、缓存使用量的增加数量、响应时间和超时情况等。
- 消息列队的吞吐量变化情况、响应时间和超时情况等。

压测报告主要包含以下内容。

- 压测过程中记录的压测数据。
- 分析是否满足既定的压测目标。
- 指出系统存在的瓶颈点。
- 提出系统存在的潜在风险。
- 对系统存在的瓶颈点和潜在风险提出改进意见。

3.6.5 问题修复和系统优化

在压测团队发布压测报告后,业务方对压测报告中提到的瓶颈点和风险进行整改并优化系统,在修复问题后提交新版本,请求压测团队进行回归测试。

3.7 有用的压测工具

3.6 节介绍了性能测试的方法论,并结合笔者在实际项目中的压测经验,给出互联网企业进行性能测试的全过程和最佳实践。

工欲善其事,必先利其器。本节重点介绍在实施性能测试的过程中经常使用到的有效的压测工具。

3.7.1 ab

ab 是一款针对 HTTP 实现的服务进行性能压测的工具,它最初被设计用于测量 Apache 服务器的性能指标,特别是测试 Apache 服务器每秒能够处理多少请求及响应时间等,但此命令也可以用来测试一切通用的 HTTP 服务器的性能。

测量 HTTP GET 协议的接口:

```
robert@robert-ubuntu1410: ~$ ab -c 10 -n 100000 http://localhost:8080/genid
This is ApacheBench, Version 2.3 <$Revision: 1528965 $>
Copyright 1996 Adam Twiss, Zeus Technology Ltd, http://www.zeustech.net/
Licensed to The Apache Software Foundation, http://www.apache.org/
Benchmarking localhost (be patient)
Completed 10000 requests
Completed 20000 requests
Completed 30000 requests
Completed 40000 requests
Completed 50000 requests
Completed 60000 requests
Completed 70000 requests
Completed 80000 requests
```

```
Completed 90000 requests
Completed 100000 requests
Finished 100000 requests
Server Software:        Apache-Coyote/1.1
Server Hostname:        localhost
Server Port:            8080
Document Path:          /genid
Document Length:        19 bytes
Concurrency Level:      10
Time taken for tests:   30.728 seconds
Complete requests:      100000
Failed requests:        0
Total transferred:      16700000 bytes
HTML transferred:       1900000 bytes
Requests per second:    3254.33 [#/sec] (mean)
Time per request:       3.073 [ms] (mean)
Time per request:       0.307 [ms] (mean, across all concurrent requests)
Transfer rate:          530.74 [Kbytes/sec] received
Connection Times (ms)
              min  mean[+/-sd] median   max
Connect:        0     0    0.8      0      24
Processing:     0     3    3.1      2      88
Waiting:        0     2    2.7      1      80
Total:          0     3    3.3      2      88
Percentage of the requests served within a certain time (ms)
  50%      2
  66%      3
  75%      4
  80%      4
  90%      6
  95%      9
  98%     13
  99%     16
 100%     88 (longest request)
```

从输出中可以看出，开源的 Vesta 发号器的吞吐量达到 3254.33/s，平均响应时间是 3ms，所有请求在 88ms 内返回，99%的请求在 16ms 内返回。

也可以对使用 POST 协议的服务进行压测：

```
ab -c 10 -n 1000 -p post.txt -T 'application/x-www-form-urlencoded' http://localhost:8080/billing/account/update
```

post.txt 文件内容：

```
accountId=1149983321489408&clientDesc=1
```

另外，ab 只能测试简单的 RESTful 风格的接口，无法进行多个业务逻辑的串联测试。

3.7.2　jmeter

jmeter 是 Apache 开发的基于 Java 的性能压力测试工具，用于对 Java 开发的软件做压力测试，它最初被设计用于 Web 应用测试，但后来扩展到通用的性能测试领域。它可以用于测试静态和动态资源，例如静态文件、Java Applet、CGI 脚本、Java 类库、数据库、FTP 服务器、HTTP 服务器等。jmeter 是一个性能强大的具有扩展性的测试工具和平台，开发者可以在自己的平台下集成 jmeter，并且根据需求开发和定制 jmeter 的测试用例，读者可通过阅读 jmeter 主页的文档对其进行学习。

jmeter 可以用于对服务器、网络或对象模拟巨大的负载，在不同类别的压力下测试其强度并分析整体性能。另外，jmeter 可以对应用程序做功能测试和回归测试，通过创建带有断言的脚本来自动化验证程序是否满足要求。为了灵活性，jmeter 允许使用正则表达式创建断言。

3.7.3　mysqlslap

mysqlslap 是 MySQL 自带的一款性能压测工具，通过模拟多个并发客户端访问 MySQL 来执行压力测试，同时提供了详细的数据性能报告。此工具可以自动生成测试表和数据，并且可以模拟读、写、混合读写、查询等不同的使用场景，也能够很好地对比多个存储引擎在相同环境的并发压力下的性能差异。

1. 使用单线程测试

使用方式：

```
mysqlslap -a -uroot -pyouarebest
```

命令输出：

```
robert@robert-ubuntu1410:~$ mysqlslap -a -uroot -pyouarebest Benchmark
        Average number of seconds to run all queries: 0.108 seconds
        Minimum number of seconds to run all queries: 0.108 seconds
```

```
Maximum number of seconds to run all queries: 0.108 seconds
Number of clients running queries: 1
Average number of queries per client: 0
```

可以看到，使用单线程连接一次服务器需要108ms。

2. 使用100个多线程测试

使用方式：

`mysqlslap -a -c 100 -uroot -pyouarebest`

命令输出：

```
robert@robert-ubuntu1410: ~$ mysqlslap -a -c 100 -uroot -pyouarebest Benchmark
Average number of seconds to run all queries: 0.504 seconds
Minimum number of seconds to run all queries: 0.504 seconds
Maximum number of seconds to run all queries: 0.504 seconds
Number of clients running queries: 100
Average number of queries per client: 0
```

可以看到，使用100个多线程同时连接一次服务器需要504ms，虽然与单线程相比响应时间增加了，但是在增加并发的同时提高了吞吐量。

3. 多次测试对测试结果求平均值

使用方式：

`mysqlslap -a -i 10 -uroot -pyouarebest`

命令输出：

```
robert@robert-ubuntu1410: ~$ mysqlslap -a -i 10 -uroot -pyouarebest
 Benchmark
Average number of seconds to run all queries: 0.108 seconds
Minimum number of seconds to run all queries: 0.098 seconds
Maximum number of seconds to run all queries: 0.132 seconds
Number of clients running queries: 1
Average number of queries per client: 0
```

可以看到，多次测试求平均值的结果稍有不同，平均响应时间为108ms，最大为132ms，最小为98ms，平均响应时间与使用单线程测试的结果相同。

4. 测试读操作的性能指标

使用方式:

```
mysqlslap -a -c10 --number-of-queries=1000 --auto-generate-sql-load-type=read -uroot -pyouarebest
```

命令输出:

```
robert@robert-ubuntu1410: ~$ mysqlslap -a -c10 --number-of-queries=1000 --auto-generate-sql-load-type=read -uroot -pyouarebest Benchmark
    Average number of seconds to run all queries: 0.048 seconds
    Minimum number of seconds to run all queries: 0.048 seconds
    Maximum number of seconds to run all queries: 0.048 seconds
    Number of clients running queries: 10
    Average number of queries per client: 100
```

可以算出，一共使用了 10 个并发客户端，每个并发客户端执行 100 次查询，一共需要 48ms。每个客户端发送多次查询，重用数据库连接比每次创建数据库连接的耗时少得多。

5. 测试写操作的性能指标

使用方式:

```
mysqlslap -a -c10 --number-of-queries=1000 --auto-generate-sql-load-type=write -uroot -pyouarebest
```

命令输出:

```
robert@robert-ubuntu1410: ~$ mysqlslap -a -c10 --number-of-queries=1000 --auto-generate-sql-load-type=write -uroot -pyouarebest Benchmark
    Average number of seconds to run all queries: 3.460 seconds
    Minimum number of seconds to run all queries: 3.460 seconds
    Maximum number of seconds to run all queries: 3.460 seconds
    Number of clients running queries: 10
    Average number of queries per client: 100
```

可以算出，一共使用了 10 个并发客户端，每个并发客户端执行 100 个写操作，一共需要 3.46s，平均每个写操作需要 3460ms/1000，为 3.46ms。数据库服务器处理写操作的吞吐量为 1000 次/3.46s，为 289 次/s。

6. 测试读写混合操作的性能指标

使用方式：

```
mysqlslap -a -c10 --number-of-queries=1000 --auto-generate-sql-load-type=mixed -uroot -pyouarebest
```

命令输出：

```
robert@robert-ubuntu1410: ~$ mysqlslap -a -c10 --number-of-queries=1000 --auto-generate-sql-load-type=mixed -uroot -pyouarebest Benchmark
    Average number of seconds to run all queries: 1.944 seconds
    Minimum number of seconds to run all queries: 1.944 seconds
    Maximum number of seconds to run all queries: 1.944 seconds
    Number of clients running queries: 10
    Average number of queries per client: 100
```

可以算出，平均每个读或写操作需要 1944ms/1000，为 1.9ms。数据库服务器处理混合 SQL 的吞吐量为 1000 次/1.944s，为 514 次/s。

7. 多次不同并发数混合操作的性能指标

测试不同存储引擎的性能并进行对比，执行一次测试后分别产生 50 个和 100 个并发，共执行 1000 次总查询，对 50 个并发和 100 个并发分别得到一次测试结果，并发数越多，执行完所有查询的时间越长。为了准确起见，可以在多次迭代测试后求多次平均值。

使用方式：

```
mysqlslap -a --concurrency=50,100 --number-of-queries 1000 --debug-info --engine=myisam,innodb --iterations=5 -uroot -pyouarebest
```

命令输出：

```
robert@robert-ubuntu1410: ~$ mysqlslap -a --concurrency=50,100 --number-of-queries 1000 --debug-info --engine=myisam,innodb --iterations=5 -uroot -pyouarebest Benchmark
    Running for engine myisam
    Average number of seconds to run all queries: 0.080 seconds
    Minimum number of seconds to run all queries: 0.070 seconds
    Maximum number of seconds to run all queries: 0.106 seconds
    Number of clients running queries: 50
    Average number of queries per client: 20
Benchmark
    Running for engine myisam
    Average number of seconds to run all queries: 0.100 seconds
```

```
    Minimum number of seconds to run all queries: 0.075 seconds
    Maximum number of seconds to run all queries: 0.156 seconds
    Number of clients running queries: 100
    Average number of queries per client: 10
Benchmark
    Running for engine innodb
    Average number of seconds to run all queries: 0.527 seconds
    Minimum number of seconds to run all queries: 0.437 seconds
    Maximum number of seconds to run all queries: 0.801 seconds
    Number of clients running queries: 50
    Average number of queries per client: 20
Benchmark
    Running for engine innodb
    Average number of seconds to run all queries: 0.608 seconds
    Minimum number of seconds to run all queries: 0.284 seconds
    Maximum number of seconds to run all queries: 0.991 seconds
    Number of clients running queries: 100
    Average number of queries per client: 10
User time 0.85, System time 1.28
Maximum resident set size 14200, Integral resident set size 0
Non-physical pagefaults 36206, Physical pagefaults 0, Swaps 0
Blocks in 0 out 0, Messages in 0 out 0, Signals 0
Voluntary context switches 61355, Involuntary context switches 1244
```

可以看到并发数增多,由于有并发就有同步操作的损耗,所以100个并发的响应时间指标要略低于50个并发的响应时间指标。

3.7.4 sysbench

1. CPU 性能测试

使用方式:

```
sysbench --test=cpu --cpu-max-prime=20000 run
```

命令输出:

```
robert@robert-ubuntu1410: ~$ sysbench --test=cpu --cpu-max-prime=20000 run
sysbench 0.4.12: multi-threaded system evaluation benchmark
Running the test with following options:
Number of threads: 1
Doing CPU performance benchmark
Threads started!
```

```
Done.
Maximum prime number checked in CPU test: 20000
Test execution summary:
    total time:                          26.0836s
    total number of events:              10000
    total time taken by event execution: 26.0795
    per-request statistics:
         min:                                 2.41ms
         avg:                                 2.61ms
         max:                                 6.29ms
         approx. 95 percentile:               2.93ms
Threads fairness:
    events (avg/stddev):           10000.0000/0.00
    execution time (avg/stddev):   26.0795/0.00
```

可以看出做一次素数加法运算的平均时间是 **2.61ms**。

2. 线程锁性能测试

使用方式：

```
robert@robert-ubuntu1410: ~$ sysbench --test=threads --num-threads=64 --thread-yields=100 --thread-locks=2 run
```

命令输出：

```
robert@robert-ubuntu1410: ~$ sysbench --test=threads --num-threads=64 --thread-yields=100 --thread-locks=2 run
sysbench 0.4.12: multi-threaded system evaluation benchmark
Running the test with following options:
Number of threads: 64
Doing thread subsystem performance test
Thread yields per test: 100 Locks used: 2
Threads started!
Done.
Test execution summary:
    total time:                          0.6559s
    total number of events:              10000
    total time taken by event execution: 41.5442
    per-request statistics:
         min:                                 0.02ms
         avg:                                 4.15ms
         max:                                 114.28ms
         approx. 95 percentile:               23.35ms
Threads fairness:
    events (avg/stddev):           156.2500/36.13
```

```
execution time (avg/stddev):   0.6491/0.00
```

可见，在 64 个线程中，每个线程执行 yield 操作 100 次且上锁两次，每次事件平均需要 4ms。

3. 磁盘随机 I/O 性能测试

用 sysbench 工具可以测试顺序读、顺序写、随机读、随机写等磁盘 I/O 性能：

```
sysbench --test=fileio --file-num=16 --file-total-size=100M prepare
sysbench --test=fileio --file-total-size=100M --file-test-mode=rndrd --max-time=180 --max-requests=100000000 --num-threads=16 --init-rng=on --file-num=16 --file-extra-flags=direct --file-fsync-freq=0 --file-block-size=16384 run
sysbench --test=fileio --file-num=16 --file-total-size=2G cleanup
```

命令输出：

```
robert@robert-Latitude-E6440: ~/tmp$ sysbench --test=fileio --file-num=16 --file-total-size=100M prepare
    sysbench 0.4.12: multi-threaded system evaluation benchmark
    16 files, 6400Kb each, 100Mb total
    Creating files for the test...
    robert@robert-Latitude-E6440: ~/tmp$ sysbench --test=fileio --file-total-size=100M --file-test-mode=rndrd --max-time=180 --max-requests=100000000 --num-threads=16 --init-rng=on --file-num=16 --file-extra-flags=direct --file-fsync-freq=0 --file-block-size=16384 run
    sysbench 0.4.12: multi-threaded system evaluation benchmark
    Running the test with following options:
    Number of threads: 16
    Initializing random number generator from timer.
    Extra file open flags: 16384
    16 files, 6.25Mb each
    100Mb total file size
    Block size 16Kb
    Number of random requests for random IO: 100000000
    Read/Write ratio for combined random IO test: 1.50
    Calling fsync() at the end of test, Enabled.
    Using synchronous I/O mode
    Doing random read test
    Threads started!
    Time limit exceeded, exiting...
    (last message repeated 15 times)
    Done.
    Operations performed:  43923 Read, 0 Write, 0 Other = 43923 Total
    Read 686.3Mb  Written 0b  Total transferred 686.3Mb  (3.8104Mb/sec)
      243.86 Requests/sec executed
    Test execution summary:
```

```
        total time:                          180.1126s
        total number of events:              43923
        total time taken by event execution: 2880.7789
        per-request statistics:
             min:                                  0.13ms
             avg:                                 65.59ms
             max:                               1034.24ms
             approx.  95 percentile:             223.33ms
    Threads fairness:
        events (avg/stddev):           2745.1875/64.44
        execution time (avg/stddev):   180.0487/0.03
    robert@robert-Latitude-E6440: ~/tmp$ sysbench --test=fileio --file-num=16
--file-total-size=2G cleanup
    sysbench 0.4.12:  multi-threaded system evaluation benchmark
    Removing test files...
```

上面的测试显示，这台机器的随机 I/O 速度为 3.8MB/s，IOPS 高达 243.86。

4. 内存性能测试

使用方式：

```
    robert@robert-ubuntu1410: ~$ sysbench --test=memory --num-threads=512
--memory-block-size=256M --memory-total-size=32G run
```

命令输出：

```
    robert@robert-ubuntu1410: sysbench --test=memory --num-threads=512
--memory-block-size=256M --memory-total-size=32G run
    sysbench 0.4.12:  multi-threaded system evaluation benchmark
    Running the test with following options:
    Number of threads: 512
    Doing memory operations speed test
    Memory block size: 256K
    Memory transfer size: 32768M
    Memory operations type: write
    Memory scope type: global
    Threads started!
    WARNING: Operation time (0.000000) is less than minimal counted value, counting
as 1.000000
    (last message repeated 1 times)
    WARNING: Percentile statistics will be inaccurate
    (last message repeated 1 times)
    Done.
    Operations performed: 131072 (60730.95 ops/sec)
    32768.00 MB transferred (15182.74 MB/sec)
```

```
Test execution summary:
    total time:                          2.1582s
    total number of events:              131072
    total time taken by event execution: 643.2354
    per-request statistics:
         min:                            0.00ms
         avg:                            4.91ms
         max:                            1173.07ms
         approx. 95 percentile:          0.42ms
Threads fairness:
    events (avg/stddev):          256.0000/84.51
    execution time (avg/stddev):  1.2563/0.32
```

可以看出，每秒可以执行 6 万次内存操作，并且每秒可以读取 15GB 内存数据。

5. MySQL 事务性操作测试

在准备阶段不能自动创建数据库，需要手工预先创建测试时需要使用的数据库，并且使用 --mysql-db=test 来指定测试数据库。

使用方式：

```
sysbench --test=oltp --mysql-table-engine=myisam --oltp-table-size=1000 --mysql-user=root --mysql-host=localhost --mysql-password=youarebest --mysql-db=test  run
```

命令输出：

```
robert@robert-ubuntu1410:/etc/mysql$ sysbench --test=oltp --mysql-table-engine=myisam --oltp-table-size=1000 --mysql-user=root --mysql-host=localhost --mysql-password=youarebest --mysql-db=test prepare
sysbench 0.4.12:  multi-threaded system evaluation benchmark
No DB drivers specified, using mysql
Creating table 'sbtest'...
Creating 1000 records in table 'sbtest'...
robert@robert-ubuntu1410:/etc/mysql$ sysbench --test=oltp --mysql-table-engine=myisam --oltp-table-size=1000 --mysql-user=root --mysql-host=localhost --mysql-password=youarebest --mysql-db=test  run
sysbench 0.4.12:  multi-threaded system evaluation benchmark
No DB drivers specified, using mysql
Running the test with following options:
Number of threads: 1
Doing OLTP test.
Running mixed OLTP test
Using Special distribution (12 iterations, 1 pct of values are returned in 75 pct cases)
```

```
Using "LOCK TABLES WRITE" for starting transactions
Using auto_inc on the id column
Maximum number of requests for OLTP test is limited to 10000
Threads started!
Done.
OLTP test statistics:
    queries performed:
        read:                            140000
        write:                           50000
        other:                           20000
        total:                           210000
    transactions:                        10000  (689.49 per sec.)
    deadlocks:                           0      (0.00 per sec.)
    read/write requests:                 190000 (13100.32 per sec.)
    other operations:                    20000  (1378.98 per sec.)
Test execution summary:
    total time:                          14.5035s
    total number of events:              10000
    total time taken by event execution: 14.4567
    per-request statistics:
        min:                             0.92ms
        avg:                             1.45ms
        max:                             19.34ms
        approx. 95 percentile:           2.52ms
Threads fairness:
    events (avg/stddev):                 10000.0000/0.00
    execution time (avg/stddev):         14.4567/0.00
robert@robert-ubuntu1410:/etc/mysql$ sysbench --test=oltp
--mysql-table-engine=myisam --oltp-table-size=1000 --mysql-user=root
--mysql-host=localhost --mysql-password=youarebest --mysql-db=test cleanup
sysbench 0.4.12: multi-threaded system evaluation benchmark
No DB drivers specified, using mysql
Dropping table 'sbtest'...
Done.
```

根据测试结果得出,每秒执行事务为 689 次,每秒读写操作为 13100 次,每个请求处理的平均时间是 1.45ms。

3.7.5 dd

dd 可以用于测试磁盘顺序 I/O 的存取速度。在应用场景中,打印日志通常表现为顺序 I/O 的写操作,而数据库查询多为磁盘的随机 I/O。

在磁盘上放一个文件，然后使用如下命令：

```
dd if=/home/robert/test-file of=/dev/null bs=512 count=10240000
```

可以看出这个磁盘顺序 I/O 的读取速度：

```
robert@robert-Latitude-E6440:~/working/multimedia-test$ dd if=./bigfile.tar of=/dev/null bs=512 count=10240000
记录了 160+0 的读入
记录了 160+0 的写出
81920 字节(82 kB)已复制, 0.0277534 s, 3.0 MB/s
robert@robert-Latitude-E6440:~/working/multimedia-test$ dd if=./bigfile.tar of=/dev/null bs=512 count=10240000
记录了 160+0 的读入
记录了 160+0 的写出
81920 字节(82 kB)已复制, 0.000345242 s, 237 MB/s
robert@robert-Latitude-E6440:~/working/multimedia-test$ dd if=./bigfile.tar of=/dev/null bs=512 count=10240000
记录了 160+0 的读入
记录了 160+0 的写出
81920 字节(82 kB)已复制, 0.000238306 s, 344 MB/s
```

从上面的测试中可以发现，文件的顺序读取可以达到上百 MB，第 1 次只有 3MB，这是因为操作系统的 I/O 缓存第 1 次没有命中导致的。普通 X86 机器上的顺序读大约为 100MB 左右，IBM 或者华为的高端存储设备每秒可以达到 GB 级别。

3.7.6 LoadRunner

LoadRunner 是惠普的一款商业化性能测试工具，通过模拟成千上万的用户同时对目标系统实施高并发负载，并实时监测系统资源的使用情况及表现的性能指标等方式来发现和定位问题，是一款专业的性能和负载压力测试工具。

LoadRunner 不但有较大的客户群体，还有专业的性能测试社区和论坛，供大家交流性能测试问题。如果你需要对系统进行全面、精准的性能评估，则 LoadRunner 能够帮助你达成这个目标，它适用于测试任何类型的应用程序，并且具有简单易用、功能齐全且支持交互 UI 的测试等优点。

3.7.7　hprof

hprof 是 JDK 自带的分析内存堆和 CPU 使用情况的命令行工具。实际上，hprof 并不是一个可执行的命令，而是一个 JVM 执行时动态加载的本地代理库，加载后运行在 JVM 进程中。通过在 JVM 启动时配置不同的选项，可以让 hprof 监控不同的性能指标，包括堆、CPU 使用情况、栈和线程等。hprof 会生成二进制或者文本格式的输出文件，对二进制格式的输出可以借助命令行工具 HAT 进行分析，开发者可以通过分析输出文件来找到性能瓶颈。

下面介绍 hprof 的使用方法。

首先，我们编写一个测试目标类：

```java
package com.dsa;
public class HprofSample {
    public void slowAction1() {
        try {
            System.out.println("Action 1 is run.");
            // delay one second
            Thread.sleep(1000);
        } catch (Exception e) {
            e.printStackTrace();
        }
    }
    public void slowAction2() {
        try {
            System.out.println("Action 2 is run.");
            // delay two second
            Thread.sleep(2000);
        } catch (Exception e) {
            e.printStackTrace();
        }
    }
    public static void main(String[] args) {
        HprofSample sample = new HprofSample();
        sample.slowAction1();
        sample.slowAction2();
    }
}
```

下面的命令每隔 20ms 采样 CPU 执行时间的信息，堆栈深度为 3，在当前目录下输出分析文件，生成的分析文件名默认是 java.hprof.txt。

```
java -agentlib:hprof=cpu=times,interval=20,depth=3 com.dsa.HprofSample
```

输出文件内的输出内容如下：

```
CPU TIME (ms) BEGIN (total = 3160) Sat May  6 08:49:11 2017
rank   self  accum   count trace method
   1 63.29% 63.29%       1 301988 com.dsa.HprofSample.slowAction2
   2 31.68% 94.97%       1 301984 com.dsa.HprofSample.slowAction1
   3  0.54% 95.51%       1 301336 java.util.jar.JarFile.match
   4  0.41% 95.92%   11403 301335 java.lang.Math.max
   5  0.22% 96.14%    3810 300966 java.io.BufferedInputStream.read
   6  0.19% 96.33%    1905 300967 java.io.DataInputStream.readShort
   7  0.19% 96.52%       1 301005 sun.util.calendar.ZoneInfoFile.load
   8  0.16% 96.68%    1024 300957 java.io.BufferedInputStream.read1
   9  0.16% 96.84%    3810 300965 java.io.BufferedInputStream.getBufIfOpen
  10  0.13% 96.96%     588 300958 java.io.BufferedInputStream.read
  11  0.13% 97.09%     588 300962 java.io.DataInputStream.readUTF
  12  0.09% 97.18%     424 300972 java.io.BufferedInputStream.read
  13  0.09% 97.28%     424 300974 java.io.DataInputStream.readFully
  14  0.09% 97.37%     152 300986 java.util.HashMap.putVal
  15  0.06% 97.44%      81 300388 java.lang.CharacterDataLatin1.toLowerCase
......
```

从上面的命令输出可以看到，com.dsa.HprofSample.slowAction2 使用的 CPU 时间最多，占总数的 63.29%，在真实的生产实践中能够帮助快速定位代码的耗时问题。

下面的命令采样内存堆信息，在当前目录下输出分析文件，生成的分析文件名默认是 java.hprof.txt。

```
java -agentlib:hprof=heap=sites com.dsa.HprofSample
```

输出文件内的输出内容如下：

```
SITES BEGIN (ordered by live bytes) Sat May  6 09:19:31 2017
          percent          live          alloc'ed    stack   class
rank   self  accum     bytes  objs     bytes  objs  trace   name
   1 36.60% 36.60%    216816     7    216816     7 300378 byte[]
   2 16.30% 52.91%     96560   424     96560   424 300309 byte[]
   3  4.32% 57.23%     25592   586     25592   586 300307 char[]
   4  1.58% 58.81%      9376   586      9376   586 300306 java.lang.String
   5  1.57% 60.37%      9272    59      9272    59 300050 char[]
   6  1.39% 61.76%      8208     1      8208     1 300296 byte[]
   7  1.39% 63.15%      8208     1      8208     1 300374 byte[]
   8  0.45% 63.59%      2648    12      2648    12 300054 byte[]
   9  0.40% 63.99%      2360     1      2360     1 300305 java.lang.String[]
  10  0.40% 64.39%      2360     1      2360     1 300310 java.lang.String[]
  11  0.40% 64.79%      2360     1      2360     1 300311 int[]
  12  0.37% 65.16%      2184    91      2184    91 300313 java.util.HashMap$Node
  13  0.34% 65.50%      2032     2      2032     2 300308 byte[][]
```

```
 14 0.34% 65.84%      2016    1      2016    1 300340 long[]
 15 0.33% 66.17%      1984    4      1984    4 300315 java.util.HashMap$Node[]
 16 0.32% 66.49%      1880    5      1880    5 300001 java.lang.Thread
 17 0.29% 66.79%      1744   11      1744   11 300078 char[]
......
```

从上面的输出可以看到多种不同的对象占用的存储空间，在定位内存问题时，可以帮助快速找到内存使用最多的对象。

最后，通过如下命令可以看到 hprof 的帮助文档。

```
java -agentlib:help com.dsa.HprofSample
```

命令输出如下：

```
Option Name and Value    Description                  Default
---------------------    -----------                  -------
heap=dump|sites|all      heap profiling               all
cpu=samples|times|old    CPU usage                    off
monitor=y|n              monitor contention           n
format=a|b               text(txt) or binary output   a
file=<file>              write data to file           java.hprof[{.txt}]
net=<host>:<port>        send data over a socket      off
depth=<size>             stack trace depth            4
interval=<ms>            sample interval in ms        10
cutoff=<value>           output cutoff point          0.0001
lineno=y|n               line number in traces?       Y
thread=y|n               thread in traces?            N
doe=y|n                  dump on exit?                Y
msa=y|n                  Solaris micro state accounting n
force=y|n                force output to <file>       y
verbose=y|n              print messages about dumps   y
```

从帮助文档中可以看到，hprof 不但可以用来分析堆、CPU，还可以用来获取线程和网络等信息。

3.8 本章小结

本章以互联网企业重点关注的非功能质量为主线，总结了非功能质量需求的整体目标，并针对不同的服务和资源列举了不同的非功能质量需求的衡量指标，帮助读者在做技术评审的过程中整理思路。本章又针对不同的系统尽量穷举评审时关注的评审点,并随后提供了一个简单有效的评审提纲,最后根据提纲实现了一个互联网容量和性能评估的经典案例,大家可以在案例中了解高并发互联网系统是如何拆分的,以及依据哪些数据进行拆分,通过对非功能质量需求的评估、设计和实现,对应设计时的容量和性能评估及事后的压测,来保证互联网项目达成既定的非功能质量需求的目标。

  容量和性能评估保证系统设计能够满足系统的非功能质量需求,性能测试保证系统实施按照既定目标实现项目的非功能质量目标,本章后半部分全面介绍了互联网企业里压测的全过程及方法论,并总结了压测的最佳实践,在本章末尾介绍了常用的压测工具集,读者可以根据不同的场景选择不同的压测工具来测试系统的性能指标,以保证系统的高性能。

  由于本章的数据完全基于笔者在某个互联网平台的工作经验产生,有些数据更是来源于笔者的笔记本电脑,并不代表可以直接应用在任何企业和平台,这里重点突出进行容量、性能评估和压测场景设计的方法论,帮助读者整理实现高并发互联网系统的思路,读者在实践时需要根据所使用硬件的性能级别适当调整标准和指标。

第 4 章
大数据日志系统的构建

日志用于记录系统中硬件、软件、系统、进程和应用运行时的信息，同时可以监控系统中发生的各种事件。我们可以通过它来检查错误发生的原因，解决用户投诉的问题，找到攻击者留下的攻击痕迹。日志既可以用来生成监控图，也可以用来发出警报。

按照产生的来源，日志可以分为系统日志、容器日志和应用日志等；按照应用目标的不同，日志可以分为性能日志、安全日志等；按照级别的不同，日志可以分为调试日志、信息日志、警告日志和错误日志等。

下面是使用 Web 服务器 Tomcat 构建的服务化应用的常见日志类型。

- Tomcat 存取日志：该日志名通常为 localhost_access_log.*.txt，位于 Tomcat log 目录下，该日志清晰地记录了 HTTP 服务请求的来源、响应时间、返回的 HTTP 代码等，可用于统计服务的成功数和失败数，也可用于统计接口的响应时间，还可用于统计服务的请求数和吞吐量等。

- Tomcat 控制台日志：该日志名通常为 catalina.out，位于 Tomcat log 目录下，包含 Tomcat 是否成功启动、启动所使用的时间，以及应用打印的控制台日志等信息。

- Tomcat 本地日志：该日志名通常为 localhost.*.txt，位于 Tomcat log 目录下，程序异常在没有被捕获时会被一直抛出到容器层，容器处理后记录在这个日志里。

- 业务系统应用日志：一般使用 Commons logging、Log4j、Slf4j、Logback、Log4j 2 等，业务日志一般分为 trace、debug、warn、info 和 error 级别等，线上系统根据其特点进行的相应设置也不同，有的设置为 debug 级别，有的设置为 info、error 级别在刚上线且不稳定的项目中通常设置为 debug 级别，便于查找问题；在线上系统稳定后使用 error 级别即可，这样能够有效地提高效率。

- 性能日志：可以对提供的服务接口、依赖的接口、关键的程序路径等统计响应时间，打印到专用的性能日志里，用来监控和排查超时等性能问题。

- 远程服务调用日志：一个服务可能依赖于其他服务，通常使用 RPC 或者 REST 服务进行调用，我们在调用远程服务和被远程服务调用时，都需要打点耗时日志，这能够帮助我们排查接口调用的错误或者超时等问题。

其实，根据服务、业务的不同，还有更多的日志类型，如何收集、处理和管理这些日志呢？

首先解决日志的输出问题，对于计数器日志、响应时间日志、异常日志、方法入参和返回值等有规律可循的通用日志，我们可以使用 AOP 技术的切面编程来打印，这样可以不用侵入业务代码，保持代码的整洁性和可维护性。对于业务代码中比较复杂的业务信息，可以直接在代码中打点。

接下来解决日志的存储问题，在一个有海量请求的服务化系统中，对大量的日志如何进行保存是一个亟需解决的问题，毕竟日志每天占用大量的磁盘，线上存储成本巨大，对集群中多个节点的日志又不方便通过 Linux 命令行进行聚合查找和统计。有的公司会开发堡垒机，在堡垒机中可以一次性对多个节点发送命令，并汇集命令的结果，但是使用 Linux 命令毕竟只是专业的开发人员和运维人员才拥有的能力，这增加了对技术人员的要求，提高了人力成本。为了解决这个问题，大多数公司都会构建大数据日志系统，通常采用 ELK（Elasticsearch、Logstash、Kibana）架构来实现。

本章首先介绍各种开源日志框架的背景、功能和特点，给出对日志系统的优化建议和最佳实践，然后讲解大数据日志系统的原理与设计，最后以 ELK 系统为例，介绍如何构建与使用大数据日志系统。

4.1 开源日志框架的原理分析与应用实践

日志是程序设计中很重要的一部分，它提供了丰富的程序运行时的信息，例如：程序运行时的逻辑信息、错误信息、事件描述信息、关键数据、状态信息、执行时间和用户登录信息等，这些信息可以帮助开发人员快速地发现和定位问题。在实际生产环境中，日志是查找问题的重要来源，良好的日志格式和记录方式可以帮助开发人员、应急人员快速定位到错误的根源，并找到解决问题的办法。

对于应用程序来说，日志系统至关重要，但是在 JDK 最初的版本中并不包含日志记录的功能和 API，在 JDK 的 1.4 版本后才包含 JDK Logger。开源社区在此期间做出了很大的贡献，其中名声最大、应用最广泛的是 Apache Commons Logging 和 Apache Log4j，Apache Commons Logging 是通用的日志 API，而 Apache Log4j 则是最流行的日志实现。后来，Slf4j 和 Logback 逐渐取代了 Apache Commons Logging 和 Apache Log4j，Log4j 2 也迅速流行开来，由于其性能有较大的提高，所以很快得到越来越多的应用。下面会具体介绍每种日志框架的背景、特点、使用方法和应用场景等。

4.1.1 JDK Logger

JDK 从 1.4 版本起，开始自带一套日志系统 JDK Logger，它的最大优点就是不需要集成任何类库，只要有 JVM 的运行环境，就可以直接使用，使用起来比较方便。

JDK Logger 将日志分为 9 个级别：all、finest、finer、fine、config、info、warning、severe、off，级别依次升高，这里我们看到其命名和主流的开源日志框架命名有些不同，例如：主流框架的错误日志使用 error 命名，而这里使用 severe 命名，实际上，这些命名让人感觉很奇怪。

JDK Logger 的使用示例如下：

```
public class JDKLoggerDemo
{
    public static Logger logger =
Logger.getLogger(JDKLoggerDemo.class.toString());
    static
    {
```

```java
            Handler consoleHandler = new ConsoleHandler();
            consoleHandler.setLevel(Level.SEVERE);
            logger.addHandler(consoleHandler);
    }
    public static void main(String[] args)
    {
            // 级别：all→finest→finer→fine→config→info→warning→servere→off
            //级别依次升高，越往后日志级别会越高，打印的日志会越少，后面的日志级别的设置会屏蔽之
//前的级别
            logger.setLevel(Level.INFO);
            logger.finest("finest log..");
            logger.finer("finer log..");
            logger.fine("fine log..");
            logger.config("config log..");
            logger.info("info log..");
            logger.warning("warning log..");
            logger.severe("severe log..");
    }
}
```

如果将日志级别设置为 all，则所有信息都会被输出；如果设置为 off，则所有信息都不会被输出。

如果将级别设置为 info，则 info 前面的更低级别的信息将不会被输出，只有 info 和高于 info 级别的日志才会被输出。通过这种方法控制日志的输出级别，以达到控制日志输出量的目的。

JDK Logger 默认在控制台输出，并且输出 info 级别和高于 info 级别的信息，我们也可以通过调用 Logger 的 setLevel()方法或者通过配置文件来设置，当然，我们也可以设置多个输出，对每个输出设置不同的级别，然后把输出的日志添加到同一个或者多个日志文件中来集中管理。

然而，相比其他开源日志框架，JDK 自带的 Logger 日志框架可谓鸡肋，在易用性、功能及扩展性方面都要稍逊一筹，所以很少在线上系统中被使用。

4.1.2　Apache Commons Logging

在 Java 领域里有许多实现日志功能的框架，最早得到广泛使用的是 Log4j，许多应用程序的日志记录功能都由 Log4j 来实现。不过，作为应用开发者，我们希望自己的组件不依赖于某个日志工具，毕竟还有很多其他日志工具可用，如果存在性能或者其他问题，需要在日志实现

框架中进行切换,则使用 Log4j 就直接把程序日志绑定到 Log4j 的实现上了,但切换时会带来大量的修改工作。为了解决这个问题,Apache Commons Logging(简称 Commons Logging,又名 JCL,即 Jakata Commons Loggings)只提供了日志接口,具体的实现则在运行时根据配置动态查找日志的实现框架,它的出现避免了和具体的日志实现框架直接耦合。在日常开发中,开发者可以选择第三方日志组件搭配使用,例如 Log4j。

有了 Commons Logging 后,开发人员就可以针对 Commons Logging 的 API 进行编程了,而运行时可以根据配置切换不同的日志实现框架,使应用程序打印日志的功能与日志实现解耦。换句话来说,JCL 提供了操作日志的接口,而具体的日志实现交给 Log4j 这样的开源日志框架来完成。这样可实现程序的解耦,对于底层日志框架的改变,并不会影响上层的业务代码。

传统的系统基本上使用 Commons Logging 和 Apache Log4j 的组合,Commons Logging 使用门面设计模式实现,门面后面可以转接 Apache Log4j 等其他日志实现框架。后来,Log4j 的作者 Ceki 看到这套实现在一些细节上存在缺陷,于是又开发了 Slf4j 和 Logback,但是它们并不属于 Apache 组织。Slf4j 用来取代 Commons Logging,Logback 则用来取代 Log4j。

1. 实现结构

首先,我们来分析 Commons Logging 的实现结构,如图 4-1 所示。

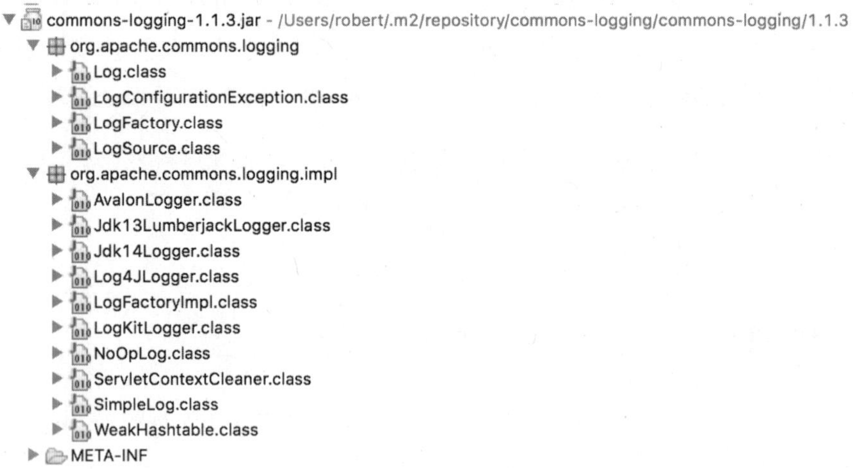

```
▼ commons-logging-1.1.3.jar - /Users/robert/.m2/repository/commons-logging/commons-logging/1.1.3
    ▼ org.apache.commons.logging
        ▶ Log.class
        ▶ LogConfigurationException.class
        ▶ LogFactory.class
        ▶ LogSource.class
    ▼ org.apache.commons.logging.impl
        ▶ AvalonLogger.class
        ▶ Jdk13LumberjackLogger.class
        ▶ Jdk14Logger.class
        ▶ Log4JLogger.class
        ▶ LogFactoryImpl.class
        ▶ LogKitLogger.class
        ▶ NoOpLog.class
        ▶ ServletContextCleaner.class
        ▶ SimpleLog.class
        ▶ WeakHashtable.class
    ▶ META-INF
```

图 4-1

Commons Logging 一共有两个包：org.apache.commons.logging 和 org.apache.commons.logging.impl，前者包含日志 API，后者包含日志 API 的实现。

实现类的具体职责如下。

- Log：日志对象接口，封装了操作日志的方法，定义了日志操作的 5 个级别，在级别上 trace < debug < info < warn < error。
- LogFactory：是一个抽象类，是用来获取日志对象的工厂类。
- LogFactoryImpl：LogFactory 的实现类，是真正获取日志对象的地方。
- Log4JLogger：对 Log4j 的日志对象的封装。
- Jdk14Logger：对 JDK1.4 Logger 的日志对象的封装。
- SimpleLog：自带的简单的日志记录器。

2. 使用方式

Commons Logging 的使用非常简单。

首先，需要在应用的 maven 配置文件 pom.xml 中添加如下依赖：

```
<dependency>
    <groupId>commons-logging</groupId>
    <artifactId>commons-logging</artifactId>
    <version>1.1.3</version>
</dependency>
```

编写如下测试代码：

```
public class CommonsLoggingDemo {
    private Log log= LogFactory.getLog(CommonsLoggingDemo.class);
    @Test
    public void print() throws IOException {
        log.debug("debug log..");
        log.info("info log..");
        log.warn("warn log..");
        log.error("error log..");
        log.fatal("fatal log..");
    }
}
```

接下来，在 classpath 下定义配置文件 commons-logging.properties：

```
#指定日志对象
org.apache.commons.logging.Log = org.apache.commons.logging.impl.Jdk14Logger
#指定日志工厂
org.apache.commons.logging.LogFactory = org.apache.commons.logging.impl.LogFactoryImpl
```

在项目中如果单纯地依赖 Commons Logging，则默认使用的日志对象是 org.apache.commons.logging.impl.Jdk14Logger，默认使用的日志工厂是 org.apache.commons.logging.impl.LogFactoryImpl。

3. 类加载方式

Commons Logging 使用下面的顺序加载底层的日志框架。

- 寻找 JVM 内的 org.apache.commons.logging.LogFactory 属性配置，如果找到，则使用配置的日志工厂。

- 使用 JDK 从 1.3 版本开始提供的服务发现机制，扫描类路径下的 META-INF/services/org.apache.commons.logging.LogFactory 文件，如果找到，则装载其中的配置，并使用其中的配置来加载日志工厂。

- 从类路径中查找配置文件 commons-logging.properties，如果找到，则根据其中的配置加载具体的日志实现框架。

- 如果前面的配置文件不存在，则使用默认的配置，通过反射 API 判断 Log4j 是否存在于类路径中：如果不存在，则判断 JDK14Logger 是否存在于类路径中；如果都不存在，则使用内部简单的 SimpleLog 来实现。

在这个过程中，我们可以看到 Apache Commons Logging 通过配置来动态地找到具体的实现类，如果具体的实现类不在类路径中或者被限制使用，则无法加载，例如在 OSGI 环境下类被分组后，就有可能出现加载不到底层实现类的情况。

后续介绍的 Slf4j 框架对类加载的方式进行了改进，解决了在 OSGI 等环境下无法找到底层日志框架类的问题。

4.1.3 Apache Log4j

Apache Log4j（简称 Log4j）是一款由 Java 编写的可靠、灵活的日志框架，是 Apache 旗下的一个开源项目，如今，Log4j 已经被移植到了多种语言中，服务于更多的开发者。

通过使用 Log4j，我们能够更加方便地记录日志信息，它不但能控制日志输出的目的地，还能控制日志输出的内容格式等，通过定义不同的日志级别，可以更加精确地控制日志的生成过程，从而达到应用对日志记录的需求。这一切都得益于一个简单、灵活的日志配置文件，而不需要我们更改应用层代码。

1. 实现结构

下面分析 Log4j 的实现结构，如图 4-2 所示。

```
▼ log4j-1.2.14.jar - /Users/robert/.m2/repository/log4j/log4j/1.2.14
    ▶ org.apache.log4j
    ▶ org.apache.log4j.chainsaw
    ▶ org.apache.log4j.config
    ▶ org.apache.log4j.helpers
    ▶ org.apache.log4j.jdbc
    ▶ org.apache.log4j.jmx
    ▶ org.apache.log4j.lf5
    ▶ org.apache.log4j.lf5.config
    ▶ org.apache.log4j.lf5.util
    ▶ org.apache.log4j.lf5.viewer
    ▶ org.apache.log4j.lf5.viewer.categoryexplorer
    ▶ org.apache.log4j.lf5.viewer.configure
    ▶ org.apache.log4j.lf5.viewer.images
    ▶ org.apache.log4j.net
    ▶ org.apache.log4j.nt
    ▶ org.apache.log4j.or
    ▶ org.apache.log4j.or.jms
    ▶ org.apache.log4j.or.sax
    ▶ org.apache.log4j.spi
    ▶ org.apache.log4j.varia
    ▶ org.apache.log4j.xml
    ▶ META-INF
```

图 4-2

其中，org.apache.log4 包含 Log4j 主要的实现类：Logger、Layout、Appender 和 LogManager，它们的职责如下。

（1）Logger：日志对象，负责捕捉日志记录的信息。

Logger 对象是用来取代 JDK 自带的 System.out 或者 System.error 的日志输出器，负责日志信息的输出；它提供了 trace、debug、info、warn 和 error 等 API 供开发者使用。

与 Commons Logging 相同，Log4j 也有日志级别的概念。对每个 Logger 对象都会分配一个级别，未被分配级别的 Logger 对象则继承根 Logger 对象的级别，进行日志的输出。日志对象的相应方法为：trace、debug、info、warn 和 error，每个方法对应日志的一个级别，也可以设置一个日志的级别，如果方法对应的级别等于或大于当前 Logger 对象设置的级别，则该调用请求会被处理并记录到输出中，否则该请求被忽略。

Log4j 在 Level 类中定义了 7 个级别，级别关系如下：

```
Level.all < Level.debug < Level.info < Level.warn < Level.error < Level.fatal < Level.off
```

其中每个级别的含义如下。

- all：打开所有日志。
- debug：适用于代码调试期间打印调试信息。
- info：适用于代码运行期间打印逻辑信息。
- warn：适用于代码有潜在错误事件时打印相关信息。
- error：适用于代码产生错误事件时打印错误信息和环境。
- fatal：适用于代码存在严重错误事件时打印错误信息。
- off：关闭所有日志。

（2）Appender：日志输出目的地，负责把格式化的日志信息输出到指定的地方，可以是控制台、磁盘文件等。

每个日志对象都有一个对应的 Appender 对象，每个 Appender 对象代表一个日志输出目的地。其中，Log4j 有以下 Appender 对象可供选择。

- ConsoleAppender：把日志输出到控制台。
- FileAppender：把日志输出到磁盘文件。

- DailyRollingFileAppender：每天产生一个日志磁盘文件，日志文件按天滚动生成。
- RollingFileAppender：日志磁盘文件的大小达到指定尺寸时会产生一个新的文件，日志文件按照日志大小滚动生成。

（3）Layout：对日志进行格式化，负责生成不同格式的日志信息。

每个 Appender 对象对应一个 Layout 对象，Appender 对象负责把日志信息输出到指定的文件中，Layout 对象则负责把日志信息按照格式化的要求展示出来。其中，Log4j 有以下 Layout 可供选择。

- HTMLLayout：以 HTML 表格形式布局展示。
- PatternLayout：自定义指定的格式展示。
- SimpleLayout：只包含日志信息的级别和信息字符串。
- TTCCLayout：包含日志产生的时间、线程、类别等信息。

2. 使用方式

首先，我们需要在应用的 maven 配置文件 pom.xml 中添加依赖：

```
<dependency>
    <groupId>log4j</groupId>
    <artifactId>log4j</artifactId>
    <version>1.2.17</version>
</dependency>
```

然后，编写测试代码：

```
public class Log4jDemo {
    Logger log= Logger.getLogger(Log4jDemo.class);
    @Test
    public void test(){
        log.trace("trace log..");
        log.debug("debug log..");
        log.info("info log..");
        log.warn("warn log..");
        log.error("error log..");
        log.fatal("fatal log..");
    }
}
```

最后，在类路径下声明配置文件 log4j.properties 或者 log4j.xml。

（1）例 1，声明 log4j.properties：

```
log4j.rootLogger = INFO, FILE, CONSOLE

log4j.appender.FILE=org.apache.log4j.FileAppender
log4j.appender.FILE.File=/home/robert/Log4jDemo.log
log4j.appender.FILE.ImmediateFlush=true
log4j.appender.FILE.Threshold = DEBUG
log4j.appender.FILE.Append=true
log4j.appender.FILE.layout=org.apache.log4j.PatternLayout
log4j.appender.FILE.layout.conversionPattern=%d{ABSOLUTE} %5p %c{1}:%L - %m%n

log4j.appender.CONSOLE=org.apache.log4j.ConsoleAppender
log4j.appender.CONSOLE.Target=System.out
log4j.appender.CONSOLE.ImmediateFlush=true
log4j.appender.CONSOLE.Threshold = DEBUG
log4j.appender.CONSOLE.layout=org.apache.log4j.PatternLayout
log4j.appender.CONSOLE.encoding=UTF-8
log4j.appender.CONSOLE.layout.conversionPattern=%d{ABSOLUTE} %5p %c{1}:%L - %m%n
```

（2）例 2，声明 log4j.xml：

```xml
<?xml version="1.0" encoding="UTF-8" ?>
<!DOCTYPE log4j:configuration SYSTEM "log4j.dtd">
<log4j:configuration>
    <appender name="CONSOLE" class="org.apache.log4j.ConsoleAppender">
        <param name="target" value="System.out"/>
        <param name="immediateFlush" value="true"/>
        <param name="threshold" value="DEBUG"/>
        <param name="append" value="true"/>
        <layout class="org.apache.log4j.PatternLayout">
            <param name="ConversionPattern" value="%d - %c -%-4r [%t] %-5p %x - %m%n" />
        </layout>
    </appender>
    <appender name="FILE" class="org.apache.log4j.FileAppender">
        <param name="File" value="/home/robert/Log4jDemo.log" />
        <param name="ImmediateFlush" value="true"/>
        <param name="Threshold" value="DEBUG"/>
        <param name="Append" value="true"/>
        <layout class="org.apache.log4j.PatternLayout">
            <param name="ConversionPattern" value="%d{ABSOLUTE} %5p %c{1}:%L - %m%n" />
        </layout>
```

```
      </appender>
      <root>
         <priority value="info" />
         <appender-ref ref="CONSOLE" />
         <appender-ref ref="FILE" />
      </root>
</log4j:configuration>
```

从上面的配置中，我们看到默认的根 Logger 对象使用 info 级别打印日志，并且同时打印到控制台和日志文件中，控制台和日志文件都对应各自的 Layout 对象配置。

通过以上步骤，Log4j 就可以正常运行了。

3. Log4j 的锁和性能优化

通常来说，打印日志总比不打印日志要好得多，产生问题时至少有据可查，但是存在太多的日志会使服务的性能下降，尤其是 Log4j 默认的 Appenders 使用同步锁来实现。下面是笔者亲自测试的一个例子：

Netty 作为 HTTP 服务器实现的一个类似回显的服务，使用 Log4j 记录业务日志，压测时发现每秒最多可处理 9000 个请求，关闭日志时发现每秒最多可处理 28000 个请求。

可见日志对性能的影响还是很大的。为了找到性能的瓶颈，在压测过程中，使用 Jstack 命令发现并发时线程都在等待一个写日志事件的锁。

其中，在多个线程同时使用一个 Logger 时，在 Category 层次上加了同步锁，Hierarchy 类中的相关代码如下：

```java
public
  void callAppenders(LoggingEvent event) {
    int writes = 0;
    for(Category c = this; c != null; c=c.parent) {
      // Protected against simultaneous call to addAppender, removeAppender,...
      synchronized(c) {
        if(c.aai != null) {
          writes += c.aai.appendLoopOnAppenders(event);
        }
        if(!c.additive) {
          break;
        }
      }
    }
  }
```

```
    if(writes == 0) {
      repository.emitNoAppenderWarning(this);
    }
  }
```

也就是说,对同一个 Category 对象,所有线程需要同步锁来排队打印日志,这是因为在多线程环境下并发写日志时,首先需要保证线程安全,多个线程一起写日志时,需要一个一个地写,保证内容不能出现交叉等情况。

另外,多个线程使用同一个 Appender 时,即同时向一个日志文件中打印日志时,在 Appender 层次上加同步锁,AppenderSkeleton 类中的相关代码如下:

```
public
synchronized
void doAppend(LoggingEvent event) {
  if(closed) {
    LogLog.error("Attempted to append to closed appender named ["+name+"].");
    return;
  }
  if(!isAsSevereAsThreshold(event.getLevel())) {
    return;
  }
  Filter f = this.headFilter;
  FILTER_LOOP:
  while(f != null) {
    switch(f.decide(event)) {
    case Filter.DENY: return;
    case Filter.ACCEPT: break FILTER_LOOP;
    case Filter.NEUTRAL: f = f.getNext();
    }
  }
  this.append(event);
}
```

可以把一个 FileAppender 对象理解成维护了一个打开的日志文件,当多线程并发把日志写入日志文件时,需要对 Appender 进行同步,保证使用同一个 Logger 对象时只有一个线程使用 FileAppender 来写文件,避免了多线程情况下写的日志出现交叉。

上面代码中的两个锁,一个在 Category 层次上,另一个在 Appender 层次上,在高并发的情况下对系统的性能影响很大,因为一个时段只能有一个线程在打印日志,会阻塞其他大部分业务线程,而对日志的收集不是核心链路上的功能,应该作为一个辅助操作,不能影响核心业务功能。

所以，我们需要对 Log4j 进行一些改进，首先想到的就是把同步操作改为异步操作，将 Log4j 对业务线程的影响降到最小。例如：可以使用一个缓冲队列，业务线程仅将日志事件放入缓冲队列就返回，然后用单独的消费者线程去消费缓冲队列，异步将缓冲队列的日志内容打印到日志文件。

如果把同步变成异步，则需要合理地选择缓冲区的实现，通常可以用基于数组的有界队列使内存可控，这样不会产生 OOM。在高并发下如果队列满了，则可能会阻塞生产者线程，也可以用基于链表的无界队列，用内存空间换取性能。但是，由于无界队列使用的内存不可控，所以在极端情况下，如果消费者的消费速度远远落后于生产者的生产速度，则将会导致队列变得越来越大而产生 OOM。另外，一些公司实现了异步日志框架，使用的是 ConcurrentLinkedQueue，业务线程保存日志到 ConcurrentLinkedQueue，异步线程从 ConcurrentLinkedQueue 消费，然后异步打印日志到本地磁盘的日志文件，由于 ConcurrentLinkedQueue 是一个无界队列，所以仍然会出现内存溢出的风险。

这里还有一个错误的设计，即使用 ConcurrentLinkedQueue 作为缓冲。为了避免队列无限增长而产生 OOM，我们使用 ConcurrentLinkedQueue 的 size() 方法来判断队列的大小，如果超过一定的阈值，则将抛弃日志，或者将其缓存到本地磁盘，实现对内存的保护。但是，由于 ConcurrentLinkedQueue 的 size() 方法的实现并不是常量时间复杂度的，而是 O(n) 的，即每次调用 size() 方法都需要实时计算队列的大小，所以会导致 CPU 利用率加大，请参考 6.8.1 节中的案例。

我们解决了异步存储日志到缓冲队列的问题，在消费这个缓冲队列时，可以一条一条地顺序消费，也可以采用批量消费的模式。

- 一条一条地顺序消费就是使用一个无限循环的线程，只要缓冲队列不为空，就从队列中取日志后写入日志文件中。
- 批量消费模式会定时取批量日志事件然后写入日志文件中。

在高并发系统中，我们会将这两种模式结合。为了达到较高的性能，我们使用一个无限循环的线程，批量检查日志缓存队列时是否有日志事件，如果有就批量消费和打印日志。

当然，在实际生产中，我们不用自己实现异步打印日志，Log4j 本身也提供了异步打印日志的功能，我们可以使用 AsyncAppender 类来异步打印日志，AsyncAppender 类的代码如下：

```
public class AsyncAppender extends AppenderSkeleton
  implements AppenderAttachable {
  ......
  /**
```

```
 * The default buffer size is set to 128 events.
 */
public static final int DEFAULT_BUFFER_SIZE = 128;
/**
 * Event buffer, also used as monitor to protect itself and
 * discardMap from simulatenous modifications.
 */
private final List buffer = new ArrayList();
/**
 * Map of DiscardSummary objects keyed by logger name.
 */
private final Map discardMap = new HashMap();
/**
 * Buffer size.
 */
private int bufferSize = DEFAULT_BUFFER_SIZE;
/** Nested appenders. */
AppenderAttachableImpl aai;
/**
 * Nested appenders.
 */
private final AppenderAttachableImpl appenders;
/**
 * Dispatcher.
 */
private final Thread dispatcher;
/**
 * Should location info be included in dispatched messages.
 */
private boolean locationInfo = false;
/**
 * Does appender block when buffer is full.
 */
private boolean blocking = true;
......
}
```

我们看到，AsyncAppender 使用了一个数组 List buffer = new ArrayList()作为日志事件的缓冲区，而且配合了一个阻塞标记 boolean blocking = true，并结合条件队列操作 wait 和 notifty 来实现一个简单的阻塞队列，实际上，它并没有直接使用 JDK 自带的阻塞队列。如果使用 JDK 自带的阻塞有界队列 ArrayBlockingQueue 来实现，则这个类会更加简单、方便。

另外，AsyncAppender 将异步线程 Thread dispatcher 作为日志的消费者，只要缓冲队列不为空，就唤醒消费者线程 dispatcher。先将 buffer 中的日志事件移动到另外一个数组，然后异步将日志事件存储到磁盘文件中，这样 buffer 可以继续给生产者使用，类似 CopyOnWrite 模式的原理。

AsyncAppender 的代码版本比较老，可以使用 ArrayBlockingQueue 对其进行改写，减少条件队列的操作，这样的实现更加清晰，使用更简单。

也可以进一步优化，采用无界的 LinkedBlockingQueue 用空间换性能的方式，这样不会阻塞生产者线程，也就不会阻塞业务线程。只有当 LinedBlockingQueue 为空时才会阻塞消费线程，这是合理的，因为消费线程不是业务线程，没有消息可消费的时候，当然要阻塞并等待，这也防止了消费线程的空转。

使用阻塞队列时，由于生产者和消费者在对队列进行修改时需要排队，所以这时只有一个生产者或者消费者在做事，仍然会影响性能，我们可以考虑使用无锁队列，后续在 Log4j 2 中提供了无锁的 Disruptor Ring Buffer 来优化缓冲队列的性能方案。

Disruptor RingBuffer 是一个优秀的无锁队列，也是一个高性能的异步处理框架，或者可以被认为是最快的消息框架，从设计模式上来讲，它是一个观察者模式的实现。

相对于 Disruptor 的无锁队列，传统队列存在如下问题。

- 链表：节点分散，不利于 Cache 和批量读取，分配节点需要大量 GC，size/head/tail 有大量的竞争，存在 CPU 缓存的伪竞争问题。
- 数组：size/head/tail 一样有大量的竞争，传统方法是在所有写操作上做互斥，效率低下，将这几个有大量读写操作的字段申明在一起时，存在 CPU 缓存的伪共享问题。

然而，Disruptor RingBuffer 也是一个数组，但是减少了同步的竞争点，如果有多个生产者，则写入标识时仍然有竞争，但是使用 CAS 来实现，如果只有一个生产者写操作就不存在竞争，而消费者只记录自己的读取标识位，并不断地监听写标识位作为界限。

Disruptor RingBuffer 解决了伪共享的问题，例如：在双核心 CPU 中，每个核心有 64 字节的缓存，假如每个核心的缓存各自加载了的引用 r1 和 r2，一个核心更新 r1，另一个核心更新 r2，CPU 会在硬件级别做互斥，而这个互斥操作是没有必要的，r1 和 r2 没有任何关系，只是在物理顺序上相邻，我们把这个场景叫作伪共享。RingBuffer 通过在 r1 后面填充字节来解决伪互斥问题，也就是读写指针填满 64 字节的 CPU 缓冲区。读者可参考文章"伪共享和缓存行"（链接：http://www.jianshu.com/p/7f89650367b8）查看伪共享对性能影响的测试结果。

在 Disruptor RingBuffer 的生产者快于消费者，或者消费者快于生产者时，也就是填满了 Ringbuffer 或者 RingBuffer 为空时，则需要等待，等待策略如下。

- BlockingWaitStrategy：默认的策略，是最传统和最安全的，但是效率低下，占用 CPU 最少。
- SleepingWaitStrategy：占用 CPU 较多，适合异步写日志，处理延迟高，因为要睡眠。
- YieldingWaitStrategy：占用 CPU 较多，适合开启了超线程模式，释放 CPU 并服务其他线程。
- BusySpinWaitStrategy：占用 CPU 较多，适合未开启超线程模式，独占 CPU。

后三者通过占用大量 CPU 来提高整体的吞吐量和效率，其实就是在等待时没有阻塞和挂起，而是不断地轮询，CPU 占用率确实非常高。

LMAX 是一个新型的交易平台，通过 Disruptor RingBuffer 可以获得每秒 600 万订单，用 1ms 的延迟获得超过 100 万/s 的交易吞吐量。

幸运的是，Log4j 2 已经支持 Disruptor RingBuffer 实现的异步 Logger，在高并发情况下，Log4j 2 在极低的延迟下，吞吐量是 Log4j 1.x 的 18 倍以上。

4.1.4 Slf4j

Slf4j（Simple Logging Facade for Java）与 Apache Commons Logging 一样，都是使用门面模式对外提供统一的日志接口，应用程序可以只依赖于 Slf4j 来实现日志打印，具体的日志实现由配置来决定使用 Log4j 还是 Logback 等，在不改变应用代码的前提下切换底层的日志实现。

1. 实现结构

Slf4j 仍然使用了门面模式，但是相对于 Commons Logging 做了一些修改和优化，它在编译时确定底层的日志实现框架，而不是通过配置文件动态地装载底层的实现类，因此，只要底层的日志实现 Jar 包和 Slf4j 的静态编译转接包在类路径下即可。

图 4-3 为 Slf4j 的实现结构，我们看到除了必要的 Logger 和 LoggerFactory 类，里面的 LoggerFactoryBinder 是一个接口，用来在编译时连接相关的日志，实现转接器的关键类。

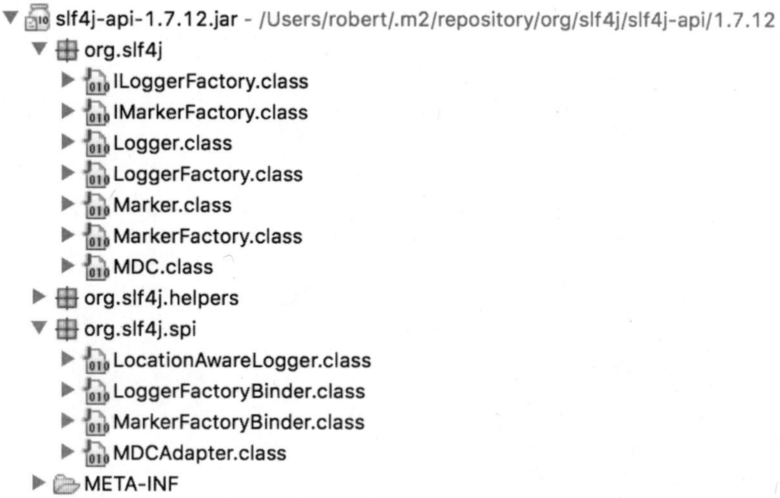

```
▼ slf4j-api-1.7.12.jar - /Users/robert/.m2/repository/org/slf4j/slf4j-api/1.7.12
    ▼ org.slf4j
        ▶ ILoggerFactory.class
        ▶ IMarkerFactory.class
        ▶ Logger.class
        ▶ LoggerFactory.class
        ▶ Marker.class
        ▶ MarkerFactory.class
        ▶ MDC.class
    ▶ org.slf4j.helpers
    ▼ org.slf4j.spi
        ▶ LocationAwareLogger.class
        ▶ LoggerFactoryBinder.class
        ▶ MarkerFactoryBinder.class
        ▶ MDCAdapter.class
    ▶ META-INF
```

图 4-3

Slf4j 对于每种日志实现框架都提供了一个转接的 Jar 包，Jar 包里面包含 LoggerFactoryBinder 接口的实现，例如，针对 Logback 转接的 Jar 包 logback-classic-1.0.13.jar，提供了 LoggerFactoryBinder 的实现，代码如下：

```
public class StaticLoggerBinder implements LoggerFactoryBinder {
  private static StaticLoggerBinder SINGLETON = new StaticLoggerBinder();
  ......
  public ILoggerFactory getLoggerFactory() {
    if (!initialized) {
      return defaultLoggerContext;
    }
    if (contextSelectorBinder.getContextSelector() == null) {
      throw new IllegalStateException(
          "contextSelector cannot be null. See also " + NULL_CS_URL);
    }
    return contextSelectorBinder.getContextSelector().getLoggerContext();
  }
  ......
}
```

这样，在使用 Slf4j 的 LoggerFactory 获取 Logger 时，我们就可以直接在类路径上找到 Logger 的实际实现类，代码如下：

```
public final class LoggerFactory {
    ......
    public static Logger getLogger(String name) {
        ILoggerFactory iLoggerFactory = getILoggerFactory();
        return iLoggerFactory.getLogger(name);
```

```
    }
    ......
    public static Logger getLogger(String name) {
        ILoggerFactory iLoggerFactory = getILoggerFactory();
        return iLoggerFactory.getLogger(name);
    }
    ......
    public static ILoggerFactory getILoggerFactory() {
        if (INITIALIZATION_STATE == UNINITIALIZED) {
            INITIALIZATION_STATE = ONGOING_INITIALIZATION;
            performInitialization();
        }
        switch (INITIALIZATION_STATE) {
        case SUCCESSFUL_INITIALIZATION:
            return StaticLoggerBinder.getSingleton().getLoggerFactory();
        case NOP_FALLBACK_INITIALIZATION:
            return NOP_FALLBACK_FACTORY;
        case FAILED_INITIALIZATION:
            throw new IllegalStateException(UNSUCCESSFUL_INIT_MSG);
        case ONGOING_INITIALIZATION:
            // support re-entrant behavior.
            // See also http://bugzilla.slf4j.org/show_bug.cgi?id=106
            return TEMP_FACTORY;
        }
        throw new IllegalStateException("Unreachable code");
    }
    ......

}
```

Slf4j 实现的静态编译绑定架构如图 4-4 所示，应用层程序使用 Slf4j API 打印日志，Slf4j API 使用不同的日志实现转接 Jar 包里面的 StaticLoggerBinder 类到不同的日志实现框架中。

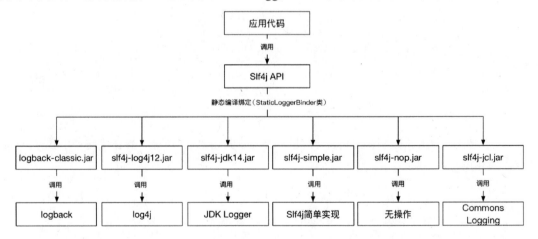

图 4-4

另外，在使用方面的最大改进就是增加了参数化的日志，使我们在打印复杂的日志内容时不再需要判断相应的级别是否已经打开，也就是不再需要下面的代码：

```
if (logger.isDebugEnabled()) {……}
```

如下面的代码所示，使用 Slf4j 将拼装消息推迟到了它能够确定是不是要显示这条消息时：

```
logger.debug("The current login user is: {}", logginUser).
```

虽然拼接消息是延迟的，并且根据需要才决定是否拼接，但是获取对象的过程还是不可缺少的。

2. 使用方式

前面介绍了 Commons Logging 的使用方式，在使用 Commons Logging 时无须在 maven 的配置文件 pom.xml 中单独引入日志实现框架，便可在运行时直接转接底层的日志实现框架，这是因为 Commons Logging 动态地加载日志实现框架的类。Slf4j 则不同，它是通过在静态编译时静态绑定相关日志框架的转接器来实现的，在编译时确定使用底层日志框架，因此必须在 pom.xml 中单独引入底层日志实现的转接 Jar 包。

这里以 Slf4j 搭配 Log4j 使用为例。首先，需要在 pom.xml 文件中添加依赖：

```
<!--slf4j-->
<dependency>
    <groupId>org.slf4j</groupId>
    <artifactId>slf4j-api</artifactId>
    <version>1.7.20</version>
</dependency>
<!--slf4j-log4j-->
<dependency>
    <groupId>org.slf4j</groupId>
    <artifactId>slf4j-log4j12</artifactId>
    <version>1.7.12</version>
</dependency>
<!--log4j-->
<dependency>
    <groupId>log4j</groupId>
    <artifactId>log4j</artifactId>
    <version>1.2.17</version>
</dependency>
```

然后，编写测试代码：

```
public class Slf4jLog4jDemo {
    Logger logger = LoggerFactory.getLogger(Slf4jLog4jDemo.class);
    @Test
    public void print() throws IOException {
        logger.error("error log..");
        logger.warn("warn log..");
        logger.info("info log..");
        logger.debug("debug log..");
        logger.trace("trace log..");
    }
}
```

接下来，在 classpath 下定义 Log4j 配置文件 log4j.xml：

```
<?xml version="1.0" encoding="UTF-8" ?>
<!DOCTYPE log4j:configuration SYSTEM "log4j.dtd">
<log4j:configuration>
    <appender name="CONSOLE" class="org.apache.log4j.ConsoleAppender">
        <param name="Target" value="System.out" />
        <param name="ImmediateFlush" value="true"/>
        <param name="encoding" value="UTF-8"/>
        <layout class="org.apache.log4j.PatternLayout">
            <param name="ConversionPattern" value="%d %t %-5p (%c:%L) - %m%n"/>
        </layout>
    </appender>
    <root>
        <priority value="debug" />
        <appender-ref ref="CONSOLE" />
    </root>
</log4j:configuration>
```

上面的示例通过 Slf4j 的 API 打印日志，日志通过 Log4j 最终输出到控制台上。

实际上，Slf4j 只提供了一个核心模块 slf4j-api.jar，这个模块下只有日志接口，没有具体的实现，所以在实际开发中需要单独添加底层日志实现的转接包和实现 Jar 包。但是，这些底层日志类实际上和 Slf4j 并没有任何关系，Slf4j 通过增加日志的中间转接层来转换相应的实现，例如我们在上文中看到的 slf4j-log4j12.jar，这个设计能有效地避免在特殊的类加载环境下 Commons Logging 无法加载具体日志框架实现类的问题。

4.1.5 Logback

Logback 是由 Log4j 创始人 Ceki 设计的另一个开源日志组件，Logback 并没有在 Apache 开源,而是单独在其主页(https://logback.qos.ch/)开源,如今 Logback 被越来越多地应用在项目中,是目前首选的主流日志记录工具。

1. 实现结构

Logback 分为三个模块:logback-core、logback-classic 和 logback-access。

- logback-core 是后面两个模块的基础模块,包含日志框架实现的所有基础类。
- logback-classic 是 Log4j 的一个改良版本,在性能优化上有较大的提高,并且完整地实现了 Slf4j API,可以很方便地将原记系统更换成其他记记系统。
- logback-access 与 Servlet 容器集成,提供了丰富的 HTTP 访问日志功能。

图 4-5 显示了 logback-classic 的项目结构,其中最重要的类就是 Logger,它对外提供了日志记录的 API。

```
▼ logback-classic-1.0.13.jar - /Users/robert/.m2/repository/ch/qos/logback/logback-classic/1.0.13
  ▼ ch.qos.logback.classic
      ▶ AsyncAppender.class
      ▶ BasicConfigurator.class
      ▶ ClassicConstants.class
      ▶ Level.class
      ▶ Logger.class
      ▶ LoggerContext.class
      ▶ PatternLayout.class
      ▶ ViewStatusMessagesServlet.class
  ▶ ch.qos.logback.classic.boolex
  ▶ ch.qos.logback.classic.db
  ▶ ch.qos.logback.classic.db.names
  ▶ ch.qos.logback.classic.encoder
  ▶ ch.qos.logback.classic.filter
  ▶ ch.qos.logback.classic.gaffer
  ▶ ch.qos.logback.classic.helpers
  ▶ ch.qos.logback.classic.html
  ▶ ch.qos.logback.classic.jmx
  ▶ ch.qos.logback.classic.joran
  ▶ ch.qos.logback.classic.joran.action
  ▶ ch.qos.logback.classic.jul
  ▶ ch.qos.logback.classic.log4j
  ▶ ch.qos.logback.classic.net
  ▶ ch.qos.logback.classic.net.server
  ▶ ch.qos.logback.classic.pattern
  ▶ ch.qos.logback.classic.pattern.color
  ▶ ch.qos.logback.classic.selector
  ▶ ch.qos.logback.classic.selector.servlet
  ▶ ch.qos.logback.classic.sift
  ▶ ch.qos.logback.classic.spi
  ▶ ch.qos.logback.classic.turbo
  ▶ ch.qos.logback.classic.util
  ▶ org.slf4j.impl
  ▶ META-INF
```

图 4-5

2. 使用方式

首先，我们需要在应用的 maven 配置文件 pom.xml 中添加依赖：

```xml
<!--slf4j -->
<dependency>
    <groupId>org.slf4j</groupId>
    <artifactId>slf4j-api</artifactId>
    <version>1.7.20</version>
</dependency>
<!-- logback -->
<dependency>
    <groupId>ch.qos.logback</groupId>
    <artifactId>logback-classic</artifactId>
    <version>1.1.7</version>
</dependency>
<dependency>
    <groupId>ch.qos.logback</groupId>
    <artifactId>logback-core</artifactId>
    <version>1.1.7</version>
</dependency>
<dependency>
    <groupId>ch.qos.logback</groupId>
    <artifactId>logback-access</artifactId>
    <version>1.1.7</version>
</dependency>
```

然后，编写测试代码：

```java
public class Slf4jLogbackDemo {
    Logger logger= LoggerFactory.getLogger(Slf4jLogbackDemo.class);
    @Test
    public void test() {
        logger.debug("debug log..");
        logger.info("info log..");
        logger.warn("warning log");
        logger.error("error log..");
        logger.warn("login log..");
    }
}
```

最后，在类路径下声明配置文件 logback.xml：

```xml
<!--每天生成一个文件，归档文件保存 30 天：-->
<configuration >
    <!--设置自定义pattern属性-->
    <property name="pattern" value="%d{HH:mm:ss.SSS} [%-5level] [%thread] [%logger] %msg%n"/>
```

```xml
<!--控制台输出日志-->
<appender name="CONSOLE" class="ch.qos.logback.core.ConsoleAppender">
    <!--设置控制台输出日志的格式-->
    <encoder>
        <pattern>${pattern}</pattern>
    </encoder>
</appender>
<!--滚动记录日志文件：-->
<appender name="FILE" class="ch.qos.logback.core.rolling.RollingFileAppender">
    <!--当天生成的日志文件名称：-->
    <file>/home/robert/log/log.out</file>
    <!--根据时间来记录日志文件：-->
    <rollingPolicy class="ch.qos.logback.core.rolling.TimeBasedRollingPolicy">
        <!--归档日志文件的名称：-->
        <fileNamePattern>testLog-%d{yyyy-MM-dd}.log</fileNamePattern>
        <!--归档文件保存30天-->
        <maxHistory>30</maxHistory>
    </rollingPolicy>
    <!--生成的日志信息格式-->
    <encoder>
        <pattern>${pattern}</pattern>
    </encoder>
</appender>
<!--根 root logger-->
<root level="DEBUG">
    <!--设置根 logger 的日志输出目的地-->
    <appender-ref ref="FILE" />
    <appender-ref ref="CONSOLE" />
</root>
</configuration>
```

通过以上步骤，Logback 就可以正常运行了。

3. 性能提升

Logback 相对于 Log4j 的最大提升是效率，Logback 对 Log4j 的内核进行了重写和优化，在一些关键执行路径上性能提升了至少 10 倍，初始化内存加载也变得更小了。

Logback 声称具有极佳的性能，尤其在某些关键操作上。

- Logback 获取已存的 Logger 只需 94ns，而 Log4j 需要 2234ns。

- 判定是否记录一条日志语句的操作，其性能得到了显著提高，这个操作在 Logback 中需要 3ns，而在 Log4j 中则需要 30ns。

- 在 Log4j 中需要 23ms 创建一个 logger，在 Logback 中只需要 13ms。

下面是笔者在自己的笔记本电脑上使用 Logback 进行性能测试的结果。

- 使用 Logback 的同步记录日志大概可以达到 1.5 万/s 的吞吐量。

- 使用 Logback 的 AsyncAppender 异步记录日志，内部使用 BlockingQueue 及同步 I/O 实现，大概是 1.7 万/s 的吞吐量，但是波动性较大，性能不稳定。

- 用 Disruptor RingBuffer 的缓冲替换 BlockingQueue 的实现进行定制，记录日志达到 3 万/s 的吞吐量。

- 关掉日志可以达到 5 万/s 的吞吐量。

4.1.6　Apache Log4j 2

　　Apache Log4j 2（简称 Log4j 2）是 Log4j 的升级版本，相对于 Log4j 1.x，它有很多层面的提高，并且提供了 Logback 的所有高级特性。

　　Log4j 2 不但提供了高性能，而且提供了对 Log4j 1.2、Slf4j、Commons Logging 和 Java Logger 的支持，通过 log4j-to-slf4j 的兼容模式，使用 Log4j 2 API 的应用完全可以转接到 Slf4j 支持的任何日志框架上。

　　与 Logback 一样，Log4j 2 可以动态地加载修改过的配置，在动态加载的过程中不会丢失日志。

　　在 Log4j 2 中，过滤器的实现更加精细化，它可以根据环境数据、标记和正则表达式来过滤日志数据，过滤器可以在 Logger 级别上应用，也可以在 Appender 级别上应用。

1. 实现结构

　　首先，Log4j 2 实现了 API 模块和实现模块的分离，如图 4-6 所示，它包含两个 Jar 包，一个是 log4j-api.jar，另一个是 log4j-core.jar，前者提供 Log4j 对外提供的 API，主要包含 Logger 类和 LogManager 类，后者包含实现日志记录功能的核心基础类。

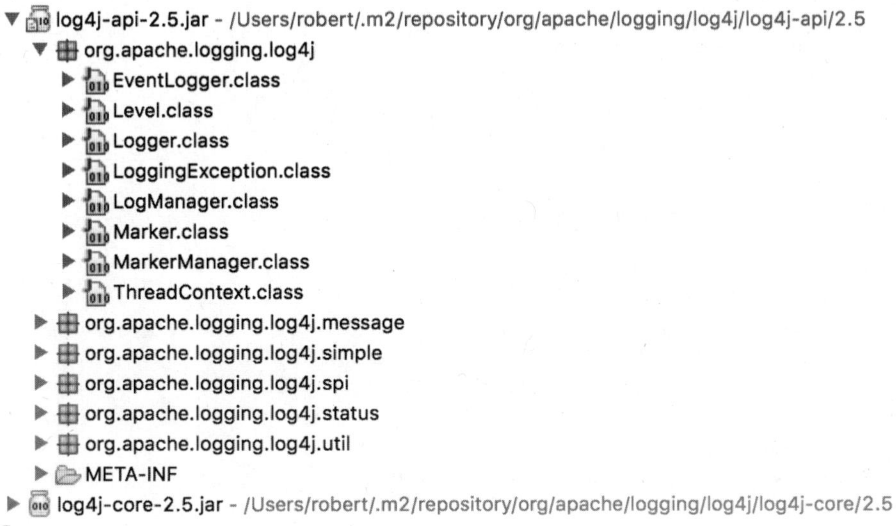

```
▼ log4j-api-2.5.jar - /Users/robert/.m2/repository/org/apache/logging/log4j/log4j-api/2.5
    ▼ org.apache.logging.log4j
        ▶ EventLogger.class
        ▶ Level.class
        ▶ Logger.class
        ▶ LoggingException.class
        ▶ LogManager.class
        ▶ Marker.class
        ▶ MarkerManager.class
        ▶ ThreadContext.class
    ▶ org.apache.logging.log4j.message
    ▶ org.apache.logging.log4j.simple
    ▶ org.apache.logging.log4j.spi
    ▶ org.apache.logging.log4j.status
    ▶ org.apache.logging.log4j.util
    ▶ META-INF
▶ log4j-core-2.5.jar - /Users/robert/.m2/repository/org/apache/logging/log4j/log4j-core/2.5
```

图 4-6

因为 API 与实现分离，所以在 API 对外保持兼容的情况下，开发人员更容易升级内部的实现。

2. 使用方式

首先，我们需要在应用的 maven 配置文件 pom.xml 中添加依赖：

```xml
<dependency>
    <groupId>org.apache.logging.log4j</groupId>
    <artifactId>log4j-core</artifactId>
    <version>2.5</version>
</dependency>
<dependency>
    <groupId>org.apache.logging.log4j</groupId>
    <artifactId>log4j-api</artifactId>
    <version>2.5</version>
</dependency>
```

然后，编写测试代码：

```java
public class Log4j2Demo {
    public static void main(String[] args) {
        Logger logger = LogManager.getLogger(LogManager.ROOT_LOGGER_NAME);
        logger.trace("trace log..");
        logger.debug("debug log..");
```

```xml
            logger.info("info log..");
            logger.warn("warn log..");
            logger.error("error log..");
            logger.fatal("fatal log.");
    }
}
```

最后，在类路径下声明配置文件log4j2.xml：

```xml
<?xml version="1.0" encoding="UTF-8"?>
<Configuration status="WARN">
    <Appenders>
        <Console name="Console" target="SYSTEM_OUT">
            <PatternLayout pattern="%d{HH:mm:ss.SSS} [%t] %-5level %logger{36} - %msg%n" />
        </Console>
    </Appenders>
    <Loggers>
        <Root level="info">
            <AppenderRef ref="Console" />
        </Root>
    </Loggers>
</Configuration>
```

3. 性能提升

Log4j 2 的异步记录日志功能通过在一个单独的线程里执行 I/O 操作来提高性能，有两种实现方式：异步 Appender 和异步 Logger。异步 Appender 与 Log4j 类似，内部通过 ArrayBlockingQueue 来实现，异步的线程从队列里取走日志事件并写入磁盘，每次当队列为空时，会对缓冲的批量日志事件进行一次落盘操作；异步 Logger 是 Log4j 2 新引入的功能，目标是尽可能快地使打印日志的方法调用返回，Logger 分为所有 Logger 全异步，以及同步与异步混合两种类型，异步 Logger 使用无锁的 Disruptor RingBuffer 来实现，这样能达到更高的吞吐量和更低的 API 调用延迟。

所有 Logger 使用异步的配置很简单，只需要配置 JVM 启动参数 -DLog4jContextSelector=org.apache.logging.log4j.core.async.AsyncLoggerContextSelector，然后把 Disruptor 的 Jar 包放入类路径中即可。

而同步与异步混合 Logger 需要在配置文件中显示指定的<asyncRoot> 或者<asyncLogger> 标记即可，具体事例如下：

```xml
<?xml version="1.0" encoding="UTF-8"?>
```

第 4 章 大数据日志系统的构建

```xml
<!-- No need to set system property "Log4jContextSelector" to any value
    when using <asyncLogger> or <asyncRoot>. -->

<Configuration status="WARN">
  <Appenders>
    <!-- Async Loggers will auto-flush in batches, so switch off immediateFlush.
-->
    <RandomAccessFile name="RandomAccessFile" fileName="asyncWithLocation.log"
            immediateFlush="false" append="false">
      <PatternLayout>
        <Pattern>%d %p %class{1.} [%t] %location %m %ex%n</Pattern>
      </PatternLayout>
    </RandomAccessFile>
  </Appenders>
  <Loggers>
    <!-- pattern layout actually uses location, so we need to include it -->
    <AsyncLogger name="com.foo.Bar" level="trace" includeLocation="true">
      <AppenderRef ref="RandomAccessFile"/>
    </AsyncLogger>
    <Root level="info" includeLocation="true">
      <AppenderRef ref="RandomAccessFile"/>
    </Root>
  </Loggers>
</Configuration>
```

对于性能上的提升,根据 Log4j 2 官方公布的测试数据,在 64 线程测试的情况下,异步 Logger 的吞吐量是异步 Appender 的吞吐量的 12 倍,是同步 Logger 的吞吐量的 68 倍。

另外,通过对比 Log4j 2 和 Log4j、Logback 等,我们发现它们在异步记录日志功能方面的差异。异步 Appender 的性能随着线程数的增加基本保持不变,而 Log4j 2 的异步 Logger 随着线程数的增加其吞吐量也持续增加,在多核 CPU 系统中能够达到更好的性能,如图 4-7 所示。

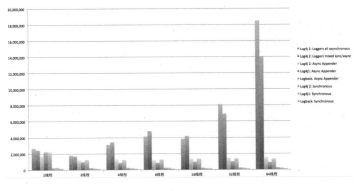

图 4-7

4.2 日志系统的优化和最佳实践

这里介绍笔者在不同的服务化平台上对日志系统的优化和最佳实践经验，包括在开发中打印日志的最佳时机、日志级别的设置、日志的数量和大小、日志的切割方式及日志格式的配置，并且给出了一个由于打印日志而导致发生线上事故的案例，在最后给出了一些使用日志的小经验，这些经验在实际生产中也是非常重要的。

4.2.1 开发人员的日志意识

下面对开发人员记录日志时存在的问题进行了总结，如下所述。

- 开发代码时要有意识地设想代码出现问题时的场景，针对出问题的场景记录关键的程序运行的信息，这样在代码出现问题时才能通过日志恢复程序运行的过程，才容易定位问题。
- 打印日志时必须包含环境信息，环境信息是指在打印日志时可获得的帮助开发人员定位问题的信息，例如：用户ID、角色、参数、返回值、逻辑判断结果、循环次数、异常信息等。
- 对异常等错误信息必须打印错误级别及以上级别的日志，对线上日志要定期检查，没有异常日志产生的服务才是健康的服务。
- 生产环境将关闭的日志必须在打印日志前进行判断，以此来提高执行效率。
- 必须使用占位符的方式代替字符串连接，这样程序更加简洁，并且性能有所提高。
- 对关键业务步骤必须打点并记录耗时和结果等信息。

4.2.2 日志级别的设置

线上应用应该使用什么级别的日志呢？是 debug、info 级别，还是 error 别呢？

通常来讲，线上应用使用 info 级别就足够了，但是刚刚交付的项目或者服务质量还不稳定，还有一定数量的 Bug 存在，如果使用 info 级别，则出现问题将很难定位，因此没有一个完美的答案，下面是一些最佳实践。

- QA 环境可以使用 debug 及以下级别的日志。
- 刚刚上线的应用还没有到稳定期，使用 debug 级别的日志。
- 上线后稳定的应用，使用 info 级别的日志。
- 常年不出现问题的应用使用 error 级别的日志即可。

对于不同的情况应该使用的日志级别如下。

- 使用 trace 级别的日志输出最细粒度的信息事件，通过这些信息可以跟踪程序执行的任一步骤。
- 使用 debug 级别的日志输出细粒度的信息事件，这些信息对调试应用程序非常有用。
- 使用 info 级别的日志输出粗粒度的信息事件，突出强调应用程序运行的关键逻辑和过程。
- 使用 warn 级别的日志输出可能出现的错误，或者输出潜在发生错误的环境信息，或者打印用户输入的非法信息。
- 使用 error 级别的输出错误事件，但仍然不影响系统的继续运行，在 Java 程序中发生异常一定要记录 error 日志，并且打印异常堆栈。异常在封装后抛出时一定要保留根源异常和错误信息，构成异常树，因为在解决线上问题时，日志中的异常堆栈和异常信息都是非常重要的线索。
- fatal 级别代表严重的错误事件，将会导致应用程序的退出。

4.2.3 日志的数量和大小

首先，我们一定要控制日志的输出量，避免由于业务上量而导致服务器磁盘占满并大量地输出无用的日志，这不利于系统性能的提升，也不利于快速定位错误点。

我们在写程序时，要清晰地了解程序中的哪一处会发生问题，以及发生问题时打印哪些日志可以帮助定位这些问题，这样打印出来的日志才最有效。因此，我们只需打印关键的信息，不要随便把对象 JSON 序列化后打印出来。如果要打印对象列表，则使用 JSON 格式打印会占用很大的空间。

另外，我们对单条日志要有所限制，笔者在支付平台的构建过程中，要求开发人员打印的每个项目的单条日志不能超过 1KB，日志太大会导致批量处理时占满内存。

在构建大数据日志系统时要有容错能力，遇到连续的大日志时可以采取抛弃的策略，避免出现内存占用过多的问题。

4.2.4 切割方式

一些公司使用脚本来切割和滚动日志文件，实现的脚本示例如下：

```
cat app.log > app.`date '+%Y-%m-%d'`.log
cat /dev/null > app.log
```

脚本首先通过 cat 文件把当前的日志文件的内容滚动存储到另外一个带日期后缀的日志文件中，然后清空当前的日志文件。

这个实现严格来说是有问题的，首先，在切割时，在 cat 命令执行后应用程序会并发地打印日志，导致清空时丢失一部分日志。

另外，由于 cat 命令是把内容打印到另一个文件中，所以会导致磁盘 I/O 瞬间迅速增加，在严重情况下会影响应用程序打印日志或者进行磁盘 I/O 操作，具体可参考 6.8.1 节中的案例。

因此，我们推荐使用日志框架原生的按照日期滚动的 Appender 来记录日志，在滚动周期结束后，会对当前的日志文件重命名，然后生成新的日志文件，在这个过程中对 I/O 没有冲击，是轻量级的日志滚动功能的实现。

4.2.5 日志格式的配置

Log4j 通过配置可以显示不同的环境信息，下面是常用的内置环境信息。

- %p：输出日志信息的优先级，即 debug、info、warn、error、fatal。

- %d：输出日志时间点的日期或时间，默认格式为 ISO8601，也可以在其后指定格式，比如%d{yyy MMM dd HH:mm:ss,SSS}，输出类似于"2017 年 06 月 18 日 12：01：12,058"。

- %r：输出自应用启动到输出该 Log 信息所用的毫秒数。

- %c：输出日志信息所属的类目，通常就是所在类的全名。

- %t：输出产生该日志事件的线程名。

- %M：输出产生该日志的方法名。

- %l：输出日志事件的发生位置，相当于%C.%M(%F:%L)的组合，包括类名、发生的线程，以及在代码中的行数，例如 Log4jDemo.main(Log4jDemo.java:22)。

- %x：输出和当前线程相关的 NDC（嵌套诊断环境），主要用于 Servlet 这样的多客户、多线程的 Web 应用中。

- %%：输出一个'%'字符。

- %F：输出日志消息产生时所在的文件名称。

- %L：输出代码中的行号。

- %m：输出代码中指定的消息。

- %n：输出一个回车换行符，Windows 平台为"\r\n"，UNIX 和 Linux 平台为"\n"，将输出日志信息换行。

可以在%与模式字符之间加上修饰符来控制其显示的最小宽度、最大宽度和文本的对齐方式等。

- %30c：指定输出 category 的名称，最小的宽度是 30 个字符，如果 category 的名称少于 20 个字符，则在默认情况下右对齐。

- %-30c：指定输出 category 的名称，最小的宽度是 30 个字符，如果 category 的名称少于 20 个字符，则用"-"号指定左对齐。

- %.40c：指定输出 category 的名称，最大的宽度是 40 个字符，如果 category 的名称多于 40 个字符，则会将左边多出的字符截掉，小于 40 个字符时也不会有空格。

- %30.40c：category 的名称小于 30 个字符时补空格，并且右对齐，如果其名称多于 40 个字符，则把左边多出的字符截掉。

通常我们会选定在实际项目中需要的一些变量来设置格式，例如：

[%d{HH\:mm\:ss\:SSS}][%p] (%c\:%L) - %m%n

输出格式为：

[09:83:34:282][DEBUG] (com.robert.Test:343) - 服务器正常启动信息

然而，上面配置中的%L 是个非常危险的环境变量，Log4j 要获得 Java 源代码的行号，Log4j 通过抛出异常在异常堆栈中找到调用函数的所在位置，从位置中提取行号。Java 并没有提供运行时获得行号的 API，这导致获得代码行号的操作性能很差。

首先，如果在日志格式中配置了%L、%M、%F、%l 等，那么 PatternParser 会使用 LocationPatternConverter 来获取行号、方法名、文件名等信息，代码如下：

```
public class PatternParser {
  ......
  protected
  void finalizeConverter(char c) {
    ......
    case 'F':
     pc = new LocationPatternConverter(formattingInfo,
              FILE_LOCATION_CONVERTER);
     //LogLog.debug("File name converter.");
     //formattingInfo.dump();
     currentLiteral.setLength(0);
     break;
    case 'l':
     pc = new LocationPatternConverter(formattingInfo,
              FULL_LOCATION_CONVERTER);
     //LogLog.debug("Location converter.");
     //formattingInfo.dump();
     currentLiteral.setLength(0);
     break;
    case 'L':
     pc = new LocationPatternConverter(formattingInfo,
              LINE_LOCATION_CONVERTER);
     //LogLog.debug("LINE NUMBER converter.");
     //formattingInfo.dump();
     currentLiteral.setLength(0);
     break;
     ......
```

```
     case 'M':
      pc = new LocationPatternConverter(formattingInfo,
                  METHOD_LOCATION_CONVERTER);
      //LogLog.debug("METHOD converter.");
      //formattingInfo.dump();
      currentLiteral.setLength(0);
      break;
     ......
  }
}
```

在 LocationPatternConverter 类中,我们看到它通过 LocationInfo 来获取行号、方法名、文件名等信息。

```
private class LocationPatternConverter extends PatternConverter { int type;
    LocationPatternConverter(FormattingInfo formattingInfo, int type) {
      super(formattingInfo);
      this.type = type;
    }
    public
    String convert(LoggingEvent event) {
      LocationInfo locationInfo = event.getLocationInformation();
      switch(type) {
      case FULL_LOCATION_CONVERTER:
    return locationInfo.fullInfo;
      case METHOD_LOCATION_CONVERTER:
    return locationInfo.getMethodName();
      case LINE_LOCATION_CONVERTER:
    return locationInfo.getLineNumber();
      case FILE_LOCATION_CONVERTER:
    return locationInfo.getFileName();
      default: return null;
      }
    }
  }
```

LocationInfo 类的对象是在 LoggingEvent 中产生的,我们看到在 getLocationInformation()方法中创建了一个 Throwable 对象,并且传给了 LocationInfo 对象的构造函数,代码如下:

```
public class LoggingEvent implements java.io.Serializable {
  ......
  public LocationInfo getLocationInformation() {
    if(locationInfo == null) {
      locationInfo = new LocationInfo(new Throwable(), fqnOfCategoryClass);
    }
    return locationInfo;
  }
```

```
......
}
```

LocationInfo 对象在构建时接收一个 Throwable 对象，然后获得 Throwable 的异常堆栈的每一行，这时我们得到的堆栈如下：

```
    at
org.apache.log4j.spi.LoggingEvent.getLocationInformation(LoggingEvent.java:191)
    at
org.apache.log4j.helpers.PatternParser$LocationPatternConverter.convert(PatternParser.java:483)
    at
org.apache.log4j.helpers.PatternConverter.format(PatternConverter.java:64)
    at org.apache.log4j.PatternLayout.format(PatternLayout.java:503)
    at org.apache.log4j.WriterAppender.subAppend(WriterAppender.java:301)
    at org.apache.log4j.WriterAppender.append(WriterAppender.java:159)
    at org.apache.log4j.AppenderSkeleton.doAppend(AppenderSkeleton.java:230)
    at
org.apache.log4j.helpers.AppenderAttachableImpl.appendLoopOnAppenders(AppenderAttachableImpl.java:65)
    at org.apache.log4j.Category.callAppenders(Category.java:203)
    at org.apache.log4j.Category.forcedLog(Category.java:388)
    at org.apache.log4j.Category.log(Category.java:853)
    at
org.apache.commons.logging.impl.Log4JLogger.debug(Log4JLogger.java:171)
    at log.Main.main(Main.java:22)
```

找到 org.apache.commons.logging.impl.Log4JLogger 所在的行，再去掉下一行的空格符号及一个"at"字符串，最后得到 log.Main.main(Main.java:22)，这里我们找到了方法的全名、文件名和行号，代码如下：

```
public class LocationInfo implements java.io.Serializable {
    ......
    public LocationInfo(Throwable t, String fqnOfCallingClass) {
      if(t == null)
        return;
      String s;
      防止对 sw 进行并发存取.
      synchronized(sw) {
        t.printStackTrace(pw);
        s = sw.toString();
        sw.getBuffer().setLength(0);
      }
      //System.out.println("s is ["+s+"].");
        int ibegin, iend;
// 考虑到当前包的结构，包含有 "org.apache.log4j.Category." 的行应该在被
// 调用之前打印出来。
// 这个查找方法执行可能不会非常快，但是它和统计栈的深度相对却是很安全的。
```

第 4 章 大数据日志系统的构建

```
   // 因为后者在 JVM 实现中不能保证这是恒定的。
       ibegin = s.lastIndexOf(fqnOfCallingClass);
       if(ibegin == -1)
         return;
       ibegin = s.indexOf(Layout.LINE_SEP, ibegin);
       if(ibegin == -1)
         return;
       ibegin+= Layout.LINE_SEP_LEN;
       // determine end of line
       iend = s.indexOf(Layout.LINE_SEP, ibegin);
       if(iend == -1)
         return;
       //VA 有不同的线程堆栈格式，对于这种格式，不需要跳过 at
       if(!inVisualAge) {
         //回到第 1 个空格字符
         ibegin = s.lastIndexOf("at ", iend);
         if(ibegin == -1)
           return;
         //索引加 3 跳过"at "字符串
         ibegin += 3;
       }
       //取得的中间的子串就是需要的堆栈数据
       this.fullInfo = s.substring(ibegin, iend);
     }
     ......
}
```

最后，我们从 log.Main.main(Main.java:22)字符串中把方法名、文件名和行号从字符串中提取出来，代码如下：

```
public class LocationInfo implements java.io.Serializable {
     ......
    /**
      Return the file name of the caller.
       <p>This information is not always available.
    */
    public
    String getFileName() {
      if(fullInfo == null) return NA;
      if(fileName == null) {
        int iend = fullInfo.lastIndexOf(':');
        if(iend == -1)
          fileName = NA;
        else {
          int ibegin = fullInfo.lastIndexOf('(', iend - 1);
          fileName = this.fullInfo.substring(ibegin + 1, iend);
        }
      }
      return fileName;
    }
    /**
```

```
    Returns the line number of the caller.
    <p>This information is not always available.
*/
public
String getLineNumber() {
  if(fullInfo == null) return NA;
  if(lineNumber == null) {
    int iend = fullInfo.lastIndexOf(')');
    int ibegin = fullInfo.lastIndexOf(':', iend -1);
    if(ibegin == -1)
      lineNumber = NA;
    else
      lineNumber = this.fullInfo.substring(ibegin + 1, iend);
  }
  return lineNumber;
}
/**
   Returns the method name of the caller.
*/
public
String getMethodName() {
  if(fullInfo == null) return NA;
  if(methodName == null) {
    int iend = fullInfo.lastIndexOf('(');
    int ibegin = fullInfo.lastIndexOf('.', iend);
    if(ibegin == -1)
      methodName = NA;
    else
      methodName = this.fullInfo.substring(ibegin + 1, iend);
  }
  return methodName;
}
......
)
```

现在我们了解了 Log4j 是通过构建异常从异常堆栈中提取方法名、文件名和行号的，虽然这些信息对定位问题非常重要，但是 JVM 每次构造异常实例时需要耗费很多时间和资源，会严重影响性能，因此，不推荐在日志中使用%L、%M、%F、%l 占位符来显示方法名、文件名和行号等，但可以使用%c 来打印类名。下面是一种常用的示例格式：

```
[%d{HH\:mm\:ss\:SSS}][%p] (%c) - %m%n
```

输出示例如下：

```
[09:83:34:282][DEBUG] (com.robert.Test) - 服务器正常启动信息
```

4.2.6　一行日志导致的线上事故

本节讲解一个由于增加一行日志导致的线上事故，以提醒我们在程序开发的过程中一定要精心记录每一行日志。

该案例为一个线上运行良好的服务，在一次上线的过程中增加了一行日志，导致这个服务的数据库连接池的连接出现用光的情况：

```
private void doSomething(....., Map param) {
    log.debug("....." + param);
    ......
}
```

从表面上看，这样增加日志没有任何问题，也不会导致数据库连接池被用光。

现在我们开始排查。首先，观察线上日志，发现线上服务开始偶发地报 NullPointerException，通过查看线程的调用堆栈，发现它是在一个领域模型的 toString() 方法里报出来的。

```
public class DomainObject{
    DomainObject1 do1;
    ......
    public String toString() {
        return "domainObject1: " + domainObject1.getId();
    }
    public void setDomainObject1(domainObject1) {
        this.domainObject1 = domainObject1;
    }
}
```

这时可以想到，报 NullPointerException 是因为增加了日志，在日志中打印 Map 的内容，Map 的内容里面包含这个对象，那么打印日志时就需要把这个对象转换成字符串，这时会调用对象的 toString() 方法。

可是 toString() 方法为什么会产生 NullPointerException 呢？产生问题的 toString() 方法本身很复杂，有很多字符串串联，我们对上面的代码进行了简化，但是通过分析，发现只有 domainObject1 为空时会产生 NullPointerException。

至此，我们还有两个问题。

- 为什么字段 domainObject1 会是空的呢？
- 为什么会引起数据库连接池里面的连接用光呢？

要想弄明白第 1 个问题，我们需要先知道数据的来源，通过查看代码，我们发现外层的 domainObject 对象本身是从缓存里面拿到的，这样就比较合理了。

其原因可能是缓存数据的生产方在取数据时只取了外层的 domainObject，而没有取 domainObject1 字段，然后就放进了缓存，这时 toString() 就产生了 NullPointerException。

可是为什么只有一部分请求量会产生 NullPointerException 呢？原因可能是生产 domainObject 对象的缓存数据有多个提供者，有些提供者既提供了 domainObject，也提供了 domainObject1 字段，而有些提供者只提供了外层的 domainObject，于是有些请求产生了 NullPointerException。

现在我们来看第 2 个问题，虽然产生了 NullPonterException，但为什么数据库连接池会用光呢？因为这个应用还存在一个 Bug，在上层处理业务逻辑的过程中，我们手工拿到了数据库连接，遇到了 NullPointerException 后并没有释放数据库连接，因此多个数据库连接被占用，最后数据库连接逐渐被用光，就无法提供正常的服务了。

那么，我们在开发程序时应该注意什么呢？

- toString() 方法的实现需要考虑连接字符串是否可能产生 NullPointerException，对可能为空的字段先判空后再进行打印。
- 如果对象不大并且不是一个集合类，则在 toString() 中可以考虑使用 JSON 序列化工具把对象转化成 JSON 字符串。
- 如果没有对使用的变量判空，则在 toString() 方法中也要抓住异常。
- 在增加打印日志时要考虑到 toString() 方法是否有传导性，避免可能引起不可预测的 NullPointerException 问题。
- 一定要在 try…finally 语句里面对申请的资源进行释放。
- 使用缓存存储数据的时候，要确保存入的数据一定是准确的和完整的。

4.3 大数据日志系统的原理与设计

大多数互联网公司里广泛应用了服务化或者微服务架构，这种架构实现了系统的敏捷构建和发布，但是产生了新的问题，常见的问题发生在系统间通信方面，例如：同步调用超时、异步通知丢失、系统抛出异常等，因此我们需要一套完善的服务监控和治理系统。

另一方面，越来越多的互联网公司开始使用云服务，因此安全工具和日志分析工具变得越来越重要。在基于云服务的基础设施中大量使用了虚拟机等容器技术，应用之间的隔离并不完美，虚拟机的性能在负载较高和用户上量时有所波动，因此会导致系统不稳定、节点失败或者节点间的通信出现问题。

日志管理平台能够监控所有这些问题，并能处理各种服务器的日志，包括：七层 Nginx 的日志、应用日志、访问日志、性能日志、安全日志、技术日志等。运维人员和开发人员等都可以使用日志管理平台查找日志的信息，并定位和解决问题。这也是一个通过大数据分析来解决生产问题的典型场景。

4.3.1 通用架构和设计

4.1 节介绍了各种日志框架，这些框架应用在应用服务上，产生的日志通常存储在本地文件里，按天或者按小时滚动产生日志文件。为了保证日志的安全存储，运维组会使用脚本对切割的日志文件进行备份，并且删除一段时间之前的日志，例如：3 天、一周等。

大数据日志系统的采集器部署在每个应用服务器上，它们监控本地的日志文件，如果有日志内容产生，则获取新产生的日志内容，然后发送到对应的缓冲队列节点。

解析器集群会监听缓冲队列集群，如果有日志进入，则将获取日志并进行处理，通常会把基于行的文本日志转换成 JSON 格式的数据，以便于后续的存储。

解析器集群的节点将日志转换成 JSON 格式的数据后，会把日志存储在有序的存储系统中并建立索引，为后续的客户端提供搜索服务。

最后，包括运维人员、应急人员、开发人员和测试人员等在内的使用方，会使用日志展示系统来查看和分析日志，或者以日志存储系统的数据为基础构建监控和报警系统。

大数据日志系统的通用架构如图 4-8 所示。

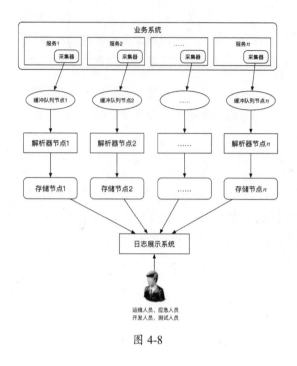

图 4-8

4.3.2 日志采集器

日志采集器是日志处理系统的幕后英雄，它们默默地在每个业务服务器上执行任务，持续地收集和解析服务日志，收集服务器的性能数据，并传输处理后的数据到后端系统。尽管前端的 Kibana 等日志展示系统更吸引眼球，但是日志采集器是所有数据的源头，我们要饮水思源，更多地关注采集器，因为它们是日志处理系统的核心节点。

Logstash、Fluentd、Flume、Scribe 和 Rsyslog 等都是采集日志的常用工具，下面简要介绍各个工具的背景和特点，其中，Logstash 和 Fluentd 在互联网公司里得到了广泛应用，本节后面会详细介绍两者的区别。

1. 常见的日志采集器

这里主要学习常见的日志采集器的背景、特点和优势，便于读者全面了解常见的日志采集器的种类和特点，方便读者做技术选型和技术决策。

日志采集器收集应用服务产生的日志，然后将其以一定的方式安全和快速地传输到日志缓冲系统中，是大数据日志处理系统的第 1 个环节。

1）Logstash

Logstash 是一个开源的服务端数据处理管道，它可以并发地从多个数据源获取数据，然后转换数据，最后发送数据到一个数据存储或者缓冲区。

在服务化架构的系统里，数据通常分布在多个系统中，以多种形式存在，Logstash 可以用来收集各种类型、尺寸和格式的数据，它可以同时从不同的数据源进行输入。它不但可以收集日志数据，还能收集系统的性能指标、网页应用程序产生的数据、来自数据库数据源的数据，以及不同的服务产生的数据等。

从各个数据源收集数据后，Logstash 可以快速地解析和转换日志数据，从原始数据中提取出字段的名值对，形成结构化的 JSON 格式的数据，便于后续进行统一处理和分析，对日志的大数据分析提供基础数据。它也可以动态地转换更复杂的格式数据。

- 可以把无结构化的基于行的文本数据转换成结构化的数据。
- 可以把 IP 地址转换成经纬度坐标。
- 可以去除敏感信息字段。
- 不管处理什么样的数据源、数据格式和模式，都可以简化数据处理过程。

Logstash 通常会把处理后的结构化日志数据存储到搜索引擎中，我们可以为 Logstash 配置安全的传输通道，也可以使用安全的 Elasticsearch 集群，保证数据传输不泄露。对接 Elasticsearch 并不是唯一的选择，它可以选择输出到其他数据存储中，因此后续的数据使用和处理场景变得更丰富。

Logstash 有 200 多个插件，可以组合、匹配和编排不同的数据源、过滤器和输出系统来完成复杂的数据处理。它还支持开发自定义的数据源收集器，可以使用它提供的 API 来开发插件，我们还可以在社区中分享给其他人使用。因此，它具有良好的扩展性。

Logstash 是一个具有容错性的收集器，当任意节点出现问题时，它会通过将持久化处理的数据保存在内部的缓冲区中来保证数据不会丢失，但是可能会造成数据的重复发送，因此它承诺"至少发送一次"，但是不能保证日志不会重复。由于其内部有消息的缓冲区，并且存储在硬盘中，因此它本身也有消峰的能力。

由于我们使用 Logstash 来处理多种日志或者承担多种处理流程，所以变得越来越复杂，因此，了解 Logstash 管道的性能、可用性和瓶颈是非常必要的。它提供了可视化的监控手段，帮助我们监控和了解 Logstash 节点的实时情况。

2）Fluentd

Fluentd 是一个开源的数据采集器，是使用 C 和 Ruby 语言开发的轻量级系统，占用的系统资源较少，一般只占用 30～40MB 内存，单线程每秒可处理 1.3 万日志。它可以统一收集日志数据，然后进行转换和存储，为使用者提供基础数据支持，帮助使用者做相应的决策。它具有统一的 JSON 格式处理、可插拔的架构、轻量级、内置高稳定性等特点，尽可能地把日志数据转换成结构化的 JSON 数据格式，然后采用统一的处理流程：采集、过滤、缓冲、输出和存储等。经过 Fluentd 处理的数据进入下游的系统，由于采用了 JSON 格式，所以进一步处理、显示和搜索时都变得更容易。

在使用有灵活的插件系统的 Fluentd 的过程中，我们可以继承和扩展已有插件的功能。已有的 500 多个社区贡献的插件可以连接不同的数据源和数据输出，我们可以通过使用它们对海量日志进行分析和处理。

Fluentd 支持通过基于内存和文件的缓冲，来避免节点间传输日志的丢失。它也支持健壮的失效转移策略，具有高可用性。现阶段有 2000 多个数据处理公司用 Fluentd 分析和处理的日志数据来管理其产品和服务。

3）Flume

Flume 最初是 Cloudera 公司使用的日志处理系统，后来成为 Apache 旗下的一个开源孵化项目，它是一个高可用的、高可靠的、分布式的海量日志采集、聚合、转换和传输的系统，它通过定制化支持从各类日志源采集日志，包括控制台、RPC、文本文件、Linux tail 命令、Syslog 日志系统、Linux 管道，同时支持 TCP 和 UDP 这两种传输模式，然后对日志进行简单加工，再写到日志的存储系统中，并支持对输出目标进行扩展和定制。它的特点是可高度定制化，但是使用起来比较麻烦，有一定的学习曲线。

4）Scribe

Scribe 是 Facebook 开源的日志采集系统，在 Facebook 公司内部已经得到广泛应用，它能够从各种日志源收集日志,并存储到一个中央存储系统上,以便于集中统计、分析和处理,为它的使用者提供查询和搜索等功能。它提供了一套可扩展、可容错的方案,可在众多的应用服务器上分布式地收集日志,然后归集日志到统一的存储系统中。当中央存储系统的网络或者机器出现故障时,Scribe 会将日志暂存到本地磁盘上,当中央存储系统恢复后,Scribe 会将转存的日志重新传输给中央存储系统。这里,容错性是 Scribe 的核心特点。

Scribe 通常与 Hadoop 组合使用,Scribe 用于向 HDFS 中存储日志,通过 Hadoop 的 MapReduce 任务对数据进行定时处理,然后,将处理和加工的数据、指标存储到其他数据存储系统中,用于监控、报警或者通过日志展示系统来对外提供查询和搜索功能。

5)Rsyslog

Rsyslog 是一个高效的日志处理系统,它提供了高性能、安全和模块化等特性。

Rsyslog 自称是瑞士军刀级别的日志处理系统,它可以从不同的日志源接收日志,对日志进行转换,并输出到不同的目标系统中,在性能上每秒可以处理机房内百万级别的消息。

2. Logstash 和 Fluentd 的对比

Logstash 和 Fluentd 是两个最流行的开源的日志采集器。Logstash 作为 ELK 的一部分而出名,而 Fluentd 近年来变得越来越流行,尤其是更多地被 Docker 等领域采纳。下面讲解 Logstash 和 Fluentd 的区别,以帮助我们在项目中做技术选型和技术决策。

1)支持的平台

由于基于 JRuby 开发,Logstash 可以在任何支持 JVM 的平台执行,当然也包含 Windows;而 Fluentd 之前依赖于 Linux 平台下的一个事件处理库,因此不能运行在 Windows 上,不过随着对 Windows 支持的呼声变得越来越强烈,现在 Fluentd 也开始支持 Windows。

2)传输方式

Logstash 内部缺乏一个持久的消息队列,现在它在内存中使用一个 20 尺寸的队列,依赖外部的类似 Redis 的缓存做持久,这样重启后才不会丢失消息。这是 Logstash 的缺点,Logstash 开发者也考虑增加一个本地磁盘的队列。由于 Logstash 实现缓存的简单性,使用者必须配置缓存来配合使用,来提高它的稳定性和可用性。

Fluentd 本地有一个可配置的缓冲系统，可以缓冲在内存上或者磁盘上，并且提供了丰富的配置参数。由于它本身具有稳定性和可用性，所以使用者只需要花足够的时间优化配置即可。

这里总结一下，使用 Logstash 需要配合 Redis 来提供稳定性，而 Fluentd 本身带有缓冲系统，并有容错性、可用性、稳定性，只是需要使用者多花时间和心思在配置上即可实现高效的日志采集器。

3）性能

曾有数据表明，Logstash 和 Fluentd 都可以每秒处理上万的吞吐量。然而，Logstash 会消耗更多的内存，据说在每台机器上 Logstash 比 Fluentd 消耗的内存多几十兆，虽然单台机器多用几十兆的内存不成问题，但如果有成千上万台机器，则会多消耗几十 GB 的内存，也会增加不少成本。

Logstash 提供了一个轻量级的实现方案 Elastic Beats（简称 Beats），其中 Filebeat 是 Beats 的一个文件采集工具，一个实例只能处理一个数据源，运行性能高，消耗资源少，它是用来替代 Logstash Forwarder 的下一代 Logstash 收集器，是为了更快速、稳定、轻量、低耗地进行收集工作，它可以很方便地与 Logstash 对接，Filebeat 是在 Logstash Forwarder 的源码基础上演化并进行了优化的轻量级项目。

Fluentd 也提供了以 C 语言实现的轻量级的版本 Fluent Bit，这是一个嵌入式的采集器；也提供了一个以 Go 语言实现的轻量级的采集器 Fluentd Forwarder，我们可以根据需要来选择最适合使用场景的版本。

总结一下，Logstash 会用更多的内存，对于大量的服务节点可以使用 Filebeat 来代替；相比 Logstash，Fluentd 会用更少的内存，可以用 Fluent Bit 和 Fluentd Forwarder 实现更轻量级的收集器架构。

4）插件系统

Logstash 和 Fluentd 都有丰富的插件生态系统，支持许多输入源、过滤器和输出目标。

它们的最大不同就是管理插件的方式。Logstash 在一个 GitHub 库（https://github.com/logstash-plugins）上管理所有插件，每位用户开发插件后分享，他们都倾向于把这些插件收集起来，便于分享给其他人使用，现在已经有 200 多个官方插件了。

而 Fluentd 并没有一个中心来管理插件，尽管它已经有 500 多个插件了，但是官方库仅有 10 个，实际上，排在前面的 5 个插件为：fluent-plugin-record-transformer、fluent-plugin-forest、fluent-plugin-secure-forward、fluent-plugin-Elasticsearch、and fluent-plugin-s3，其中只有一个是官方插件，即 Fluentd 更开放，更鼓励我们来创造。

5）事件路由方式

日志采集器的最大功能是进行事件路由，每个日志采集器都支持事件路由，但是路由的方法不一样。

Logstash 使用可编程的方式进行事件路由，适合开发人员使用；而 Fluentd 使用标记配置的方式路由，使复杂的配置看起来清晰并易于维护。

Logstash 路由所有数据到一个流，然后使用类似 if-then 的语句来选择不同的发送目标。下面的代码示例实现了将生产环境中的错误事件路由到 oncall 的输出目标，示例如下：

```
output {
 if [loglevel] == "ERROR" and [deployment] == "prod" {
   oncall {
     ...
   }
 }
}
```

Fluentd 依赖标记来路由事件，它的事件都属于一个标记，标记告诉 Fluentd 往哪里发送事件。例如，如果发送生产环境的错误事件到 oncall 组，则配置示例如下：

```
&lt;match prod.error&gt;
type oncall
  …
&lt;/match&gt;
```

Fluentd 使用的方法是可声明式的，而 Logstash 使用的方法是编程式的。程序员更喜欢 Logstash 的编程式路由，因为他们能很快上手。然而，Fluentd 基于标记的声明式的配置可以使复杂的路由更清晰，更易于维护。下面是一个根据产生日志的环境路由进行声明式配置的示例：

```
&lt;match prod.**&gt;
# 生产环境日志预处理逻辑
&lt;/match&gt;
&lt;match qa.**&gt;
# QA 环境日志预处理逻辑
&lt;/match&gt;
```

3. 日志采集的最佳实践

假如采集器的代理宕机了，这时正好日志发生了滚动，采集器代理跟进的文件名称发生了变化，则采集器的代理启动后如何继续跟进日志的采集呢？也就是如何实现"断点续采"呢？

采集器存储文件"指纹"及行位置到本地的一个文件中，文件指纹通常指文件的 inode，即使文件重命名，文件的 inode 也不会发生变化，因此，采集器通常追踪的是文件的 inode 信息和行号，文件名修改并不影响 inode 信息，只是影响了它所在的文件目录的信息，但是如果文件被压缩后，inode 实际发生了改变，则文件已经成为另外一个文件了，这时需要手工处理。

4.3.3 日志缓冲队列

虽然我们可以让日志采集器与日志解析器直接通信，或者把它们合二为一，但笔者推荐在日志采集器和日志处理器之间增加一个队列缓冲区，如图 4-8 所示，因为如果没有日志缓冲队列，直接让日志采集器推送日志给日志解析器，则在日志解析器负载较高时，会拖住日志采集器，导致日志采集器变慢，至少会影响日志推送的速度，如果采集器的内部缓冲或者内存被吃光，则会导致日志丢失，由于日志采集器与应用服务部署在一起，所以也可能会影响应用服务的正常运行。缓冲队列类似于日志消费的蓄水池，如果我们需要对后面的存储节点进行升级和维护，则中间的日志缓冲队列可以暂存维护时间窗口的数据，这就是需要日志缓冲队列的另外一个原因。

日志缓冲队列是大数据日志处理器系统的核心，它连接日志的收集器和日志解析器，不但需要高性能的处理日志，还需要有高可用的特点，如果日志缓冲队列失败，则将导致应用端的收集器里积压日志，导致应用机器使用的内存增加、负载增高，甚至会丢失日志。

日志采集器、日志缓冲队列和日志解析器是浑然一体的处理架构，在生产环境的日志处理中，它们互相配合并完成高速的日志处理工作，其中任何一个环节出现问题，都会导致日志的积压，并需要后续的重新处理，重新处理会导致系统压力增加，增加系统的不可用性。因此，我们需要对日志采集器、日志缓冲队列和日志解析器构建监控和处理系统，来确保它们健康、高效地运行并处理海量日志。

我们可以使用 Kafka、Redis 或者 RabbitMQ 等作为日志缓冲队列，我们通常使用 Kafka，因为它处理消息的性能是最好的，也是最容易扩展和伸缩的。

4.3.4 日志解析器

日志解析器从日志缓冲队列读取日志、解析日志、转换日志，然后以 JSON 的格式存储到后续的日志存储系统中。日志解析器必须连续、稳定地执行，而且需要有可伸缩性。我们必须通过系统的容量评估，确定每个节点能够处理日志的最大吞吐量和系统内需要处理的总体的最大吞吐量，来计算日志解析器节点的数量，以及每个节点的最佳配置。随着吞吐量需求的增加，对节点的内存的需要随之增加，我们要合理地、有计划地使用内存，防止内存溢出。

解析日志是一个很累人的工作，解析器的质量和效率决定大数据日志系统的用户体验。由于日志的格式多种多样，在一个小项目中，日志格式就有十几种或者几十种类型。Logstash 是解析日志的一个好工具，它可以把基于行的文本格式的日志转换成结构化的 JSON 格式，Logstash 提供了不同的插件来解析不同的日志，对于 Tomcat、Nginx 日志都有对应的解析插件，使用起来非常方便。

我们可以把 Logstash 和 Fluentd 作为日志解析器，当然，我们也可以开发自己的处理器来做日志解析，或者使用 Storm、Spark 等流式计算提取更复杂的指标后再进行存储。

4.3.5 日志存储和搜索

日志解析器从解析后的日志中提取的指标等，最后都存入日志存储系统中，在日志存储系统中进行索引，并支持后续的搜索，由于日志量巨大、信息量巨大、查询样式多变，所以一般使用全文检索的搜索引擎技术，例如 Elasticsearch、Solr 等。

无论我们用多少个节点的 NoSQL 来做日志的存储和搜索系统，只要日志量够大，久而久之，存储系统都会被填满磁盘空间，大量的、不常用的数据会被存储在系统里，导致搜索性能下降。推荐定期对数据做整理、归档和删除等操作。

- 如果存在较长时间的日志仍然需要被经常查询，则我们需要定期整理这些日志的索引，让它们与时俱进，提供更高的查询效率。
- 如果较长时间存在的日志偶尔需要被查询，则建议对这些数据进行归档，例如，对一年以外的数据，我们可以把它们存储到搜索集群的外部，当有需要时再进行挂载。

- 如果对较长时间以前的日志没有查询需求,则我们需要实现定期清理不用的日志数据的功能。

4.3.6　日志展示系统

日志解析器解析、转化了日志,然后以 JSON 的格式存储到日志存储系统中。我们需要多功能的客户端来展示日志给使用者,包括开发人员、运维人员和应急人员等,通常我们使用 Kibana 来做这件事。另外,一些公司开发了 App 客户端,使用者可以在手机上查看日志或者获取想要的指标数据。

4.3.7　监控和报警

既然日志被结构化后存储到日志存储和搜索系统中,我们就可以基于这些数据构建监控和报警系统,通过定时地在日志存储和搜索系统中查找服务和某一标准的数据指标,然后与预定义的阈值进行对比,如果超出阈值,则通过短信、邮件或者自动语音电话来报警。

4.3.8　日志系统的容量和性能评估

在服务化系统或者微服务架构中,服务器数量较多时会产生海量的日志数据,对这些日志数据需要实时地进行处理,处理后需要根据预定的阈值进行报警,报警的指标是有时效性的,大数据日志处理系统是异步的,日志缓冲队列也有消峰的作用,有的业务对延迟有要求,报警要尽快,否则会对业务产生影响及损失。

因此,我们在设计一套大数据日志处理系统时,要充分地评估日志系统的容量和性能,设计好系统的各个集群内节点的数量,给每个节点配置最合理的资源。

假设我们在设计一个大数据日志处理系统,日志处理系统每天处理来自 200 台机器的 2TB 日志,每条日志的大小在 1KB 左右,日志处理后需要实现监控和报警的功能,监控和报警的延时不能超过 5 分钟,单台服务器产生日志的峰值吞吐量约为 10000/s,所有应用服务器瞬时的日志峰值之和约为 1 000 000/s。

首先，每天的 2TB 日志来自于 200 台机器，每台机器每秒处理的平均日志量为：

$$2TB / 1KB / 200 台 / 24 \times 60 \times 60 = 115/s$$

这里每台机器每秒的平均请求量为 115，根据案例的信息，单台机器每秒峰值处理日志的吞吐量约为 10000/s，无论我们使用 Logstash 还是 Fluentd 来采集，都可以满足性能要求。

所有应用服务器瞬时的日志峰值为 1 000 000/s 的吞吐量，假如我们选择 Kafka 作为日志缓冲队列，则这里根据经验，Kafka 在普通 PC 机上的吞吐量约为 100 000/s，我们需要 10 个 Kakfa 节点的集群来处理。由于处理的日志在 1KB 左右，所以我们需要计算 Kafka 的网络 I/O 是否满足性能需求：

$$100 万 / 10 台 \times 1KB = 100MB$$

即峰值为 TPS 时，单台 Kafka 每秒要处理 100 000 的日志量，网络 I/O 需要能够承受 100MB/s 的负载量，假设使用的 Kafka 节点都是千兆网卡，则正好可以满足需求。

这里假设一条日志在日志解析器上处理成功并且存储在日志存储系统中需要 20ms，每秒峰值时需要处理 100 万条日志，则一共需要的时间为：

$$100 万 \times 20 毫秒 = 2 万秒$$

因为要求延迟不能超过 5 分钟，所以如果我们要在 5 分钟内处理完峰值的数据，则需要的并发数为：

$$2 万秒 / 5 分钟 = 66.67 并发数$$

也就是说需要有 66 个核心处理器处理峰值时的 1 000 000/s 的吞吐量，假设我们使用 4 核心 CPU、8GB 内存的虚拟机或者 Docker，那么共需要处理机：

$$66 / 4 = 16 台$$

这里需要 16 台日志解析器来处理峰值吞吐量 1000 000/s。

然而，不管是设计一套在线的服务系统，还是设计一套日志处理系统，我们的设计必须考虑到系统将来的业务增长量，因此，对系统设计的资源要有冗余。根据经验，我们要对系统的容量设计 5～10 倍的冗余为合理值，这也取决于读者所使用的底层设施的架构，如果使用 Docker

部署,并且能够预测业务上量的时间,则在上量来临之前动态扩容也来得及,这也是 Docker 的核心优势之一。

4.4 ELK 系统的构建与使用

ELK 项目是开源项目 Elasticsearch、Logstash 和 Kibana 的集合,集合中每个项目的职责如下。

- Elasticsearch 是基于 Lucene 搜索引擎的 NoSQL 数据库。
- Logstash 是一个基于管道的处理工具,它从不同的数据源接收数据,执行不同的转换,然后发送数据到不同的目标系统。
- Kibana 工作在 Elasticsearch 上,是数据的展示层系统。

这三个项目组成的 ELK 系统通常用于现代服务化系统的日志管理,也会用于其他场景,例如 BI、安全和合规、网页分析等。Logstash 用来收集和解析日志,并且把日志存储到 Elasticsearch 中并建立索引,Kibana 通过可视化的方式把数据呈献给数据的使用者。

最近,ELK 系统每个月有 50 万的下载量,俨然成为世界上最流行的日志管理平台,远远超过了据说只有 1 万用户的传统 Splunk 日志管理平台,是什么促成了 ELK 系统的广泛应用呢?

因为 ELK 系统满足了服务化系统的日志分析的需求,因此变得越来越流行。Splunk 企业级日志分析系统在市场上已经领先多年了,尽管它的功能强大,但是使用成本较高,很多小公司无法负担这个成本,所以企业开始越来越多地倾向使用于 ELK 系统。尽管 ELK 系统与 Splunk 相比没有 Splunk 的功能丰富,但是其优点是简单、健壮和高效。另外,互联网公司倾向于使用开源软件。

ELK 系统是当前最流行的日志分析平台,本节将分别介绍 Elasticsearch、Logstach 和 Kibana 的安装和使用。

4.4.1 Elasticsearch

Elasticsearch 通常被认为是搜索服务器,我们通常认为需要自己开发程序来实现搜索,然而,搜索其实是可以独立成为一个搜索服务器来为应用程序服务的,Elasticsearch 就是用来提供专业的搜索服务的产品。

从专业角度来讲,Elasticsearch 是一个 NoSQL 数据库,我们把数据存储在一个无模式的数据存储中时,不能使用关系型的 SQL 来查找,然而,Elasticsearch 与其他 NoSQL 数据库不同,它聚焦于搜索功能,我们通常是通过一个 REST API 从 Elasticsearch 中完成搜索和查询的。

因为 Elasticsearch 依赖于 Java 7,所以我们需要先安装 JDK 7,请读者自行下载和安装。

接下来,从服务器下载发布包并解压:

```
wget https://download.Elasticsearch.org/Elasticsearch/release/org/Elasticsearch/distribution/zip/Elasticsearch/2.1.1/Elasticsearch-2.1.1.zip
    unzip Elasticsearch-2.1.1.zip
    cd Elasticsearch-2.1.1
```

现在,启动服务:

```
bin/Elasticsearch
```

为了确保服务启动成功,使用下面的 curl 语句查看服务的状态:

```
curl 'http://127.0.0.1:9200'
```

我们看到如下结果,证明服务器启动成功:

```
{
 "name" : "Bloodhawk",
 "cluster_name" : "Elasticsearch",
 "version" : {
 "number" : "2.1.1",
 "build_hash" : "40e2c53a6b6c2972b3d13846e450e66f4375bd71",
 "build_timestamp" : "2017-6-15T15:08:33Z",
 "build_snapshot" : false,
 "lucene_version" : "5.3.1"
 },
 "tagline" : "You Know, for Search"
}
```

服务已经启动完成,可以在 Elasticsearch 中添加数据了,我们把这个过程称为索引,为数据建立索引时,其内部使用 Apache Lucene 来实现。

Elasticsearch 对外提供 RESTful 风格的 API，所以可以使用 HTTP PUT 或者 POST 协议来执行索引数据的功能。如果使用 PUT 协议，则要指定 ID，但是如果用 POST 协议，Elasticsearch 则会为我们产生一个 ID。

```
> curl -X POST http://127.0.0.1:9200/logs/app -d '{"timestamp": "2017-06-15 12:33:54", "message": "User logged in", "user_id": 4, "admin": false}'
  {
   "_id": "AVJWJkaW0D5QbnIxzP5S",
   "_index": "logs",
   "_shards": {
     "failed": 0,
     "successful": 1,
     "total": 2
   },
   "_type": "app",
   "_version": 1,
   "created": true
  }
> curl -X PUT http://127.0.0.1:9200/app/users/4 -d '{"id": 4, "username": "robert", "last_login": "2017-06-15 11:23:20"}'
  {
   "_id": "4",
   "_index": "app",
   "_shards": {
     "failed": 0,
     "successful": 1,
     "total": 2
   },
   "_type": "users",
   "_version": 1,
   "created": true
  }
```

要进行索引的数据使用 JSON 格式，为什么我们没有定义数据的结构，就可以对数据进行索引呢？就像其他 NoSQL 数据库一样，我们不需要在 Elasticsearch 中提前建立数据结构或者模式，当然，为了保证性能，我们也可以这样做。

既然已经将数据在 Elasticsearch 中进行索引了，我们可以通过 RESTful 风格的 API 将它取出来：

```
> curl -X GET http://127.0.0.1:9200/app/users/4
  {
   "_id": "4",
   "_index": "app",
```

```
"_source": {
"id": 4,
"last_login": "2017-06-15 11:45:11",
"username": "robert"
},
"_type": "users",
"_version": 1,
"found": true
}
```

在上面命令的输出中，包含下画线的字段都是元数据字段，这个查询指定查找 ID 等于 4 的用户。

4.4.2 Logstash

ELK 最主要的场景是存储日志、可视化分析日志，以及处理其他基于时间顺序的数据。Logstash 是这个流程中最主要的一个环节，负责把日志从日志源进行采集，然后存储到 Elasticsearch 中，它不仅可以帮助我们从不同的日志源采集日志，还可以过滤、处理和转换数据。这里学习如何安装和使用 Logstash。

安装 Logstash 的前提条件是安装 JDK7，请读者自行下载和安装。

然后，下载和解压 Logstash 的安装包：

```
wget
https://download.Elasticsearch.org/logstash/logstash/logstash-1.4.2.tar.gz
    tar zxvf logstash-1.4.2.tar.gz
    cd logstash-1.4.2
```

接下来启动 Logstash：

```
bin/logstash -e 'input { stdin { } } output { stdout {} }'
```

在命令行下输入一些字符，将看到 Logstash 的输出内容：

```
hello logstash
2017-06-15T06:23:21.405+0000 0.0.0.0 hello logstash
```

在上面的例子中，我们在运行 Logstash 的过程中定义了一个叫作 stdin 的数据源，还有一个 stdout 的输出目标，无论我们在命令行输入什么字符，Logstash 都会按照某种格式把数据打印到我们的标准输出命令行中。

上面是一个最简单的 Logstash 示例，我们看到命令启动时定义了一个过滤器，过滤器里定义了输入和输出，这里我们详细学习输入源、输出目标、过滤器。

1. Logstash 输入源

Logstash 得到广泛应用的一个主要原因就是它可以处理不同输入源的日志和时间。从 2.1 版本开始，Logstash 在文档中就包含了 48 个不同的输入源，通过这些输入源，我们可以从 48 个不同的技术栈、位置和服务来获取数据，包含监控系统 collectd、缓存系统 Redis、数据库系统 MySQL，以及不同的文件系统、消息列队等。通过这些输入源，我们能从不同的数据源导入数据并管理数据，最终把处理后的数据发送到大数据存储和搜索系统。

我们首先需要配置输入源，如果在过滤器中不定义任何输入源，则默认的输入源就是命令行的标准输入。既然一次可以配置多个输入源，则我们最好对输入源进行分类和标记，在过滤器和输出中才能引用它们。

2. Logstash 输出目标

就像输入源一样，Logstash 有许多输出目标，通过这些输出目标，我们能够把日志和时间通过不同的技术发送到不同的位置和服务。我们也可以把事件输出到文本文件、CSV 文件和 S3 等分布式存储中，也能把它们转化成消息发送到消息系统，例如：Kafka、RabbitMQ 等，或者把它们发送到不同的监控系统和通知系统中，例如：短信、邮件和电话外呼等。不同的输入源和输出目标的结合使 Logstash 成为了一个丰富的事件转换器。

既然 Logstash 能够处理来自多个输入源的事件，并可以使用多个过滤器，那么我们应该仔细定义事件处理的输出目标，如果没有定义任何输出目标，则标准控制台输出是默认的输出目标。

3. Logstash 过滤器

如果 Logstah 仅仅是一个数据的管道，那么有很多可替代的技术来实现。Logstash 的一大特点就是有丰富的过滤器，这些过滤器能够接收、处理、计算、测量事件等。

既然 Logstash 能够处理来自多个输入源的事件，以及可以使用多个输出，那么我们应该仔细定义和配置事件的过滤器。

有了上面的基础知识，现在我们学习如何配置 Logstash。首先 Logstash 的配置包含输入、输出和过滤器三个段。一个配置文件中可以有多个输入、输出和过滤器的实例，我们也可以把它们分组并放到不同的配置文件中，例如：

- tomcat_access_file_Elasticsearch.conf
- app_Elasticsearch.conf
- apache_to_Elasticsearch.conf

下面是 apache_to_Elasticsearch.conf 配置文件的具体内容：

```
input {
 file {
  path = "/var/log/apache/access.log"
  type = "apache-access"
 }
}
filter {
 if [type] == "apache-access" {
  grok {
   type = "apache-access"
   pattern = "%{COMBINEDAPACHELOG}"
  }
 }
}
output {
 if [type] == "apache-access" {
  if "_grokparsefailure" in [tags] {
   null {}
  }
  Elasticsearch {
  }
 }
}
```

输入段告诉 Logstash 从 Apache 服务器产生的存取日志中拉取数据，并指定这些事件的类型为 apache-access。设置类型是非常重要的，因为后续我们需要根据类型来选择过滤器和输出，类型最后也会用来在 Elasticsearch 中分类事件。

在过滤器段，我们详细声明了使用 grok 过滤器对 apache-access 类型的事件进行过滤。条件判断 if [type] == "apache-access" 确保只有 apache-access 类型的事件才会被过滤。如果没有这个条件判断，则 Logstash 会把其他类型的事件也应用到这个 grok 过滤器中。这个过滤器会解析 Apache 的日志行，然后组成 JSON 的日志格式。

最后，我们来看看输出段。第 1 个条件和上面过滤器的条件作用一样，确保我们只处理 apache-access 类型的事件。下面的一个条件针对我们识别不了的日志数据，假设我们不关心这些日志数据，则简单地抛弃它们。过滤器里的顺序非常重要，在上面示例的配置中，必须是成功解析的日志才能被存储到 Elasticsearch 中。

如果有多个配置文件，则我们在每个配置文件中都可以包含上面提到的三个段，Logstash 会把所有的配置文件组合到一起，形成一个大的配置文件。既然可以配置多个输入源，则推荐标记每个事件，并对每个事件分类，这样方便在后续的处理中引用；确保在定义输出段时使用类型判断括起来，否则会出现不可思议的问题。

4.4.3　Kibana

Kibana 是一个基于浏览器页面的显示 Elasticsearch 数据的前端展示系统，使用 HTML 语言和 JavaScript 实现，是为 Elasticsearch 提供日志分析的网页界面工具，可用它对日志进行高效汇总、搜索、可视化、分析和查询等操作，可以与存储在 Elasticsearch 索引中的数据进行交互，并执行高级的数据分析，然后以图表、表格和地图的形式查看数据。

Kibana 使得理解大容量的数据变得非常容易，它非常简单，基于浏览器的接口使我们能够快速创建和分享显示 ES 查询结果的实时变化情况的仪表盘，所以，它的最大亮点是它的图表和可视化展示能力。

首先，下载 Kibana 的安装包：
```
wget -c
https://artifacts.elastic.co/downloads/kibana/kibana-5.4.0-linux-x86_64.tar.gz
```

下载后，将文件解压到/home/robert/working/softwares 文件夹下。
```
tar -zxvf kibana-4.5.0-linux-x86.tar.gz
```

修改位于/home/robert/working/softwares/kibana/config 中的配置文件，修改连接的 Elasticsearch 服务器：

```
Elasticsearch.url: "http://localhost:9200"
```

然后，通过下面的命令启动 kibana：

```
/home/robert/working/softwares/kibana/bin/kibana
```

启动 Kibana 后，在浏览器中直接输入 http://localhost:5601，便可以在浏览器中查看 Kibana 所提供的分析功能了。初次进入需要至少创建一个索引模板，它对应 Elasticsearch 中的索引，我们可以使用前面安装 Elasticsearch 时使用的 app 和 logs 索引。创建好索引模板后，在 Discover 的左边选择索引 app 或者 logs，在右上角选择时间，这样就可以看到日志了，左边可以选择要显示的列。

在 Discover 中的搜索框中输入查询公式进行查询，常用的基本语法如下。

（1）直接在搜索框中输入关键字，所有字段只要包括就会被匹配，比如输入一串手机号码。

（2）如果是短语，则需要用双引号，中文是不会分词的，所以两个及以上的中文字的都算短语。

```
"hello world"
"中文"
```

（3）可以用冒号指定某个字段包含某些关键字，对短语还是需要用引号。

```
level:ERROR
level:"错误"
```

（4）非、与、或的组合逻辑。

```
NOT level:ERROR
source:"apache.log" AND level:ERROR
level:WARN OR level:ERROR
```

（5）组合用小括号。

```
(source:"apache.log" OR source:"filebeat.log") AND level:ERROR
```

（6）必须包含及不可包含。

- 必须包含：+

- 不可包含：-

例如，必须来自 apache.log，但不是 6 月 15 日的时间范围：

```
source:(+"apache.log" -"2017-6-15")
```

（7）数字的范围（count 类型必须是数字）。

例如：在 1 到 2 区间内查找 count 字段：

count:[1 TO 2]

（8）通配符，与常用的一致。

- ?：匹配单个字符。
- *：匹配 0 到多个字符。

4.5 本章小结

在一个完整的互联网服务化系统的实现中，日志系统是一个非常重要的功能组成部分。它可以记录系统产生的所有行为和信息，并按照某种形式表达出来，我们可以使用日志系统所记录的信息为系统排错，并优化系统的性能，或者根据这些信息调整系统的行为，提高系统的可用性。因此，稳定的日志系统是保证系统可用性的一个重要的基础设施。

本章一开始介绍了开源日志框架的背景、实现结构、使用方式，包括 JDK Logger、Commons Logging、Log4j、Slf4j、Logback 和 Log4j 2；然后分享了笔者在实践中积累的使用这些日志系统的优化经验和最佳实践，先后介绍了日志级别的设置、日志的数量和大小、切割方式、日志格式的配置，最后给出了一个由一行日志导致的线上事故的案例。

接下来分析了大数据日志系统的原理与设计，从给出构建大数据日志系统的一个通用架构开始，讲述其中各个模块的职责、设计和架构，包括日志采集器、日志缓冲队列、日志解析器、日志存储和搜索、日志展示系统和监控与报警系统等，最后给出了一个如何设计日志系统的容量和对日志系统做性能评估的例子。

最后介绍了当前最流行的开源日志框架 ELK，也介绍了 Elasticsearch、Logstash 和 Kibana 的安装、配置和基本使用方法等，为读者构建大数据日志系统起到抛砖引玉的作用。

第 5 章
基于调用链的服务治理系统的设计与实现

第 4 章构建的大数据日志系统在微服务架构中通过监控和报警能够快速发现系统中的问题,但是由于微服务架构中系统众多,系统间的交互复杂,会产生海量的通信和日志,扁平化的日志管理和搜索系统虽然能够帮助开发、应急和运维人员发现问题,但是在紧急情况下难以帮助我们迅速定位和解决问题。

在微服务架构的生产实践中经常会有这样的案例:客户反馈问题,开发、应急和运维人员从入口服务 A 开始查起,确定服务 A 没有问题,然后将问题传递到服务 B,在服务 B 中进行排查,确定服务 B 没有问题,再传递到服务 C 中进行排查,以此类推。有时查询一个问题,会把微服务架构中的多个应用查询一遍,而有时出问题的系统恰恰是底层系统,在排查了多个不必要的系统后才能准确地定位问题。

在实施了微服务架构的系统中,如果没有 APM(应用性能管理)系统,也没有基于调用链的服务治理系统,则上面的案例会重复发生,这无疑浪费了开发、应急和运维人员的宝贵时间,间接增加了定位问题的成本,严重情况下还会因为错过解决用户问题的最佳时机,导致用户不满意,从而导致用户投诉,在金融行业内甚至会导致资金损失。

第 2 章介绍了保持系统最终一致性的定期校对模式，在该模式中需要在请求调用跨越的系统间执行校对操作。我们通过事后异步地批量校对，基于全局的唯一流水 ID 将一个请求在分布式系统中的流转路径聚合，然后使用调用过程中传递和保存的 SpanID 将聚合的请求路径通过树形结构进行展示，让开发、应急和运维人员轻松地发现系统出现的问题，并能够快速定位出现问题的服务节点，提高应急效率。

基于调用链的服务治理系统可以解决上面提到的问题，本章首先为读者介绍流行的开源 APM 系统和商业 APM 系统的背景和特点，然后学习谷歌 Dapper 论文中提到的调用链跟踪系统的原理，并提出实现调用链跟踪系统的方法论和最佳实践，能够帮助我们选择正确的 APM 系统或者自建调用链的服务治理系统，使服务系统更加健壮和稳定，让我们在微服务架构系统的线上应急和技术攻关中更加得心应手。

5.1 APM 系统简介

本节首先介绍主流的开源 APM 项目，然后介绍国内商业 APM 产品和它们各自的功能特点。

5.1.1 优秀的开源 APM 系统

本节介绍开源的 APM 系统的实现：Pinpoint、Zipkin 和 CAT。Pinpoint 在互联网公司里得到了广泛应用；Zipkin 是 Twitter 的一个开源项目，原本用于收集 Twitter 各个服务上的监控数据，并提供查询接口；CAT 是一款国产开源的 APM 系统，已被多家互联网公司在生产环境中进行部署和应用。

5.1.1.1 Pinpoint

Pinpoint 是基于 Java 语言编写的 APM 工具，用于大规模分布式服务化系统或者实施了微服务架构的系统。在谷歌的 Dapper 论文发布后，Pinpoint 提供了一个切实可行的解决方案，帮助开发人员分析系统的总体结构，以及分布式应用程序的组件之间是如何进行数据互联的。

Pinpoint 具有如下特性。

- 安装的采集端代理组件对原有的服务代码无侵入。
- 对性能的影响较小,只增加约 3%的资源利用率。
- 根据请求的流量自动生成微服务调用的拓扑结构。
- 通过可视化结构显示网络微服务调用的关系,下钻(指点击进入子页面)可显示该服务的详细信息页面。
- 实时监控活动线程,并通过图形的形式展示。
- 可视化地显示请求超时发生的位置,帮助快速定位问题。
- 可以收集和显示 CPU、内存、垃圾收集、请求吞吐量和 JVM 运行情况等。
- 使用异步线程推送和 UDP 协议减少对程序处理性能的影响。

5.1.1.2 Zipkin

Zipkin 是一个分布式服务的调用链跟踪系统,也是一个基于谷歌 Dapper 论文的开源实现。它能够收集服务调用的时序数据,解决在微服务架构中定位超时等性能问题。

它通过在应用程序中挂载字节码增强库来将实时数据汇报给 Zipkin,目前支持 Java、Go 和 Scala 等语言。Zipkin UI 可以通过图形的方式显示调用链中有多少请求经过系统的某一节点,并构造和显示系统的拓扑结构。如果在定位微服务系统间交互的超时问题,则可以根据服务节点、调用链长度、时间戳等信息过滤和查找想找到的调用链,一旦找到一个调用链,则能清晰地看到调用链是否有问题及问题在哪里。

5.1.1.3 CAT

CAT 是美团点评开源的一款实时的应用和性能监控系统,在美团内部发展迅速。它的系统原型和理念来源于 eBay 的 CAL 系统,并且增强了 CAL 系统的核心模型,添加了更丰富的报表功能,自 2014 年开源以来,在多家知名互联网公司的生产环境中得到了应用。

CAT 聚焦于对 Java 应用的全链路监控方面,目前支持各种中间件,例如:MVC 框架、RPC

服务平台、数据库访问、缓存访问等，可以实时处理有时间价值的日志数据，并全量采集应用产生的数据，具有高可用、容错性、高吞吐量和可横向扩展等特性。

这里需要注意，CAT 并不保证消息的可靠收集，它允许发送的消息丢失，这是在设计过程中对准确性与稳定性的一个权衡。CAT 服务端号称可以做到 4 个 9 的可靠性，可以满足大多数互联网公司对日志系统的稳定性需求。

5.1.2 国内商业 APM 产品的介绍

近些年 SOA 服务化和微服务架构得到了广泛发展，服务化的系统服务间调用都是通过网络来实现的，网络的不可靠性导致市场对 APM 系统有着强烈的需求，因此，提供 APM 解决方案的公司很多，并且各有千秋。本节介绍市场上流行的国内商业 APM 系统的提供商和其主流产品，以助于我们了解 APM 应该具有的功能和特点，进而做正确的技术选型决策。

5.1.2.1 听云

听云是北京基调网络股份有限公司旗下的 APM 品牌，针对不同的应用有不同类型的 APM 产品，包括听云 App、听云 Network、听云 Server、听云 Browser、听云 Sys 等，它们可以实现应用性能的全方位可视化，从 PC 端、浏览器端、移动客户端到服务端，可帮助用户监控及定位崩溃、卡顿、交互过慢、第三方 API 调用失败、数据库性能下降、CDN 质量差等复杂的性能问题。

其中，听云 Server 可以定位代码级性能问题，解决数据库性能差、应用程序访问慢、代码报错和 API 接口等性能问题。

5.1.2.2 博睿

北京博睿宏远数据科技股份有限公司是国内领先的应用数据服务提供商，其 APM 产品以业务透视服务端的应用管理，有能力进行全"业务链"应用性能监控与诊断，可全面掌握代码层、容器环境层、系统层等数据，适用于在分布式和负载均衡的复杂环境中串联业务应用调用关系，进行代码级问题诊断。

5.1.2.3 OneAPM

OneAPM，即北京蓝海讯通科技股份有限公司，是中国基础软件领域的新兴领军企业，专注于提供新一代 IT 运维管理软件和服务。

OneAPM 是全球首家可以同时从系统服务层、应用层、用户体验层、业务交互层提供性能管理服务的公司。经过 8 年的技术、产品积累与沉淀，已经能够提供本地化部署和 SaaS 部署模式，支持所有主流的编程语言和框架。目前，OneAPM 应用性能管理包括 Application Insight、Browser Insight、Mobile Insight、Cloud Test 等 4 个产品。

5.1.2.4 云智慧

云智慧（北京）科技有限公司是一家业务运维解决方案服务商，为企业提供以用户体验为核心、以业务增长为目标的全平台一体化业务运维服务，涵盖全栈性能监控、端到端应用性能管理、全链路性能压测、实时大数据可视化分析等服务，可持续提升业务运营和 IT 管理效率。其中透视宝是云智慧出品的一款 APM 产品，可以透视性能瓶颈，是一款面向业务系统的端到端一体化的应用性能管理平台。

5.2 调用链跟踪的原理

谷歌在 2010 年发布的 Dapper 论文中介绍了谷歌分布式系统跟踪的基础原理和架构，介绍了谷歌以低成本实现应用级透明的遍布多个服务的调用链跟踪系统的方法。

Dapper 开始仅仅是一个独立的调用链跟踪系统，后来逐渐演化为一个监控平台，并且在监控平台上孕育了许多工具。在一开始设计时，设计者并没有想到会发展出这些工具，后来一些基于 Dapper 的分析工具在谷歌内部得到推广和广泛使用。

本节讲述 Dapper 的工作原理和设计思想，以及 Dapper 如何解决微服务系统遇到的交互通信问题。

5.2.1 分布式系统的远程调用过程

典型的分布式系统的调用关系如图 5-1 所示,在用户的一个请求到达组合的前端服务后,前端服务会分发请求到内部的各个服务,每次调用都涉及跨系统的一次请求和一次响应,在有大规模、高并发请求量的系统中,我们如何标识这些请求及存储这些调用信息,并形成一个调用链呢?如果系统的某两个服务之间出现了问题,我们又如何提供可视化的方式展现调用链,并在调用链上标注产生问题的那条边呢?

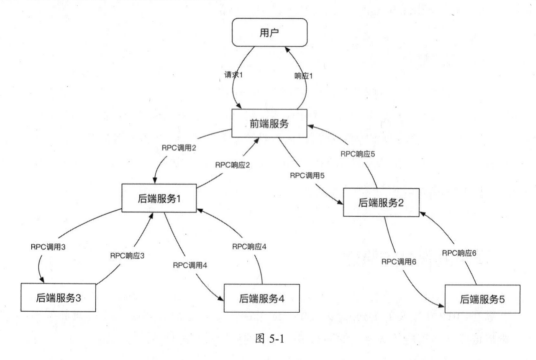

图 5-1

从图 5-1 可知,服务于一个用户请求的内部服务调用结构是一个树型结构,树节点是整个架构的基本单元,每个节点是一个独立的服务节点。在谷歌的 Dapper 论文中,每个节点都对应一个 Span,节点之间的连线表示 Span 和它的父 Span 之间的关系,具体表现为一次调用请求和响应的调用关系,后面我们把描述一次请求调用和响应组成的数据叫作调用信息。

现在我们重点关注两个服务之间的通信,如图 5-2 所示,两个服务之间有成千上万次通信,服务 1 与服务 2 进行交互时,会发送一个请求 1,并接收到一个响应 1,那么我们通过什么手段标识响应和请求是一对呢?

第 5 章 基于调用链的服务治理系统的设计与实现

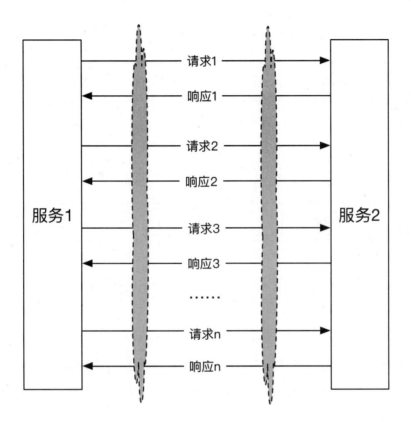

图 5-2

服务 2 也会接收到一个请求 1,并发送一个响应 1,我们又如何将这一对请求和响应与服务 1 的请求和响应联系在一起呢？曾经有人提出在底层网络的 TCP 上进行跟踪,然而由于网络协议的复杂性和多样性,最后被搁浅了。

谷歌的 Dapper 论文通过增加应用层的标记来对服务化中的请求和响应建立联系,例如:它通过 HTTP 协议头携带标记信息,标记信息包括标识调用链的唯一流水 ID,这里叫作 TraceID,以及标识调用层次和顺序的 SpanID 和 ParentSpanID。

现在详细讲解一次调用需要保存的调用信息,如图 5-3 所示。

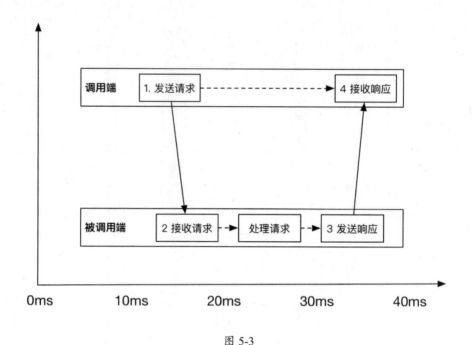

图 5-3

一次远程调用的过程可以分为 4 个阶段，每个阶段对应一种远程调用信息的类型。

- 调用端发送请求的调用信息。
- 被调用端接收请求的调用信息。
- 被调用端发送响应的调用信息。
- 调用端接收响应的调用信息。

上面每种类型的远程调用信息包含：调用端或者被调用端的 IP、系统 ID；本次请求的 TraceID、SpanID 和 ParentSpanID；时间戳、调用的方法名称及远程调用信息的类型，等等。

其中，远程调用信息的类型除了上面 4 个阶段对应的 4 种类型，在第 3 个阶段和第 4 个阶段又进一步分为成功响应和异常响应，我们也为主子线程间调用增加了一种调用信息类型。

我们为远程调用信息的类型定义的枚举类型如下。

- RPCPhase.P1：调用端发送请求的调用信息类型。
- RPCPhase.P2：被调用端接收请求的调用信息类型。

- RPCPhase.P3：被调用端发送响应成功的调用信息类型。
- RPCPhase.P4：调用端接收响应成功的调用信息类型。
- RPCPhase.E3：被调用端发送响应失败的调用信息类型。
- RPCPhase.E4：调用端接收响应失败的调用信息类型。
- RPCPhase.SIB：主子线程间传递调用信息类型。

后面我们会在一些示例伪代码中用到这些枚举值。

5.2.2 TraceID

如图 5-4 所示，我们在前端接收用户的请求后，会为用户的请求分配一个 TraceID，此例中 TraceID 为 0001，然后在内部服务调用时，会通过应用层的协议将 TraceID 传递到下层服务，直到整个调用链的每个节点都拥有了 TraceID，这样，在系统出现问题时，我们可以使用这个唯一的 TraceID 迅速找到系统间发生过的所有交互请求和响应，并定位问题发生的节点。

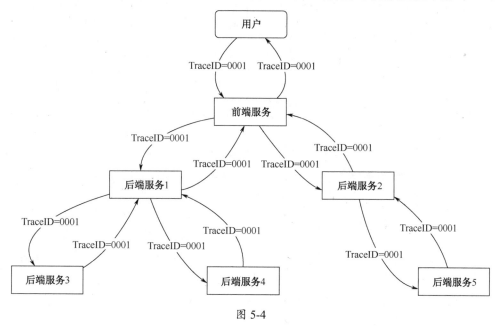

图 5-4

Vesta (http://vesta.cloudate.net/) 是一款原创的多场景的互联网发号器,此发号器可以作为全局唯一的流水号,也就是 TraceID。

5.2.3 SpanID

TraceID 解决了系统间调用关系的串联问题,对调用关系串联后,我们能够找到服务于一个用户请求的调用和响应消息的集合,这些集合里面的请求和响应都是为了同一次用户请求而服务的,但是我们无法标识和恢复这些请求和响应调用时的顺序和层级关系,例如,我们无法得知 RPC 调用 2 发生在 RPC 调用 3 之前,也无法得知前端服务调用了两个从前端服务看来是下层服务的后端服务 1 和后端服务 2,也就是说无法恢复调用的层级结构或者树形结构,如图 5-1 所示。

因此,我们需要附加的信息在系统之间的请求和响应消息中传递,它就是 SpanID,这里 SpanID 包含 SpanID 和 ParentSpanID,后续在没有明确说明的情况下,SpanID 也包含 ParentSpanID,如图 5-5 所示。

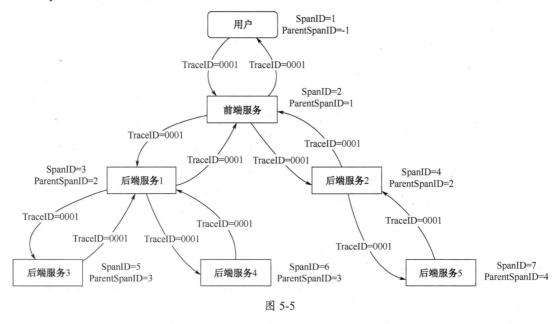

图 5-5

SpanID 和 ParentSpanID 组合在一起就可以表示一个树形的调用关系,一个 SpanID 和

ParentSpanID 记录了一次调用的节点信息。SpanID 表示当前为一个调用节点,ParentSpanID 表示这个调用节点的父节点,通过这两个数据,我们就可以恢复树形的调用链。

现在我们从时序的角度来看 SpanID 和 ParentSpanID 在调用链中携带的信息和含义,如图 5-6 所示。

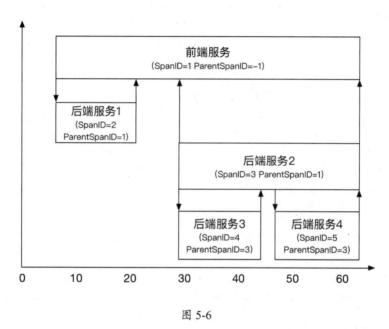

图 5-6

当系统出现故障时,我们需要为开发、应急和运维人员显示树形的调用链,只需以下 4 步即可。

(1)通过 TraceID 把一整条调用链的所有调用信息收集到一个集合中,包括请求和响应。

(2)通过 SpanID 和 ParentSpanID 恢复树形的调用树,ParentSpanID 为 -1 的节点为调用树的根节点,也是调用请求的源头请求。

(3)识别调用链中出错或者超时的节点,并且做出标记。

(4)把恢复的调用树和出错的节点信息通过某种图形显示到 UI 界面上。

SpanID 是一个 64 位的整型值,有多种策略产生 SpanID。

(1)使用随机数产生 SpanID,理论上随机数是有可能重复的,但是由于 64 位长整型值的取值范围为$[-2^{63}, 2^{63}-1]$,重复的可能性微乎其微,并且本地生成随机数的效率会高于其他方法。

（2）使用分布式的全局唯一的流水号生成方式，可参考互联网发号器 Vesta。

（3）每个 SpanID 包含所有父亲及前辈节点的 SpanID，使用圆点符号作为分隔符，不再需要 ParentSpanID 字段，如图 5-7 所示。这种方案实现起来简单，但是在某些场景下有一个致命的缺点，当一个请求的调用链有太多节点和层次时，SpanID 会携带太多的冗余信息，导致服务间调用的性能下降。

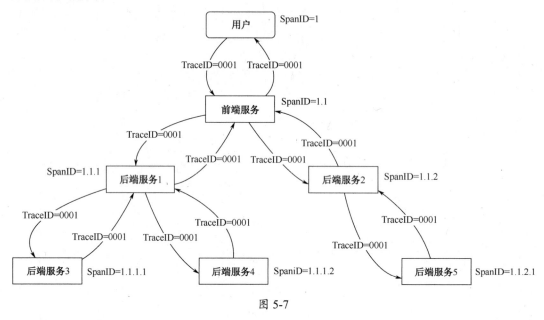

图 5-7

5.2.4 业务链

在生产实践中，由于业务流程的复杂性，一个业务流程的完成由用户的多次请求组成，这些请求之间是有关联的，我们在串联调用链之后，会根据业务的属性，将不同的调用链聚合在一起形成业务链，便于开发、应急和运维人员排查问题。

例如用户在电商平台下单后会进行支付，在支付后由于对货物不满意，会申请退款。要完成这样的整个业务流程至少需要（远远不止）3 次用户请求，这 3 次用户请求是通过业务系统的 ID 进行关联的，用户下单后会产生订单号，支付时会传入订单号，退款时也会传入原订单号来进行退款校验及获得退款信息。

我们需要在多次请求之间建立联系，可以通过业务系统的订单号来串联业务链，调用链是一个简单的树形结构，而业务链是一个森林结构，如图 5-8 所示。

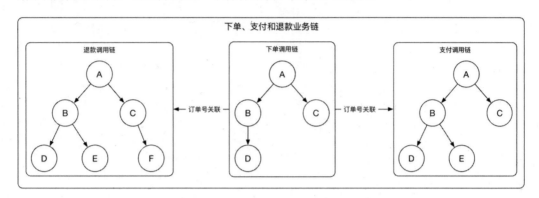

图 5-8

我们在恢复了下单、支付和退款调用链之后，通过业务的 ID 订单号将三个调用链关联在一起，这样开发、应急和运维人员可以以更高的视角来查看业务系统的运行状态，迅速定位某个用户的请求卡在了哪个链的哪个请求节点上，帮助业务人员和运营人员更好地了解产品的运行情况或者获得一些有价值的业务系统。

5.3 调用链跟踪系统的设计与实现

本节介绍笔者在互联网平台下建设调用链跟踪系统的多年设计经验和最佳实践。

5.3.1 整体架构

调用链跟踪系统通常由采集器、处理器和分布式存储系统组成，经过这几个模块处理后的调用数据会在调用链展示系统中对外提供查看和查询等功能，整体的调用链跟踪系统的通用实现架构如图 5-9 所示。

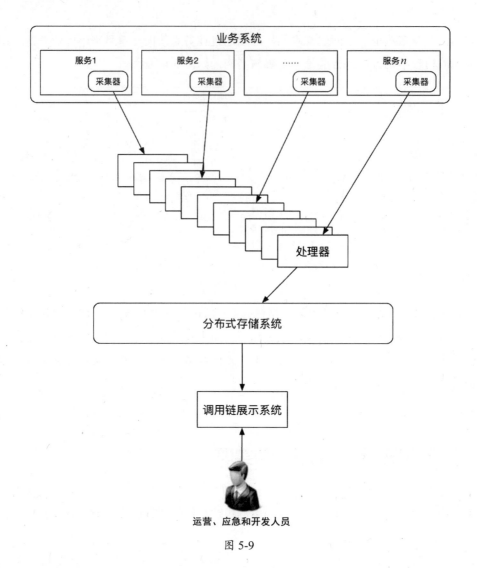

图 5-9

每个模块的功能职责如下。

- 采集器:负责把业务系统的远程服务调用信息从业务系统中传递给处理器。

- 处理器:负责从业务系统的采集器中接收服务调用信息并聚合调用链,将其存储在分布式数据存储中,以及对调用链进行分析,并输出给监控和报警系统。

- 分布式存储系统:存储海量的调用链数据,并支持灵活的查询和搜索功能。

- 调用链展示系统：支持查询调用链、业务链等功能。

5.3.2 TraceID 和 SpanID 在服务间的传递

调用链系统的输入是各个业务系统之间的远程服务调用产生的请求和响应信息，上一节介绍了如何设计服务调用的 TraceID 和 SpanID，以及如何使用这些基础调用数据恢复调用链，现在讲解在实现调用链的服务治理系统之前，如何在系统内和系统间传递和生成这些基础调用数据。

这里主要解决 Java 应用内传递、服务间传递、多线程间传递、应用与消息队列、缓存和数据库间传递 TraceID 和 SpanID 的问题，总体架构如图 5-10 所示。

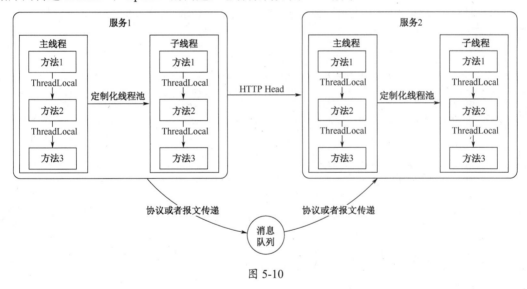

图 5-10

1. Java 进程内传递

在 Java 应用系统内部通常通过 ThreadLocal 来传递 TraceID 和 SpanID，这样在需要调用外部系统时，TraceID 和 SpanID 都是可以得到的。

2. 服务间传递

在服务与服务之间的通信里，我们需要在应用层的网络通信协议中传递 TraceID 和 SpanID。如果我们使用 RESTful 风格的 API 服务，则 HTTP 头是传递 TraceID 和 SpanID 的最佳位置；如果我们使用 RPC 远程调用，则通常需要在 RPC 的序列化协议上增加定制化的字段，将 TraceID 和 SpanID 从调用方传递给被调用方。

3. 主子线程间传递

在服务化架构里，为了缩短请求的响应时间，提升用户体验，我们通常把一些非核心链路上的逻辑抽象成异步处理，这通常会在异步线程中执行，如果我们想跟踪这部分调用链，则需要在创建新的线程或者子线程时，将 TraceID 和 SpanID 一并传递过去，并放在子线程的 ThreadLocal 中，我们可以把这个过程封装在一个可以独立使用的线程池的 AsyncThreadPoolExecutor 子类中，实现的伪代码如下：

```java
public class AsyncThreadPoolExecutor extends ThreadPoolExecutor {
    public AsyncThreadPoolExecutor(int corePoolSize, int maximumPoolSize, long keepAliveTime, TimeUnit unit, BlockingQueue<Runnable> workQueue, RejectedExecutionHandler handler) {
        super(corePoolSize, maximumPoolSize, keepAliveTime, unit, workQueue, handler);
    }
    public AsyncThreadPoolExecutor(int corePoolSize, int maximumPoolSize, long keepAliveTime, TimeUnit unit, BlockingQueue<Runnable> workQueue, ThreadFactory threadFactory, RejectedExecutionHandler handler) {
        super(corePoolSize, maximumPoolSize, keepAliveTime, unit, workQueue, threadFactory, handler);
    }
    public AsyncThreadPoolExecutor(int corePoolSize, int maximumPoolSize, long keepAliveTime, TimeUnit unit, BlockingQueue<Runnable> workQueue, ThreadFactory threadFactory) {
        super(corePoolSize, maximumPoolSize, keepAliveTime, unit, workQueue, threadFactory);
    }
    public AsyncThreadPoolExecutor(int corePoolSize, int maximumPoolSize, long keepAliveTime, TimeUnit unit, BlockingQueue<Runnable> workQueue) {
        super(corePoolSize, maximumPoolSize, keepAliveTime, unit, workQueue);
    }

    @Override
    public void execute(Runnable runnable) {
        AsyncTaskHolder asyncTaskHolder = new AsyncTaskHolder(runnable);
```

```
        try {
            // 首先处理 TraceID 和 SpanID
            asyncTaskHolder.beforeInvoke();
        } catch(Throwable t) {
            // 打印异常日志, 吃掉异常, 不能让新增功能影响原有功能
        }
        super.execute(asyncTaskHolder);
    }
}
```

其中,定制化的线程池 AsyncThreadPoolExecutor 类使用的 AsyncTaskHolder 类的实现伪代码如下:

```
public abstract class AsyncTaskHolder {
    // 用于发送调用信息的 Kafka 客户端
    private CallInfoSender callInfoSender = new CallInfoKafkaSender(...);
    // 当前线程的 TraceID、SpanID 和 parentSpanID
    private long traceID = -1;
    private long spanID = -1;
    private long parentSpanID = -1;
    // 临时保存前面线程的 TraceID 和 SpanID
    private long prevTraceID = -1;
    private long prevSpanID = -1;
    private long prevParentSpanID = -1;
    // 原生异步线程任务
    private volatile Runnable task;
    public AsyncTaskHolder(Runnable runnable) {
        this.task = runnable;
    }
    @Override
    final public void run() {
        try {
            // 进入异步线程处理, 将 SpanID 进一步传递下去, 并保存原来的 SpanID
            beforeRun();
        } catch (Throwable t) {
            // 打印异常日志, 吃掉异常, 不能让新增功能影响原有功能
        }
        try {
            task.run();
        } finally {
            try {
                // 退出异步线程处理, 恢复原来的 SpanID
                afterRun();
            } catch (Throwable t) {
                // 打印异常日志, 吃掉异常, 不能让新增功能影响原有功能
            }
        }
```

```
    }
    public void beforeSubmit() {
// 将当前线程的TraceID、SpanID和parentSpanID传递给即将要执行的任务对象
        traceID = getTraceID();
        spanID = getSpanID();
        parentSpanID = getParentSpanID();
    }
    public void beforeRun() {
        // 在子线程执行任务前，在任务对象中保存父线程的TraceID、SpanID和parentSpanID
        prevTraceID = traceID;
        prevSpanID = spanID;
        prevParentSpanID = parentSpanID;
        // 在子线程执行任务前，生成新的TraceID、SpanID和parentSpanID，其中traceID不
变，parentSpanID为父线程的spanID，生成新的spanID
        setTraceID(traceID);
        setSpanID(getNewSpanID(spanID));
        setParentSpanID(spanID);
        long ip = getHostIp();
        callInfoSender.send(Thread.currentThread().getId(), RPCPhase.SIB,
traceID, SpanID, parentSpanID, ip);
    }
    public void afterRun() {
        traceID = prevTraceID;
        spanID = prevSpanID;
        parentSpanID = prevParentSpanID;
    }
    public Runnable getTask() {
        return task;
    }
    public void setTask(Runnable task) {
        this.task = task;
    }
}
```

4. 消息队列的传递

为了让系统之间最大化地解耦或者对突发流量进行消峰处理，通常我们会使用消息列队，但之后就无法对调用流程进行调用链的跟踪了，我们需要一种方案弥补这种缺陷。

调用链跟踪消息队列的实现通常有以下3种方法。

- 通过更改消息列队实现的底层协议，将TraceID和SpanID在底层透明地传递，这样就不需要应用层有感知，但是更改底层消息队列协议的实现复杂、消息队列产品多样化，

这种方案不太容易实施。
- 在应用层的报文上增加附加字段，应用层在发送消息时，手工将 TraceID 和 SpanID 通过报文传递，这种方案侵入了业务系统，但是实现起来比较简单、快捷。
- 在第 2 种方法的基础上，可以在消息队列客户端的库上做定制化，在每次发送消息时将 TraceID 和 SpanID 增加到消息报文中，在消息队列的处理机的库中先对报文进行解析，再将业务报文传递给应用层处理，这样既不用更改底层协议，也不用开发者在写业务逻辑代码时，手工赋值这两个字段，避免了由于人为疏忽造成 TraceID 和 SpanID 的缺失。

5. 缓存、数据库访问

任何应用系统都会在数据库中将数据落地，也经常在缓存中缓存不变的热数据，经常为了缩短应用的响应时间，来测量应用访问缓存和数据库的速度。作为调用链中非常重要的部分，我们需要对数据库和缓存的访问进行跟踪，如下所述。

- 对缓存和数据库服务进行二次开发，通常改造缓存和数据库服务与其客户端库的网络通信协议，将 TraceID 和 SpanID 通过网络通信协议进行透明地传输，但是这种方案的技术难度较大、风险较高，适合具有较高技术实力的团队。
- 封装缓存、数据库的客户端，将 TraceID 和 SpanID 与访问的数据进行关联，这种方案实现简单、使用方便，对业务代码无侵入。

5.3.3 采集器的设计与实现

到现在为止，我们在系统的服务之间传递了 TraceID 和 SpanID，并且了解了 Dapper 串联调用链的原理，我们从逻辑上可以恢复调用链，现在的问题是如何把调用信息从业务服务系统中传递出来。

本节介绍如何设计采集器，通过它从业务应用系统中把 TraceID 和 SpanID 传输到调用链的处理器上。采集器的职责就是解决采集 TraceID 和 SpanID 数据及推送数据的问题。

5.3.3.1 采集器的实现方法

对 Java 应用系统的采集一般有 4 种方法：应用层主动推送、AOP 推送、JavaAgent 字节码增强和大数据日志推送。

1. 应用层主动推送

在这种方式下，应用层通过编写代码的方式，把相关数据推送到调用链处理器，这种方式实现简单、快速，是理想的短期解决方案，缺点是侵入了业务代码，会给将来的变更和重构带来很大的麻烦。

2. AOP 推送

这种方法在应用的业务层代码中使用 AOP 拦截目标服务调用，把请求和响应的调用信息收集后，推送到调用链处理器。这种方法虽然侵入了业务代码，但是只需要开发 AOP 切面拦截类，并将 AOP 拦截类注入业务代码的 Spring 配置环境中，这里 AOP 功能独立、可升级，使用起来比较方便，耦合并不严重，是一种比较可行的方案。

笔者所在的支付平台在构建调用链跟踪系统时，为了快速上线，使用 AOP 拦截目标服务调用的 Spring 配置示例如下：

```xml
<?xml version="1.0" encoding="UTF-8"?>
<beans>
    <!--配置切面,拦截所有RPC包下的远程服务的实现类的所有方法-->
    <aop:config>
        <aop:aspect id="remoteServiceAspect" ref="remoteServiceAspectHandler">
            <aop:pointcut id="remoteServicePointcut" expression="execution(* com.robert..rpc.service.impl..*.*(..))"/>
            <aop:around pointcut-ref="remoteServicePointcut" method="doAround"/>
        </aop:aspect>
    </aop:config>
    <!--使用Kafka消息发送客户端配置拦截处理器-->
    <bean id="remoteServiceAspectHandler" class="com.robert.collector.aop.RemoteServiceAspectHandler">
        <property name="callInfoSender" ref="callInfoKafkaSender"/>
    </bean>
</beans>
</xml>
```

其中拦截处理器 com.robert.collector.aop.RemoteServiceAspectHandler 的实现逻辑为：

```java
package com.robert.collector.aop;
public class RemoteServiceAspectHandler {
    // 构建推送调用信息的 Kafka 客户端
    private CallInfoSender callInfoSender = new CallInfoKafkaSender(...);
    ......
    public Object doAround(ProceedingJoinPoint joinPoint) throws Throwable {
        Object result = null;
        Throwable tResult = null;
        String requestSpanId = null, responseSpanId = null;
        try {
            // 从 ThreadLocal 里获取 TraceID、SpanID 和 ParentSpanID，以及本地 IP 和方法签名
            long traceID = getTraceID();
            long spanID = getSpanID();
            long parentSpanD = getParentSpanID();
            long ip = getHostIp();
            MethodSignature signature = (MethodSignature) joinPoint.getSignature()
            // 发送被调用端接收请求的调用信息
            callInfoSender.send(signature, RPCPhase.P3, traceID, SpanID, parentSpanID, ip);
            result = joinPoint.proceed();
            // 发送被调用端发送响应的调用信息
            callInfoSender.send(signature, RPCPhase.P4, traceID, SpanID, parentSpanID, ip);
        } catch (Throwable t) {
            // 发送被调用端处理出错的调用信息
            callInfoSender.send(signature, RPCPhase.E3, traceID, SpanID, parentSpanID, ip);
            throw t;
        }
    }
    ......
}
```

3. JavaAgent 字节码增强

JavaAgent 是 JDK5 的新特性，开发者可以构建一个独立于应用程序的代理程序，用来监测和协助运行在 JVM 上的程序，甚至能够替换和修改某些类的定义，增加定制化的监控代码，实现更为灵活的运行时虚拟机监控和 Java 字节码操作，这样的特性实际上提供了一种虚拟机级别支持的 AOP 实现方式。

它把 JDK 提供的 API java.lang.Instrument 的功能从本地代码中解放出来，把开发的代理单独打包，并在 Java 进程启动时通过参数挂载，使之可以用编写 Java 代理的方式来监控和控制虚拟机的行为，并在字节码级别上增加拦截器，实现定制化的切面功能。

对于我们正在学习的调用链跟踪系统，我们完全可以开发一套定制化的 JavaAgent 代理程序，利用 JDK 提供的 java.lang.Instrument API 对加载的类进行过滤，找到我们需要增强的目标服务实现类，在相应的方法上增加 AOP 切面，把服务调用的发送信息和接收信息进行拦截和收集，并发送到调用链处理器上。

这样的好处是完全不会侵入业务系统的代码，便于以后对程序进行优化和重构等，最小化对业务代码的影响。

4. 代理推送

这种方式与第 4 章对大数据日志系统的建设方式类似，日志文件通过应用程序打印相关调用日志，然后随着日志一起推送到日志中心，再从日志中心提取相关的调用日志，组成调用链。

将日志推送到大数据日志中心一般采用 Fluentd、Flume、Scrib、Logstash 等框架来实现，相关方法请参考第 4 章。

5.3.3.2 推送的实现方法

采集器采集的数据需要从业务服务的线程推送到调用链的处理器上，在推送过程中，我们必须保证不能影响业务系统的正常运行，一般有以下两种典型的实现方法。

1. Kafka 消息队列

Kafka 利用操作系统的缓存特性实现了具有较高吞吐量的消息队列，适合处理大规模的日志数据，在普通的 PC 机上一个 Kafka 节点处理消息的能力为几万到几十万吞吐量，并且 Kafka 天生是持久并可伸缩的。

在采集器和处理器中间增加了 Kafka 消息队列，对于高峰时的日志处理起到了有效的消峰作用，可以把产生的大量日志缓冲到 Kafka 消息队列的 Broker 服务器上，处理器可以后续慢慢处理，不影响业务的正常执行。

使用 Kafka 推送日志的架构如图 5-11 所示。

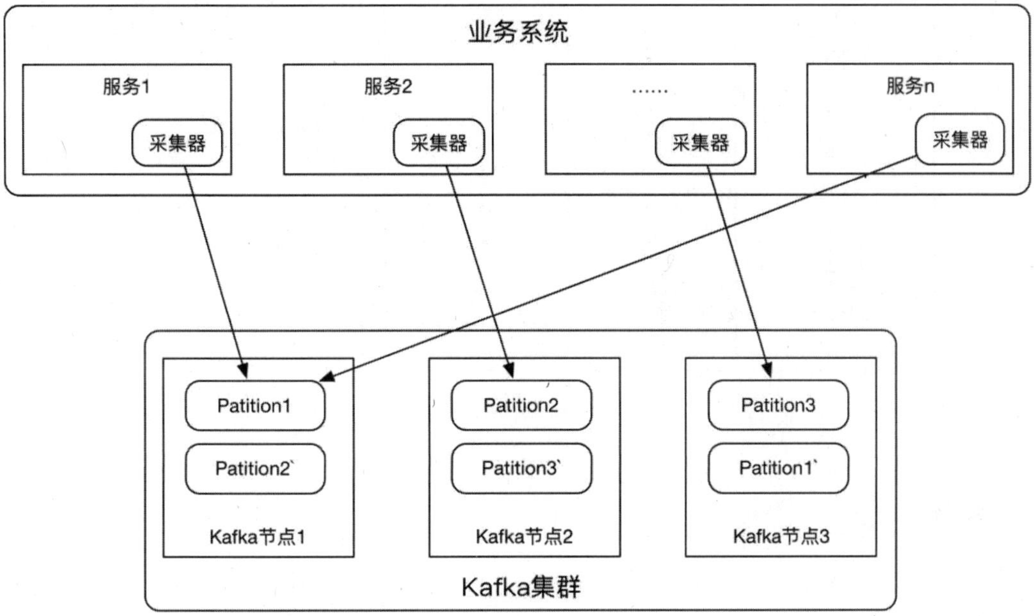

图 5-11

在使用 Kafka 接收日志的架构中由于日志量级较大，我们必须得提前计算日志的数据量及每秒产生日志的峰值，然后计算出需要多少个 Kakfa 节点，具体请参考 3.4 节和 4.3.8 节。

2. UDP 推送

另一种实现推送调用信息的方式是利用 UDP（User Datagram Protocol，用户数据报协议）。UDP 是网络参考模型中一种无连接的传输层协议，提供简单、不可靠的信息传送服务，由于其无连接的特点，UDP 传输数据的效率比 TCP 或者任何上层协议的效率都要高得多。

不管采用上面的 Kafka 消息队列还是 UDP 推送，我们都不能从业务线程中直接发送数据，这样一旦收集器出现了问题，就会影响业务流程。因此，我们通常会用异步线程池发送调用信息，异步线程池与业务线程之间必须采用有界队列，防止收集器出现问题，出现数据积压后导致应用内存耗光而产生 OutOfMemoryError 的问题，如图 5-12 所示。

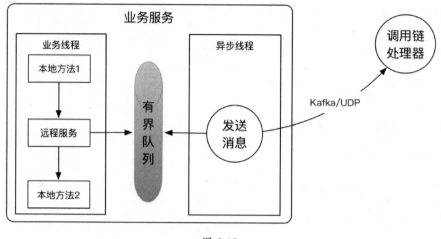

图 5-12

5.3.4 处理器的设计与实现

通过 Kafka 消息队列或者 UDP 协议，调用信息从业务服务系统传递到调用链处理器，调用链处理器对调用信息进行组合和聚合，并进行一定的附加处理，然后存储到大数据存储系统中，或者通过 Spark 等流式处理后发送给监控和报警系统。

5.3.4.1 处理器的处理逻辑

收集端的处理器需要对收集的信息进行处理，通常我们会使用 Java 开发一个处理器，对从 UDP 或者 Kafka 消息队列消费得到的日志进行聚合，然后存入调用链的大数据存储系统中。

一般在生产实践过程中，我们在处理器中除了要对调用链进行聚合，还需要从调用链中发现调用的问题，例如：抛异常、超时、服务响应时间过长等。这时我们需要使用类似 Storm、Spark 等流式计算系统对恢复的调用链进行分析，然后发送给报警和监控系统。

采集器和处理器之间使用消息队列传递调用信息的架构如图 5-13 所示。

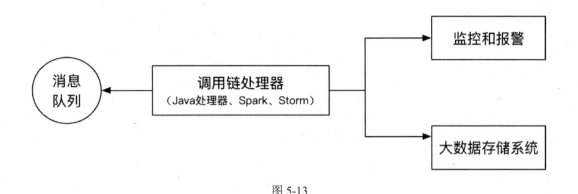

图 5-13

5.3.4.2 调用链的大数据存储系统

一条调用链包含一个用户请求在服务化架构中的多次调用信息，每个调用信息分成 4 个阶段，每个阶段都有不同类型的信息进行存储。一般来说一个调用信息包含 4 个类型的具体信息，一个中型公司线上服务的请求每天可以达到上千万或者上亿级别，因此为了存储这么大的调用链数据，我们需要使用大数据存储技术。由于调用链本身是一个树形结构，而且没有固定的模式，数据量和消息数量也不固定，因此，HBase 是比较合适的存储系统，另外，基于 HBase 的 TSDB 也适合存储基于时序的数据。

因为 HBase 支持海量数据的可靠存储，并且具有较快的写入速度，基于列式的存储使存储更自由和灵活，所以我们以 HBase 作为调用链的数据存储示例，设计存储的数据结构为宽表，宽表的设计如表 5-1 所示。

表 5-1

RowKey	列簇	基本信息列簇		调用消息列簇			
TraceID	列名	类型	状态	SpanID	SpanID	SpanID	……
TraceID 值	列值	类型值	状态值	调用信息值	调用信息值	调用信息值	……

我们使用 TraceID 作为 RowKey，设计了两个列簇：基本信息列簇和调用消息列簇，基本信息列簇用来存储调用链的基本信息，包括调用链的类型和状态等；调用消息列簇存储的是调用链中每次调用的消息数据。列簇中的每一列是一次远程调用的每个阶段的信息，我们为每个阶段做一个编号，如表 5-2 所示。

表 5-2

编 号	远程调用的阶段
类型编号 1	调用端发送请求的调用信息
类型编号 2	被调用端接收请求的调用信息
类型编号 3	被调用端发送响应的调用信息
类型编号 4	调用端接收响应的调用信息

根据上面设计的数据存储结构，表 5-3 是有两个调用链的一个实例，每个调用链表示一次远程调用，第 1 个调用链包含了一次完整的远程调用，第 2 个调用链包含一个正在处理的调用链，这表明类型编号 4 的调用信息还未收到并被处理，如果很久没有收到这条调用信息，则处理器会标记这条调用超时。

表 5-3

TraceID	类型	状态	SpanID=1，类型编号 1	SpanID=1，类型编号 2	SpanID=1，类型编号 3	SpanID=1，类型编号 4	SpanID=2，类型编号 1	SpanID=2，类型编号 2	SpanID=2，类型编号 3
0001	交易	成功	调用信息 1	调用信息 2	调用信息 3	调用信息 4			
0002	支付	处理中					调用信息 5	调用信息 6	调用信息 7

另外，在 5.2.4 节中提到，在一个业务系统中我们不但要串联调用链，还要串联业务链，业务链是通过业务系统的 ID 对不同的用户请求进行串联的，因此，我们需要把调用链的 TraceID 和业务系统的业务 ID 进行关联。我们增加如下两个 HBase 表，如表 5-4 和表 5-5 所示。

表 5-4 存储调用链的 TraceID 与各个业务系统的业务 ID 的关系，也是一个宽表，用于从调用链的 TraceID 中找到所有业务系统的 ID。

表 5-4

RowKey	列 簇	业务 ID 列簇					
TraceID	列名	系统 ID	系统 ID	系统 ID	系统 ID	系统 ID	系统 ID
TraceID 值	列值	业务 ID 值	业务 ID 值	业务 ID 值	业务 ID 值	业务 ID 值	业务 ID 值

假设我们有一个调用链，其中 TraceID 为 0001，并需要了解 TraceID 在交易系统、支付系统、商户系统的业务 ID，则我们需要进行查询，如表 5-5 所示。

表 5-5

TraceID	交易系统 ID	支付系统 ID	商户系统 ID
0001	1	2	3
0002	4	5	6
0003	7	8	9

另外，表 5-6 存储了业务系统的业务 ID 到调用链的 TraceID 的关系，这里的设计是个高表，用于通过业务系统的 ID 确定在某个业务系统中调用链的 TraceID。

表 5-6

RowKey	列　簇	TraceID
业务 ID、系统 ID	列名	TraceID
业务 ID 值、系统 ID 值	列值	TraceID 值

假设我们有一个交易系统，交易系统中的某个订单出现了问题，业务系统的运营只能为开发、应急或者运维人员提供订单号，则我们需要使用订单号查询到相应的 TraceID，然后通过调用链的恢复找到问题的所在，我们可以从表 5-7 中查到。

表 5-7

业务 ID、系统 ID	TraceID
OrderNo=1、SystemID=交易系统	0001
OrderNo=2、SystemID=交易系统	0002
OrderNo=3、SystemID=支付系统	0001

表 5-7 中第 1 行和第 3 行有相同的 TraceID，但是表示交易系统和支付系统中两个不同的订单号。

5.3.5　调用链系统的展示

调用链系统也可以帮助运营人员了解系统或者定位问题，因此，我们要开发一套调用链展示系统。在笔者所在的第三方支付平台上，我们把调用链展示系统集成在公司内部的运营管理后台项目中，然而，不管是在哪里显示请求的调用链，对于任何客户投诉，我们只需要在调用链系统中使用业务系统的业务 ID 即可查询到调用链，并直观地看到调用链中出现问题的节点。在图 5-14 中，我们看到在 RPC 响应 4 旁边标注了叉号，表示出现了异常，在 RPC 调用 2 旁边显示了感叹号,表示出现了调用超时。

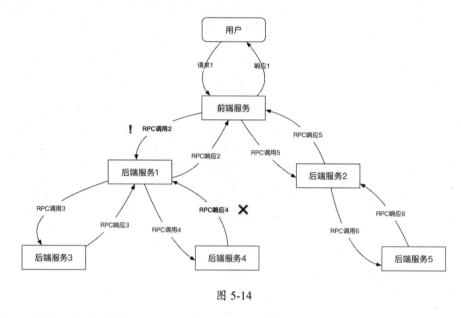

图 5-14

图 5-14 只是一个概念图,对于怎么更好地显示调用链,以及如何提示调用链上的错误,我们把这些事情交给专业的前端设计师来处理。笔者所在的支付平台的调用链系统的展示使用百度的 ECharts 实现,ECharts 不但图标样式多样而且使用简单、方便,比较适合我们的需求。

5.4 本章小结

随着 SOA 服务化和微服务架构在互联网公司的广泛应用,互联网公司里的系统越来越复杂,复杂的系统会有各种各样的问题产生。

APM 系统的核心功能——调用链跟踪系统的建设,能够帮助我们更好地治理线上服务,并解决生产环境中每天都重复发生的问题。

本章从介绍开源的 APM 项目及市场上流行的商业 APM 产品开始,介绍了 APM 的功能和特性;然后重点讲述了谷歌的 Dapper 论文提到的调用链跟踪原理,并讲解了业务链实现的原理;最后,基于调用链跟踪的原理,总结了实现调用链系统的通用架构、方法论及最佳实践。

第 6 章
Java 服务的线上应急和技术攻关

电影《深海浩劫》里讲述了石油公司为了赶进度和工期，不按照既定流程和规范进行生产作业，对已经发现的问题视而不见，最终导致了海上油井爆炸，酿成了多人死亡的严重事故。

地震是由不可抗力导致的，而事故与之不同，任何大的生产事故在发生之前都有迹可循，而且事故的发生并不是偶然的，我们应该善于从现象中总结规律，找到发现、止损和避免的方法。

6.1 海恩法则和墨菲定律

飞机的涡轮机发明者帕布斯·海恩提出了一个在航空界关于安全飞行的法则，近年来，越来越多的互联网行业开始引用这个法则，这是因为多数互联网企业从事对海量用户产品的运维和运营，对线上产品的可用性要求较高，对宕机时间比较敏感。可用性要求高则"5 个 9"，低则"3 个 9"的指标，让互联网产品的重要性不亚于一个海上油井，如果高频交易系统等宕机几分钟，那么给互联网企业带来的损失可能高达数亿美元。

海恩法则的定义如下：

每一起严重事故的背后，必然有 29 次轻微事故和 300 起未遂先兆及 1000 起事故隐患。

该法则强调如下两点。

- 事故的发生是量的积累的结果。

- 再好的技术、再完美的规章，在实际操作层面也无法取代人自身的素质和责任心。

根据海恩法则，一起重大事故发生后，我们在处理事故和解决问题的同时，还要及时对同类问题的"事故征兆"和"事故苗头"进行排查处理，以防止类似问题的重复发生，把问题解决在萌芽状态，这完全可以作为互联网企业线上应急的指导思想。在线上应急的过程中，不但要定位和解决问题，还要发现问题的根源，并找到发生事故之前的各种征兆，对征兆进行排查和分析，并做相应的报警处理。

另外，根据海恩法则强调的第 2 点，在互联网的巨大生产线上，虽然运维团队已经为开发人员建立了完善的应急和监控基础设施，但完善、通用的平台都是为 80%的通用需求服务的，对于 20%的特殊需要和问题仍然需要专家来解决，因此，作为互联网架构师或者技术专家，我们都要对自己的线上服务了如指掌，并需要先进和有效的工具来支撑。

美国爱德华兹空军基地的上尉工程师爱德华·墨菲曾提出了墨菲定律：

如果有两种或两种以上方式去做某件事情，而选择其中一种方式将导致灾难，则必定有人会做出这种选择。

墨菲定律强调以下几点。

- 任何事情都没有表面看起来那么简单。

- 所有事情的发展都会比你预计的时间长。

- 会出错的事总会出错。

- 如果你担心某种情况发生，那么它更有可能发生。

墨菲定律实际上是个心理学效应，如果你担心某种情况会发生，那么它更有可能发生，久而久之就一定会发生。这警示我们，在互联网公司里，对生产环境发生的任何怪异现象和问题都不要轻易忽视，对于其背后的原因一定要彻查。同样，海恩法则也强调任何严重事故的背后都是多次小问题的积累，积累到一定的量级后会导致质变，严重的问题就会浮出水面。

那么，我们需要对线上服务产生的任何征兆，哪怕是一个小问题，也要刨根问底，这就需要我们有技术攻关的能力，对任何现象都要秉着"为什么发生？发生了怎么应对？怎么恢复？怎么避免？"的原则，对问题要彻查，不能因为问题的现象不明显而忽略。

6.2 线上应急的目标、原则和方法

我们对互联网高并发的线上服务的管理和治理一刻都不能松懈，微服务架构要求我们对自己开发的产品要负责运维和运营，因为生产环境的每一分钟宕机都会导致巨大的损失。因此，在互联网环境下，每个公司都会建立相应的应急和监控团队，负责监控基础设施的开发和维护，并在生产环境出现问题时组织应急小组展开行动。

根据笔者在互联网公司里积累的应急经验，笔者在这里对应急目标、原则、方法和过程进行总结。

6.2.1 应急目标

行动的方向在关键时刻一定要正确，在应急过程中不能偏离目标：

在生产环境发生故障时快速恢复服务，避免或减少故障造成的损失，避免或减少故障对客户的影响。

6.2.2 应急原则

对应急原则总结如下。

- 应第一时间恢复系统而不是彻底解决问题，快速止损。
- 有明显的资金损失时，要在第一时间升级，快速止损。
- 应急指挥要围绕目标，快速启动应急过程和快速决策止损方案。
- 当前应急责任人如果在短时间内不能解决问题，则必须进行升级处理。
- 应急过程中在不影响用户体验的前提下，要保留部分现场和数据。

6.2.3 线上应急的方法和流程

线上应急必须有组织、有计划、有条不紊地进行，该做决策的时候要毫不犹豫地做决策，该升级的时候要果断。

线上应急一般分为 6 个阶段：发现问题、定位问题、解决问题、消除影响、回顾问题、避免措施。

在应急过程中要记住，应急只有一个总体目标：尽快恢复问题，消除影响。不管处于应急的哪个阶段，我们首先必须想到的是恢复问题，恢复问题不一定能够定位问题，也不一定有完美的解决方案，也许是通过经验判断，也许是预设开关等，但都可能让我们达到快速恢复的目的，然后保留部分现场，再去定位问题、解决问题和复盘。

应急的整体流程如图 6-1 所示。

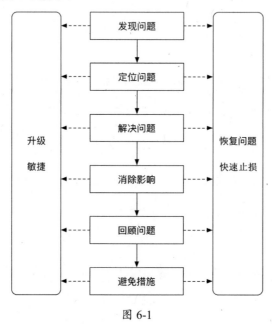

图 6-1

1. 发现问题

发现问题时通常通过自动化的监控和报警系统来实现，在第 4 章中已经介绍了在互联网企业里如何搭建一个完善、有效的日志中心、监控和报警系统。

通常我们会对系统层面、应用层面和数据库层面进行监控。

对系统层面的监控包括对系统的 CPU 利用率、系统负载、内存使用情况、网络 I/O 负载、磁盘负载、I/O 等待、交换区的使用、线程数及打开的文件句柄数等进行监控，一旦超出阈值，就需要报警。

对应用层面的监控包括对服务接口的响应时间、吞吐量、调用频次、接口成功率及接口的波动率等进行监控。

对资源层的监控包括对数据库、缓存和消息队列的监控。我们通常会对数据库的负载、慢 SQL、连接数等进行监控；对缓存的连接数、占用内存、吞吐量、响应时间等进行监控；以及对消息队列的响应时间、吞吐量、负载、积压情况等进行监控。

2. 定位问题

定位问题时，首先要根据经验来分析，如果应急团队中有人对相应的问题有经验，并确定能够通过某种手段进行恢复，则应该第一时间恢复，同时保留现场，然后定位问题。

在应急人员定位过程中需要与业务负责人、技术负责人、核心技术开发人员、技术专家、架构师、运营和运维人员一起，对产生问题的原因进行快速分析。

在分析过程中要先考虑系统最近发生的变化，需要考虑如下问题。

- 问题系统最近是否进行了上线？
- 依赖的基础平台和资源是否进行了上线或者升级？
- 依赖的系统最近是否进行了上线？
- 运营是否在系统里面做过运营变更？
- 网络是否有波动？
- 最近的业务是否上量？
- 服务的使用方是否有促销活动？

根据这些问题，我们可以使用第 4 章及本章后面介绍的各种日志工具、应急工具和命令脚本等来速查问题产生的原因。

3. 解决问题

解决问题的阶段有时在应急处理中，有时在应急处理后。在理想情况下，每个系统会对各种严重情况设计止损和降级开关，因此，在发生严重问题时先使用止损策略，在恢复问题后再定位和解决问题。

解决问题要以定位问题为基础，必须清晰地定位问题产生的根本原因，再提出解决问题的有效方案，切记在没有明确原因之前，不要使用各种可能的方法来尝试修复问题，这样可能还没有解决这个问题又引出另一个问题，想想本章开头提到的墨菲定律和海恩法则。

4. 消除影响

在解决问题时，某个问题可能还没被解决就已恢复，无论在哪种情况下都需要消除问题产生的影响。

- 技术人员在应急过程中对系统做的临时性改变，后证明是无效的，则要尝试恢复到原来的状态。

- 技术人员在应急过程中对系统进行的降级开关的操作，在事后需要恢复。

- 运营人员在应急过程中对系统做的特殊设置如某些流量路由的开关，需要恢复。

- 对使用方或者用户造成的问题，尽量采取补偿的策略进行修复，在极端情况下需要一一核实。

- 对外由专门的客服团队整理话术统一对外宣布发生故障的原因并安抚用户，话术尽量贴近客观事实，并从用户的角度出发。

5. 回顾问题

消除问题后，需要应急团队与相关方回顾事故产生的原因、应急过程的合理性，对梳理出来的问题提出整改措施，主要聚焦于如下几个问题。

- 类似的问题还有哪些没有想到？

- 做了哪些事情，这个事故就不会发生？

- 做了哪些事情，这个事故即使发生了，也不会产生损失？
- 做了哪些事情，这个事故即使发生了，也不会产生这么大的损失？

当然，回顾事故的目的是不再犯类似的错误，而不是惩罚当事人。

6. 避免措施

根据回顾问题时提出的改进方案和避免措施，我们必须以正式的项目管理方式进行统一管理。如果有项目经理的角色，则将避免措施和改进措施一并交给项目经理去跟进；如果没有，则请建立一个改进措施和避免措施的跟进方案和机制，否则，久而久之，问题就被忽略了。

6.3 技术攻关的方法论

6.2 节介绍了线上应急的最佳实践，有线上应急就有技术攻关，这两个主题是相辅相成的，有时技术攻关是线上应急对某个领域问题的延续。

技术攻关的流程如图 6-2 所示。

技术攻关的目标是解决问题，因此首先要从问题发生的环境和背景入手，首先考虑下面几个问题。

- 最近是否有变更、升级和上线？
- 之前是否遇到过相同或者类似的问题？
- 是否有相关领域的专家？例如：安全、性能、数据库、大数据和业务等领域的专家。

第 1 个问题很重要，在笔者所构建的支付平台上，在上线过程中导致的问题占所有线上问题的 30%以上。因此，如果因为上线而导致出现问题，则请在第一时间回滚。必须建立上线流程和上线评审机制，每一次上线都需要有快速回滚方案。

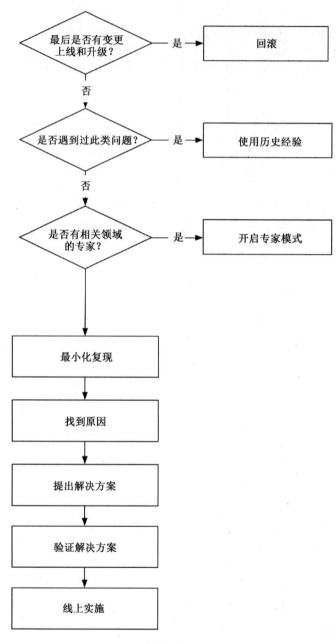

图 6-2

对于第 2 个问题，根据经验判断以前是否遇到过相同或者类似的问题，如果有解决类似问题的经验，那么可以快速地使用历史经验解决问题。

对于第 3 个问题，我们需要先判断这个问题是否是某个领域的深层次问题，比如被攻击、性能扛不住或者数据库频繁报警等，如果是这类问题，则我们要先求助于相关领域的专家，因为专家在这方面积累了更多的经验，或者更深入地了解这方面的细节，或许可以快速解决问题。

如果通过上面的思路还没有解决问题，那么一次真正的技术攻关就开始了。

首先，对于任何问题，我们必须收集发生这些问题的现象，考虑如下问题。

- When：什么时候出的问题？
- What：什么出了问题？
- Who：谁在什么时间里发现了问题？问题影响了谁？
- Where：哪里出现了问题？哪里又没出现问题？
- Why：为什么出现了问题？

这样可以帮助我们整理思路，然后根据问题的答案初步判断是哪个系统出现了问题，并从这个系统入手，开始查日志、查数据，并结合代码定位问题的根源。

有些系统的日志比较健全，根据日志和代码完全可以还原程序执行的原流程，对这样的系统只要有足够的耐心，则比较好定位问题。

然而，有些系统的日志有些"骨感"，定位问题时常常发现根据日志没法还原程序的某个路径执行的过程，这样就没办法定位问题，或者有些问题本身就是不可复现的，这就需要根据产生问题的条件来进行最小化复现。

最小化复现是指在个人开发环境内通过模拟生产环境来重现生产环境产生的问题。在这个过程中，最小化复现环境必须是问题产生时所涉及的组件的最小化集合，而不需要包含所有组件，这样做是因为最小化环境是容易搭建的，另外，最小化复现减少了使用组件的范围，有助于迅速定位问题。

如果能在一个可控的环境或者开发机器上重现问题，那么就很容易产生这个问题的原因，因为可以通过本地调试等手段迅速定位问题。

在定位问题后，就需要给出解决方案，一般对于一个问题不会只有一种解决方案，我们需要权衡利弊，选择最佳方案，并给出选择的原因，然后将方案提交给技术攻关团队进行评审，评审通过后就实施。

首先，方案需要在开发环境和 QA 环境下进行验证，不但验证此方案能否解决问题，还要避免影响现有功能，因此需要做回归验证。大型平台下的回归验证都是通过自动化测试平台实现的。

方案在验证通过后才能应用到线上环境中。在笔者构建的支付平台架构中设计了灰度发布环境，可以在灰度发布环境下通过一些对系统可用性不太敏感的用户流量来验证方案，成功后才能应用于生产环境。

通过这样一系列缜密的技术攻关流程，可以保证技术攻关的过程达到完整、正确并且高效的效果。

6.4 环境搭建和示例服务启动

从本节开始介绍在互联网公司线上应急和技术攻关的过程中，所必需的服务化治理脚本、JVM 提供的监控命令和重要的 Linux 基础命令，这些脚本和命令在发现问题和定位问题的过程中起到了关键作用，在特定的问题环境下堪称快速定位问题的"小倚天剑"及快速解决问题的"微屠龙刀"。

首先介绍这里用到的 Linux 环境及在该 Linux 环境下搭建的一个原创 Java 发号器服务，并演示脚本和命令的使用方法。如果对 Java 发号器服务感兴趣，则可以参考笔者的原创发号器 Vesta（http://vesta.cloudate.net/），本节只是把 Java 发号器服务作为学习高效命令的示例。

这里用到的 Linux 版本如下。

- OS：Ubuntu 14.04.2 LTS。
- 内核：3.16.0-30-generic。
- 硬件架构：x86_64。
- JDK 版本：jdk1.8.0_20。

为了有助于读者了解和使用命令的真实环境，我们在 Linux 系统中搭建了原创发号器服务

第 6 章　Java 服务的线上应急和技术攻关

Vesta，在介绍后续的每个命令的同时，都会以监控和维护原创发号器服务为例来说明如何使用这些高效的脚本和命令来维护一款线上服务。

为了搭建 Vesta 发号器服务，我们需要下载源代码，下载地址为：https://github.com/ robertleepeak/ vesta-id-generator.git。

```
robert@robert-ubuntu1410:~/working/workspace$ git clone https://github.com/robertleepeak/vesta-id-generator.git
正克隆到 'vesta-id-generator'...
remote: Counting objects: 944, done.
remote: Compressing objects: 100% (53/53), done.
接收对象中: 100% (944/944), 474.66 KiB | 337.00 KiB/s, done.
remote: Total 944 (delta 19), reused 0 (delta 0), pack-reused 881
处理 delta 中: 100% (221/221), done.
检查连接... 完成。
```

下载后的工作目录为：

```
robert@robert-ubuntu1410:~/working/workspace$ ll
总用量 12
drwxrwxr-x  3 robert robert 4096 4月  8 18:31 ./
drwxr-xr-x  6 robert robert 4096 4月  8 17:33 ../
drwxrwxr-x 12 robert robert 4096 4月  8 18:31 vesta-id-generator/
```

进入 Vesta 发号器项目根目录并列出如下目录结构：

```
robert@robert-ubuntu1410:~/working/workspace/vesta-id-generator$ ll
总用量 108
drwxrwxr-x 12 robert robert  4096 4月  8 18:31 ./
drwxrwxr-x  3 robert robert  4096 4月  8 18:31 ../
-rwxrwxr-x  1 robert robert  3843 4月  8 18:31 assembly.xml*
-rwxrwxr-x  1 robert robert   494 4月  8 18:31 brief.txt*
-rwxrwxr-x  1 robert robert    65 4月  8 18:31 deploy-maven.sh*
-rw-rw-r--  1 robert robert 12292 4月  8 18:31 .DS_Store
drwxrwxr-x  8 robert robert  4096 4月  8 18:31 .git/
-rwxrwxr-x  1 robert robert   231 4月  8 18:31 .gitignore*
-rwxrwxr-x  1 robert robert 11358 4月  8 18:31 LICENSE*
-rwxrwxr-x  1 robert robert   902 4月  8 18:31 make-release.sh*
-rwxrwxr-x  1 robert robert  1985 4月  8 18:31 pom.xml*
-rwxrwxr-x  1 robert robert  2515 4月  8 18:31 README.md*
-rwxrwxr-x  1 robert robert  1429 4月  8 18:31 todo.txt*
drwxrwxr-x  3 robert robert  4096 4月  8 18:31 vesta-client/
drwxrwxr-x  2 robert robert  4096 4月  8 18:31 vesta-doc/
drwxrwxr-x  3 robert robert  4096 4月  8 18:31 vesta-intf/
drwxrwxr-x  3 robert robert  4096 4月  8 18:31 vesta-rest/
drwxrwxr-x  3 robert robert  4096 4月  8 18:31 vesta-rest-netty/
```

```
drwxrwxr-x  4 robert robert 4096  4月  8 18:31 vesta-sample/
drwxrwxr-x  3 robert robert 4096  4月  8 18:31 vesta-server/
drwxrwxr-x  4 robert robert 4096  4月  8 18:31 vesta-service/
drwxrwxr-x  3 robert robert 4096  4月  8 18:31 vesta-theme/
```

然后，直接运行发布脚本 make-release.sh 进行打包发布：

```
robert@robert-ubuntu1410:~/working/workspace/vesta-id-generator$ ./make-release.sh
[INFO] Scanning for projects...
[INFO] ------------------------------------------------------------------------
[INFO] Reactor Build Order:
[INFO]
[INFO] vesta-id-generator
[INFO] vesta-intf
[INFO] vesta-service
[INFO] vesta-rest
[INFO] vesta-rest-netty
[INFO] vesta-client
[INFO] vesta-server
[INFO] vesta-sample
[INFO] vesta-sample-embed
[INFO] vesta-sample-client
......
[INFO] ------------------------------------------------------------------------
[INFO] Reactor Summary:
[INFO]
[INFO] vesta-id-generator ................................. SUCCESS [ 11.630 s]
[INFO] vesta-intf ......................................... SUCCESS [  3.489 s]
[INFO] vesta-service ...................................... SUCCESS [  1.140 s]
[INFO] vesta-rest ......................................... SUCCESS [  4.749 s]
[INFO] vesta-rest-netty ................................... SUCCESS [  2.482 s]
[INFO] vesta-client ....................................... SUCCESS [  0.111 s]
[INFO] vesta-server ....................................... SUCCESS [  1.879 s]
[INFO] vesta-sample ....................................... SUCCESS [  0.005 s]
[INFO] vesta-sample-embed ................................. SUCCESS [  0.475 s]
[INFO] vesta-sample-client ................................ SUCCESS [  0.200 s]
[INFO] ------------------------------------------------------------------------
[INFO] BUILD SUCCESS
[INFO] ------------------------------------------------------------------------
[INFO] Total time: 27.026 s
[INFO] Finished at: 2017-04-08T21:31:34+08:00
[INFO] Final Memory: 42M/616M
[INFO] ------------------------------------------------------------------------
```

最后，启动发号器 REST 服务：

```
robert@robert-ubuntu1410:~/working/workspace/vesta-id-generator/releases/ves
```

第 6 章　Java 服务的线上应急和技术攻关

```
ta-id-generator-0.0.1-release/bin$ ll
总用量 110968
drwxrwxr-x 2 robert robert     4096 4月  8 21:34 ./
drwxrwxr-x 6 robert robert     4096 4月  8 21:34 ../
-rw-rw-r-- 1 robert robert 47117221 4月  8 21:34 vesta-all-src-0.0.1.tar.gz
-rw-rw-r-- 1 robert robert 34524462 4月  8 21:34 vesta-lib-0.0.1.tar.gz
-rw-rw-r-- 1 robert robert 14745549 4月  8 21:33 vesta-rest-0.0.1-bin.tar.gz
-rw-rw-r-- 1 robert robert  8656473 4月  8 21:33 
vesta-rest-netty-0.0.1-bin.tar.gz
-rw-rw-r-- 1 robert robert  8539966 4月  8 21:33 vesta-server-0.0.1-bin.tar.gz
-rw-rw-r-- 1 robert robert    27079 4月  8 21:34 vesta-src-0.0.1.tar.gz
robert@robert-ubuntu1410:~/working/workspace/vesta-id-generator/releases/vesta-id-generator-0.0.1-release/bin$ tar xzvf vesta-rest-0.0.1-bin.tar.gz
vesta-rest-0.0.1/bin/
vesta-rest-0.0.1/bin/server.sh
vesta-rest-0.0.1/bin/start.sh
vesta-rest-0.0.1/bin/check.sh
vesta-rest-0.0.1/bin/stop.sh
vesta-rest-0.0.1/lib/vesta-rest-0.0.1.jar
vesta-rest-0.0.1/lib/vesta-rest-0.0.1-sources.jar
robert@robert-ubuntu1410:~/working/workspace/vesta-id-generator/releases/vesta-id-generator-0.0.1-release/bin/vesta-rest-0.0.1/bin$ ./start.sh
apppath: /home/robert/working/workspace/vesta-id-generator/releases/vesta-id-generator-0.0.1-release/bin/vesta-rest-0.0.1
Vesta Rest Server is started.
```

并使用 curl 语句测试发号器服务是否正常运行：

```
robert@robert-ubuntu1410:~/working/workspace/vesta-id-generator/releases/vesta-id-generator-0.0.1-release/bin/vesta-rest-0.0.1/bin$ curl "http://localhost:8080/genid"
2382742310220727293
robert@robert-ubuntu1410:~/working/workspace/vesta-id-generator/releases/vesta-id-generator-0.0.1-release/bin/vesta-rest-0.0.1/bin$ curl http://localhost:8080/expid?id=2382742310220727293
{"machine":1021,"seq":0,"time":71618055,"genMethod":2,"type":0,"version":0}
```

可见，发号器准确生成 ID，值为 2382742310220727293，并能反解成 JSON 字符串格式：

```
{"machine":1021,"seq":0,"time":71618055,"genMethod":2,"type":0,"version":0}
```

这说明发号器服务启动正常。使用 Linux 命令查看服务进程，以确保服务进程运行正常：

```
robert@robert-ubuntu1410:~$ ps -elf | grep java
0 S robert    8244 1847  2  80   0 - 231991 futex_ 21:54 pts/7    00:00:23 java
-server -Xms512m -Xmx512m -Xmn128m -XX:PermSize=128m -Xss256k -XX:+DisableExplicitGC
-XX:+UseConcMarkSweepGC -XX:+CMSParallelRemarkEnabled
-XX:+UseCMSCompactAtFullCollection -XX:+UseCMSInitiatingOccupancyOnly
```

```
-XX:CMSInitiatingOccupancyFraction=60 -verbose:gc -XX:+PrintGCDateStamps
-XX:+PrintTenuringDistribution -XX:+PrintGCDetails -Xloggc:./logs/gc.log -cp
/home/robert/working/workspace/vesta-id-generator/releases/vesta-id-generator-0.
0.1-release/bin/vesta-rest-0.0.1/extlib -jar ./lib/vesta-rest-0.0.1.jar
```

6.5 高效的服务化治理脚本

本节介绍一些高效的服务化治理脚本。

6.5.1 show-busiest-java-threads

此命令通过结合 Linux 操作系统的 ps 命令和 JVM 自带的 jstack 命令，来查找 Java 进程内 CPU 利用率最高的线程，一般适用于服务器负载较高的场景，并需要快速定位负载高的成因。

此脚本最初来自于互联网，后来为了让其在不同的类 UNIX 环境下运行，笔者做了一些修改，该命令在笔者每一次定位负载问题时都起到了重要作用。

命令格式：

- ./show-busiest-java-threads -p 进程号 -c 显示条数

- ./show-busiest-java-threads -h

使用示例：

./show-busiest-java-threads -p 8244 -c 3

示例输出：

```
robert@robert-ubuntu1410:~/working/scripts$ ./show-busiest-java-threads -p
8244 -c 3
The stack of busy(0.3%) thread(8257/0x2041) of java process(8244) of
user(robert):
    "C2 CompilerThread1" #7 daemon prio=9 os_prio=0 tid=0xc545d400 nid=0x2041 waiting
on condition [0x00000000]
       java.lang.Thread.State: RUNNABLE
    The stack of busy(0.3%) thread(8256/0x2040) of java process(8244) of
user(robert):
```

```
"C2 CompilerThread0" #6 daemon prio=9 os_prio=0 tid=0xc545bc00 nid=0x2040 waiting on condition [0x00000000]
    java.lang.Thread.State: RUNNABLE
The stack of busy(0.1%) thread(8260/0x2044) of java process(8244) of user(robert):
"VM Periodic Task Thread" os_prio=0 tid=0xc5463c00 nid=0x2044 waiting on condition
```

脚本源码：

```
#!/bin/bash
# @Function
# Find out the most cpu consumed threads of java, and print the stack trace of these threads.
#
# @Usage
#   $ ./show-busy-java-threads -h
#
PROG=`basename $0`

usage() {
    cat <<EOF
Usage: ${PROG} [OPTION]...
Find out the highest cpu consumed threads of java, and print the stack of these threads.
Example: ${PROG} -c 10

Options:
    -p, --pid      find out the highest cpu consumed threads from the specifed java process,
                   default from all java process.
    -c, --count    set the thread count to show, default is 5
    -h, --help     display this help and exit
EOF
    exit $1
}

ARGS=`getopt -n "$PROG" -a -o c:p:h -l count:,pid:,help -- "$@"`
[ $? -ne 0 ] && usage 1
eval set -- "${ARGS}"

while true; do
    case "$1" in
    -c|--count)
        count="$2"
        shift 2
        ;;
```

```
        -p|--pid)
            pid="$2"
            shift 2
            ;;
        -h|--help)
            usage
            ;;
        --)
            shift
            break
            ;;
    esac
done
count=${count:-5}

redEcho() {
    [ -c /dev/stdout ] && {
        # if stdout is console, turn on color output.
        echo -ne "\033[1;31m"
        echo -n "$@"
        echo -e "\033[0m"
    } || echo "$@"
}

## Check the existence of jstack command!
if ! which jstack &> /dev/null; then
    [ -n "$JAVA_HOME" ] && [ -f "$JAVA_HOME/bin/jstack" ] && [ -x "$JAVA_HOME/bin/jstack" ] && {
        export PATH="$JAVA_HOME/bin:$PATH"
    } || {
        redEcho "Error: jstack not found on PATH and JAVA_HOME!"
        exit 1
    }
fi

uuid=`date +%s`_${RANDOM}_$$

cleanupWhenExit() {
    rm /tmp/${uuid}_* &> /dev/null
}
trap "cleanupWhenExit" EXIT

printStackOfThread() {
    while read threadLine ; do
        pid=`echo ${threadLine} | awk '{print $1}'`
        threadId=`echo ${threadLine} | awk '{print $2}'`
        threadId0x=`printf %x ${threadId}`
```

```
            user=`echo ${threadLine} | awk '{print $3}'`
            pcpu=`echo ${threadLine} | awk '{print $5}'`

            jstackFile=/tmp/${uuid}_${pid}

            [ ! -f "${jstackFile}" ] && {
                jstack ${pid} > ${jstackFile} || {
                    redEcho "Fail to jstack java process ${pid}!"
                    rm ${jstackFile}
                    continue
                }
            }

            redEcho "The stack of busy(${pcpu}%) thread(${threadId}/0x${threadId0x})
 of java process(${pid}) of user(${user}):"
            sed "/nid=0x${threadId0x}/,/^$/p" -n ${jstackFile}
        done
    }

    [ -z "${pid}" ] && {
        ps -Leo pid,lwp,user,comm,pcpu --no-headers | awk '$4=="java"{print $0}' |
        sort -k5 -r -n | head --lines "${count}" | printStackOfThread
    } || {
        ps -Leo pid,lwp,user,comm,pcpu --no-headers | awk -v "pid=${pid}"
'$1==pid,$4=="java"{print $0}' |
        sort -k5 -r -n | head --lines "${count}" | printStackOfThread
    }
```

6.5.2 find-in-jar

此脚本用于在 Jar 包的包名和类名中查找某一关键字,并高亮显示匹配的包名、类名和路径,多用于定位 java.lang.NoClassDefFoundError 和 java.lang.ClassNotFoundException 的问题,以及类版本重复或者冲突的问题等。

命令格式:

```
find-in-jar 关键字 类名根路径
```

使用示例:

```
find-in-jar ByteBufferHolder .
```

示例输出:

```
robert@robert-ubuntu1410:~/working/workspace/vesta-id-generator$ find-in-jar ByteBufferHolder .
./releases/vesta-id-generator-0.0.1-release/lib/tomcat-embed-core-8.0.20.jar
    1165  2015-02-15 18:11   org/apache/coyote/ByteBufferHolder.class
./target/vesta-id-generator-0.0.1-release/lib/tomcat-embed-core-8.0.20.jar
    1165  2015-02-15 18:11   org/apache/coyote/ByteBufferHolder.class
```

脚本源码:

```
#!/bin/bash
find . -name "*.jar" > /tmp/find_in_jar_temp
while read line
do
  if unzip -l $line | grep $1 &> /tmp/find_in_jar_temp_second
  then
    echo $line | sed 's#\(.*\)#\x1b[1;31m\1\x1b[00m#'
    cat /tmp/find_in_jar_temp_second  fi
done < /tmp/find_in_jar_temp
```

6.5.3 grep-in-jar

此脚本在 Jar 包中进行二进制内容查找,通常会解决线上出现的一些"不可思议"的问题,例如:某些功能上线后没有生效、某些日志没有打印等,通常是上线工具或者上线过程出现了问题,可以把线上的二进制包拉下来并查找特定的关键字来定位问题。

命令格式:

grep-in-jar 关键字 路径

使用示例:

grep-in-jar "vesta" .

示例输出:

```
robert@robert-ubuntu1410:~/working/workspace/vesta-id-generator$ grep-in-jar "vesta" .
    find 'vesta' in .
    ==> Found "vesta" in ./vesta-sample/vesta-sample-embed/target/vesta-sample-embed-0.0.1.jar
    ==> Found "vesta" in ./vesta-sample/vesta-sample-embed/target/vesta-sample-embed-0.0.1-sources.jar
```

```
    ==> Found "vesta"
in ./vesta-sample/vesta-sample-client/target/vesta-sample-client-0.0.1.jar
    ==> Found "vesta"
in ./vesta-sample/vesta-sample-client/target/vesta-sample-client-0.0.1-sources.j
ar
    ==> Found "vesta"
in ./vesta-rest-netty/target/vesta-rest-netty-0.0.1-sources.jar
    ==> Found "vesta" in ./vesta-rest-netty/target/vesta-rest-netty-0.0.1.jar
```

脚本源码:

```
#!/bin/bash
### grep text inside jars content
if [ $# -lt 2 ];then
    echo 'Usage : grep-in-jar text path'
    exit 1;
fi
LOOK_FOR=$1
LOOK_FOR=`echo ${LOOK_FOR//\./\/}`
folder=$2
echo "find '$LOOK_FOR' in $folder "
for i in `find $2 -name "*jar"`
do
    unzip -p $i | grep "$LOOK_FOR" > /dev/null
    if [ $? = 0  ]
    then
        echo "==> Found \"$LOOK_FOR\" in $i"
    fi
done
```

6.5.4 jar-conflict-detect

此脚本用于识别冲突的 Jar 包，可以在一个根目录下找到包含相同类的所有 Jar 包，并且根据相同类的多少来判断 Jar 包的相似度，常常用于某些功能上线却不可用或者没有按照预期起到作用的情况，或者使用此脚本分析是否存在两个版本的类，而老版本的类被 Java 虚拟机加载。其实，JVM 规范并没有规定类路径下相同类的加载顺序，实现 JVM 规范的虚拟机的实现机制也各不相同，因此无法判断相同的类中哪个版本的类会被先加载，在实际工作中，Jar 包冲突是个非常棘手的问题。

命令格式：

```
jar-conflict-detect 路径
```

使用示例:

jar-conflict-detect .

示例输出:

```
robert@robert-ubuntu1410:~/working/workspace/vesta-id-generator/target/vesta-id-generator-0.0.1-release/lib$ jar-conflict-detect .
  Similarity  DuplicateClasses  File1                       File2
  %21         6                 commons-logging-1.1.3.jar   jcl-over-slf4j-1.7.11.jar
  %02         10                commons-beanutils-1.8.0.jar commons-collections-3.2.1.jar
  See /tmp/cp-verbose.log for more details.
```

脚本源码:

```bash
#!/bin/bash
if [ $# -eq 0 ];then
    echo "please enter classpath dir"
    exit -1
fi
if [ ! -d "$1" ]; then
    echo "not a directory"
    exit -2
fi
tmpfile="/tmp/.cp$(date +%s)"
tmphash="/tmp/.hash$(date +%s)"
verbose="/tmp/cp-verbose.log"
declare -a files=(`find "$1" -name "*.jar"`)
for ((i=0; i < ${#files[@]}; i++)); do
    jarName=`basename ${files[$i]}`
    list=`unzip -l ${files[$i]} | awk -v fn=$jarName '/\.class$/{print $NF,fn}'`
    size=`echo "$list" | wc -l`
    echo $jarName $size >> $tmphash
    echo "$list"
done | sort | awk 'NF{
    a[$1]++;m[$1]=m[$1]","$2}END{for(i in a) if(a[i] > 1) print i,substr(m[i],2)}' > $tmpfile
awk '{print $2}' $tmpfile |
awk -F',' '{i=1;for(;i<=NF;i++) for(j=i+1;j<=NF;j++) print $i,$j}' |
sort | uniq -c | sort -nrk1 | while read line; do
    dup=${line%% *}
    jars=${line#* }
    jar1=${jars% *}
    jar2=${jars#* }
    len_jar1=`grep -F "$jar1" $tmphash | grep ^"$jar1" | awk '{print $2}'`
    len_jar2=`grep -F "$jar2" $tmphash | grep ^"$jar2" | awk '{print $2}'`
    # Modified by Robert 2017.4.9
```

```
    #len=$(($len_jar1 > $len_jar2 ? $len_jar1 : $len_jar2))
    len_jar1=`echo $len_jar1 | awk -F' ' '{print $1}'`
    len_jar2=`echo $len_jar2 | awk -F' ' '{print $1}'`
    if [ $len_jar1 -gt $len_jar2 ]
    then
      len=$len_jar1
    else
      len=$len_jar2
    fi
    per=$(echo "scale=2; $dup/$len" | bc -l)
    echo ${per/./} $dup $jar1 $jar2
done | sort -nr -k1 -k2 |
awk 'NR==1{print "Similarity DuplicateClasses File1 File2"}{print "%"$0}'| column -t
   sort $tmpfile | awk '{print $1,"\n\t\t",$2}' > $verbose
   echo "See $verbose for more details."
   rm -f $tmpfile
   rm -f $tmphash
```

6.5.5　http-spy

此脚本利用 Linux 命令 nc 检查 HTTP 请求参数、请求头和请求体等信息，常常用于调试基于 HTTP 的服务调用。如果一次 HTTP 调用没有达到预期的效果，则首先检查传递的参数是否正确，包括请求参数、请求头、请求体等信息。

命令格式：

http-spy

使用示例：

http-spy

示例输出：

```
robert@robert-ubuntu1410:~/working/workspace/vesta-id-generator/target/vesta
-id-generator-0.0.1-release/lib$ curl "http://localhost:8888?abc=def"
robert@robert-ubuntu1410:~/working/scripts$ ./http-spy
GET /?abc=def HTTP/1.1
User-Agent: curl/7.35.0
Host: localhost:8888
Accept: */*
```

脚本源码：

```bash
#!/bin/bash
while true; do nc -l 8888; done
```

6.5.6 show-mysql-qps

此脚本可用于快速查看 MySQL 实例的负载情况，包括每秒查询数、每秒事物数、提交数、回滚数、连接线程数、执行线程数等。

命令格式：

show-mysql-qps 用户名 密码

使用示例：

show-mysql-qps root ****

示例输出：

```
robert@robert-ubuntu1410:~/working/scripts$ show-mysql-qps.sh root ******
QPS     Commit  Rollback  TPS   Threads_con   Threads_run
-----------------------------------------------------------
1       0       0         0     1             1
1       0       0         0     1             1
1       0       0         0     1             1
1       0       0         0     1             1
```

脚本源码：

```bash
#!/bin/bash
mysqladmin -uroot extended-status -i1 |
awk 'BEGIN{local_switch=0;print "QPS Commit Rollback TPS Threads_con Threads_run
\n------------------------------------------------------ "}
     $2 ~ /Queries$/      {q=$4-lq;lq=$4;}
     $2 ~ /Com_commit$/   {c=$4-lc;lc=$4;}
     $2 ~ /Com_rollback$/ {r=$4-lr;lr=$4;}
     $2 ~ /Threads_connected$/ {tc=$4;}
     $2 ~ /Threads_running$/   {tr=$4;
         if(local_switch==0){
           local_switch=1;
           count=0
         } else {
           if(count>10) {
             count=0;
             print "------------------------------------------------------
\nQPS Commit Rollback TPS Threads_con Threads_run \n--------------------------------
```

```
                      ------------------- ";
               } else {
                 count+=1;
                 printf "%-6d %-8d %-7d %-8d %-10d %d \n", q,c,r,c+r,tc,tr;
               }
             }
       }'
```

6.5.7 小结

笔者把所有命令和脚本收集在如表 6-1 所示的表格中便于大家随时参考和使用。

表 6-1

序号	场景	命令
1	服务器负载高、服务超时、CPU 利用率高	show-busiest-java-threads
2	java.lang.NoClassDefFoundError、java.lang.ClassNotFoundException、程序未按照预期运行	find-in-jar
3	程序未按照预期运行、上线后未执行新逻辑、查找某些关键字	grep-in-jar
4	Jar 包版本冲突、程序未按照预期运行	jar-conflict-detect
5	HTTP 调用后发现未按照预期输出结果	http-spy
6	数据库负载高、SQL 超时	show-mysql-qps

6.6 JVM 提供的监控命令

本节介绍 Java 中常用的虚拟机命令，并不会介绍 JDK 自带的所有工具和命令，而是结合实践为读者介绍那些最常用、最重要的 Java 虚拟机相关的命令。有了它们的伴随，你会感到在解决 Java 世界里面的问题时事半功倍。

若想全面了解 JDK 的各种命令，请参考 JDK 官方文档。

6.6.1 jad

jad 反编译工具可以将字节码的二进制类反编译为 Java 源代码，常常用于遇到问题但是无法在源代码中定位的场景,通过反编译字节码,可以分析程序的实际执行流程,从而定位深层次的问题。

如果不习惯使用命令行,则可以下载界面版本jd-gui,可以一次反编译一个Jar包,并且在类之间有简单的导航操作。

如果开发者对字节码进行了混淆,则反编译的源代码将很难被读懂,混淆的代码只能通过给出的摘要文件进行分析,在这种场景下使用反编译工具的作用不大。

使用示例:

```
jad AbstractIdServiceImpl.class
```

示例输出:

```
robert@robert-ubuntu1410:~/working/workspace/vesta-id-generator/target/vesta-id
-generator-0.0.1-release/lib/com/robert/vesta/service/impl$ jad AbstractIdService
Impl.class
    Parsing AbstractIdServiceImpl.class...The class file version is 49.0 (only 45.3,
46.0 and 47.0 are supported)
    Generating AbstractIdServiceImpl.jad
robert@robert-ubuntu1410:~/working/workspace/vesta-id-generator/target/vesta
-id-generator-0.0.1-release/lib/com/robert/vesta/service/impl$ ll
    总用量 40
    -rw-rw-r-- 1 robert robert 5375  4月  8 21:33 AbstractIdServiceImpl.class
    -rw-rw-r-- 1 robert robert 5197  4月  9 10:01 AbstractIdServiceImpl.jad
    -rw-rw-r-- 1 robert robert 2965  4月  8 21:33 IdServiceImpl.class
```

6.6.2 btrace

Java应用服务在生产环境中可能会出现各种各样的问题,有些问题在找到根本原因之前看似"不可思议",有时并没有产生异常或者错误消息,这时我们无法根据已有的日志来定位问题,那么我们需要更多的信息如参数、返回值、程序逻辑判断、循环次数等来追踪问题。如果临时增加日志,则需要重新上线,成本较高,使用远程调试又会影响线上流量甚至导致客户程序超时,这时btrace应运而生。btrace可以动态地跟踪Java运行时程序,将定制化的跟踪字节码切面注入运行类中,对运行代码无侵入,对性能的影响也可忽略不计。

下面介绍btrace的使用方法。

命令格式：

```
btrace [-p port] [-cp classpath] pid btrace-script
```

参数解析如下。

- port：指定 btrace agent 的服务端监听端口号，供客户端连接。
- classpath：用来指定依赖的类加载路径。
- pid：表示进程号，可通过 jps 或者 ps 命令获取。
- btrace-script：btrace 跟踪切面脚本。

在运行命令之前，我们需要编写 btrace 的跟踪脚本：

```java
import java.util.Date;
import com.sun.btrace.BTraceUtils;
import static com.sun.btrace.BTraceUtils.*;
import com.sun.btrace.annotations.*;
@BTrace
public class Btrace {
   @OnMethod(
      clazz = "com.cloudate.controller.AdminController",
      method = "sayHello",
      location = @Location(Kind.RETURN)
   )
   public static void sayHello(@Duration long duration) {//单位是ns，要转为ms
       println(strcat("duration(ms): ", str(duration / 1000000)));
   }
}
```

这个跟踪脚本对业务代码的方法进行了拦截，并打印方法的执行时间：

```java
package com.cloudate.controller;
public class AdminController {
   public String sayHello(String name, int age) {
      return "hello everyone";
   }
}
*** 使用示例：***
btrace -p 2020 -cp ~/servlet-api.jar 1507 ~/BTrace.java
```

AdminController 类的 sayHello 被调用时，控制台就会打印方法的执行时间，这对定位线上的棘手问题有非常大的帮助。

6.6.3 jmap

生产中 Java 应用服务发生 OutOfMemoryError 属于"家常便饭",发生了 OutOfMemoryError 或者发现内存不足报警时,我们需要找到原因,查出内存问题。jmap 在这个场景中是用来定位问题的主要工具,它主要用来查看 Java 进程对内存的使用情况。

jmap 是 JDK 自带的监控工具,在 JDK 的根目录中可以找到。

使用示例 1 如下所述。

按照占用空间的大小打印程序中类的列表,从这个列表中可以分析哪些类占用了比较多的内存,再结合代码找到问题的所在。

```
jmap -histo:live 2743
```

示例输出:

```
 num     #instances         #bytes  class name
----------------------------------------------
   1:         44398        7206296  [C
   2:         23166        2789688  [B
   3:         14511        1276968  java.lang.reflect.Method
   4:         43256         692096  java.lang.String
   5:         22102         530448  org.springframework.boot.loader.util.AsciiBytes
   6:         11047         530256  org.springframework.boot.loader.jar.JarEntryData
   7:          5800         510592  java.lang.Class
   8:         18088         434112  java.util.HashMap$Node
   9:          6465         356336  [Ljava.lang.Object;
  10:         14582         349968  java.util.concurrent.ConcurrentHashMap$Node
  11:          2914         319928  [Ljava.util.HashMap$Node;
  12:          6920         221440  java.util.LinkedHashMap$Entry
  13:          2008         192768  org.springframework.boot.loader.jar.JarEntry
  14:          5691         182112  java.lang.ref.SoftReference
  15:          7467         179208  java.lang.ref.WeakReference
  16:          9410         166712  [Ljava.lang.Class;
  17:          2786         156016  java.util.LinkedHashMap
  18:           101         136256  [Ljava.util.concurrent.ConcurrentHashMap$Node;
  19:          1761         112704  java.lang.reflect.Field
  20:          3081         105056  [Ljava.lang.String;
  21:          4357         104568  java.beans.MethodRef
  ......
```

使用示例 2 如下所述。

按照占用空间的大小打印程序中加载的动态链接库的列表，其实，Java 进程在操作系统中会加载多个本地动态链接库，Java 进程本身和动态链接库都会在其占用的虚拟地址空间上分配内存。Java 的堆和栈等内存空间分配在 Java 进程中，Java 的直接内存会分配在 Java 进程堆内存外或者依赖的动态链接库上，因此，此命令可以帮助定位 Java 进程占用内存较大或者底层动态链接库占用内存较大的问题，在定位 Java 进程导致的内存泄漏场景中有很重要的作用。

```
jmap 2743
```

示例输出：

```
robert@robert-ubuntu1410:~$ jmap 2743
Attaching to process ID 2743, please wait...
Debugger attached successfully.
Server compiler detected.
JVM version is 25.20-b23
0x08048000      5K      /home/robert/working/softwares/jdk1.8.0_20/bin/java
0xe6b2e000      78K
/home/robert/working/softwares/jdk1.8.0_20/jre/lib/i386/libnio.so
0xe6d06000      100K
/home/robert/working/softwares/jdk1.8.0_20/jre/lib/i386/libnet.so
0xf65b5000      113K
/home/robert/working/softwares/jdk1.8.0_20/jre/lib/i386/libzip.so
0xf65cf000      41K     /lib32/libnss_files-2.19.so
0xf65db000      41K     /lib32/libnss_nis-2.19.so
0xf65e7000      89K     /lib32/libnsl-2.19.so
0xf6705000      42K
/home/robert/working/softwares/jdk1.8.0_20/jre/lib/i386/libmanagement.so
0xf671a000      183K
/home/robert/working/softwares/jdk1.8.0_20/jre/lib/i386/libjava.so
0xf673f000      29K     /lib32/librt-2.19.so
0xf6789000      273K    /lib32/libm-2.19.so
0xf67cf000      12213K
/home/robert/working/softwares/jdk1.8.0_20/jre/lib/i386/server/libjvm.so
0xf759b000      1709K   /lib32/libc-2.19.so
0xf7748000      13K     /lib32/libdl-2.19.so
0xf774d000      91K
/home/robert/working/softwares/jdk1.8.0_20/lib/i386/jli/libjli.so
0xf7762000      687K    /lib32/libpthread-2.19.so
0xf777e000      29K     /lib32/libnss_compat-2.19.so
0xf7789000      54K
/home/robert/working/softwares/jdk1.8.0_20/jre/lib/i386/libverify.so
0xf779a000      131K    /lib32/ld-2.19.so
```

使用示例 3 如下所述。

Java 堆的内存结构很复杂,包括新生代、老年代、持久代、直接内存等,通过 jmap 命令可以查看堆的概要信息。

```
jmap -heap 38574
```

示例输出:

```
robert@robert-ubuntu1410:~$ jmap -heap 38574
Attaching to process ID 38574, please wait...
Debugger attached successfully.
Server compiler detected.
JVM version is 25.65-b01
using parallel threads in the new generation.
using thread-local object allocation.
Concurrent Mark-Sweep GC
Heap Configuration:
   MinHeapFreeRatio         = 40
   MaxHeapFreeRatio         = 70
   MaxHeapSize              = 536870912 (512.0MB)
   NewSize                  = 134217728 (128.0MB)
   MaxNewSize               = 134217728 (128.0MB)
   OldSize                  = 402653184 (384.0MB)
   NewRatio                 = 2
   SurvivorRatio            = 8
   MetaspaceSize            = 21807104 (20.796875MB)
   CompressedClassSpaceSize = 1073741824 (1024.0MB)
   MaxMetaspaceSize         = 17592186044415 MB
   G1HeapRegionSize         = 0 (0.0MB)
Heap Usage:
New Generation (Eden + 1 Survivor Space):
   capacity = 120848384 (115.25MB)
   used     = 111727304 (106.55146026611328MB)
   free     = 9121080 (8.698539733886719MB)
   92.45246010074905% used
Eden Space:
   capacity = 107479040 (102.5MB)
   used     = 104015920 (99.19731140136719MB)
   free     = 3463120 (3.3026885986328125MB)
   96.77786478182165% used
From Space:
   capacity = 13369344 (12.75MB)
   used     = 7711384 (7.354148864746094MB)
   free     = 5657960 (5.395851135253906MB)
   57.67959893918505% used
To Space:
```

```
    capacity = 13369344 (12.75MB)
    used     = 0 (0.0MB)
    free     = 13369344 (12.75MB)
    0.0% used
concurrent mark-sweep generation:
    capacity = 402653184 (384.0MB)
    used     = 15998072 (15.256950378417969MB)
    free     = 386655112 (368.74304962158203MB)
    3.973164161046346% used
15700 interned Strings occupying 2047808 bytes.
```

使用示例 4 如下所述。

有些 Java 内存问题不是显而易见的,从类、动态链接库、堆的概要信息的角度无法定位具体产生的原因,我们需要对 Java 堆的内部结构进行剖析才能进一步分析产生问题的根本原因,这通常通过 jmap 命令导出 Java 堆的快照,然后通过其他工具甚至可视化内存分析工具(例如:JHAT、JMAT、JProfiler、JConsole、JVisualVM)等进行详细分析。

```
jmap -dump:format=b,file=./heap.hprof 2743
```

示例输出:

```
robert@robert-ubuntu1410:~$ jmap -dump:format=b,file=./heap.hprof 2743
Dumping heap to /home/robert/heap.hprof ...
Heap dump file created
robert@robert-ubuntu1410:~$ ll
总用量 27184
......
-rw-------   1 robert robert 27632924  4月  9 11:15 heap.hprof
```

6.6.4 jstat

jstat 利用了 JVM 内建的指令对 Java 应用程序的资源和性能进行实时的命令行监控,包括对堆大小和垃圾回收状况的监控等。与 jmap 对比,jstat 更倾向于输出累积的信息与打印 GC 等的统计信息等。

jstat 是 JDK 自带的监控工具,在 JDK 的根目录里可以找到。

使用示例:

```
jstat -gcutil 2743 5000 10
```

示例输出:

```
robert@robert-ubuntu1410:~/working/wizard-scripts$ jstat -gcutil 2862 5000 10
  S0     S1     E      O      M      CCS    YGC     YGCT    FGC    FGCT     GCT
  0.28   0.00   21.06  5.15   98.44   -      42     0.423    2     0.038    0.461
  0.28   0.00   21.06  5.15   98.44   -      42     0.423    2     0.038    0.461
  0.28   0.00   21.06  5.15   98.44   -      42     0.423    2     0.038    0.461
  0.28   0.00   21.06  5.15   98.44   -      42     0.423    2     0.038    0.461
  0.28   0.00   21.06  5.15   98.44   -      42     0.423    2     0.038    0.461
  0.28   0.00   21.06  5.15   98.44   -      42     0.423    2     0.038    0.461
  0.28   0.00   21.06  5.15   98.44   -      42     0.423    2     0.038    0.461
  0.28   0.00   21.06  5.15   98.44   -      42     0.423    2     0.038    0.461
  0.28   0.00   21.06  5.15   98.44   -      42     0.423    2     0.038    0.461
  0.28   0.00   21.06  5.15   98.44   -      42     0.423    2     0.038    0.461
```

名词解析如下。

- S0：新生代中第 1 个幸存区已使用的容量占当前容量的百分比。

- S1：新生代中第 2 个幸存区已使用的容量占当前容量的百分比。

- E：年轻代中伊甸园已使用的容量占当前容量的百分比。

- O：老年代已使用的容量占当前容量的百分比。

- M：元空间使用的百分比。

- CCS：压缩类空间使用的百分比。

- YGC：从应用程序启动到采样时新生代中的 GC 次数。

- YGCT：从应用程序启动到采样时新生代中 GC 所用的时间。

- FGC：从应用程序启动到采样时老年代中的 GC 次数。

- FGCT：从应用程序启动到采样时老年代完全 GC 所用的时间（s）。

- GCT：垃圾回收的总时间。

6.6.5　jstack

jstack 命令用于打印给定的 Java 进程 ID 的线程堆栈快照信息，从而可以看到 Java 进程内线程的执行状态、正在执行的任务等，可以据此分析线程等待、死锁等问题。

第 6 章 Java 服务的线上应急和技术攻关

jstack 也是 JDK 自带的命令，在 JDK 的根目录里可以找到。第 2 章中的 show-busiest-java-threads 脚本也是基于此命令实现的。

使用示例：

jstack 2743

示例输出：

```
robert@robert-ubuntu1410:~$ jstack 2743
2017-04-09 12:06:51
Full thread dump Java HotSpot(TM) Server VM (25.20-b23 mixed mode):
"Attach Listener" #23 daemon prio=9 os_prio=0 tid=0xc09adc00 nid=0xb4c waiting on condition [0x00000000]
    java.lang.Thread.State: RUNNABLE
"http-nio-8080-Acceptor-0" #22 daemon prio=5 os_prio=0 tid=0xc3341000 nid=0xb02 runnable [0xbf1bd000]
    java.lang.Thread.State: RUNNABLE
      at sun.nio.ch.ServerSocketChannelImpl.accept0(Native Method)
      at sun.nio.ch.ServerSocketChannelImpl.accept(ServerSocketChannelImpl.java:241)
      - locked <0xcf8938d8> (a java.lang.Object)
      at org.apache.tomcat.util.net.NioEndpoint$Acceptor.run(NioEndpoint.java:688)
      at java.lang.Thread.run(Thread.java:745)
"http-nio-8080-ClientPoller-1" #21 daemon prio=5 os_prio=0 tid=0xc35bc400 nid=0xb01 runnable [0xbf1fe000]
    java.lang.Thread.State: RUNNABLE
      at sun.nio.ch.EPollArrayWrapper.epollWait(Native Method)
      at sun.nio.ch.EPollArrayWrapper.poll(EPollArrayWrapper.java:269)
      at sun.nio.ch.EPollSelectorImpl.doSelect(EPollSelectorImpl.java:79)
      at sun.nio.ch.SelectorImpl.lockAndDoSelect(SelectorImpl.java:86)
      - locked <0xcf99b100> (a sun.nio.ch.Util$2)
      - locked <0xcf99b0f0> (a java.util.Collections$UnmodifiableSet)
      - locked <0xcf99aff8> (a sun.nio.ch.EPollSelectorImpl)
      at sun.nio.ch.SelectorImpl.select(SelectorImpl.java:97)
      at org.apache.tomcat.util.net.NioEndpoint$Poller.run(NioEndpoint.java:1052)
      at java.lang.Thread.run(Thread.java:745)
......
```

6.6.6 jinfo

jinfo 可以输出并修改运行时的 Java 进程的环境变量和虚拟机参数。

使用示例：

jinfo 38574

示例输出：

```
$ jinfo 38574
Attaching to process ID 38574, please wait...
Debugger attached successfully.
Server compiler detected.
JVM version is 25.65-b01
Java System Properties:
java.runtime.name = Java(TM) SE Runtime Environment
java.vm.version = 25.65-b01
sun.boot.library.path =
/Library/Java/JavaVirtualMachines/jdk1.8.0_65.jdk/Contents/Home/jre/lib
java.protocol.handler.pkgs = null|org.springframework.boot.loader
user.country.format = CN
gopherProxySet = false
java.vendor.url = http://java.oracle.com/
......
VM Flags:
Non-default VM flags: -XX:CICompilerCount=3
-XX:CMSInitiatingOccupancyFraction=60 -XX:+CMSParallelRemarkEnabled
-XX:+DisableExplicitGC -XX:InitialHeapSize=536870912 -XX:MaxHeapSize=536870912
-XX:MaxNewSize=134217728 -XX:MaxTenuringThreshold=6 -XX:MinHeapDeltaBytes=196608
-XX:NewSize=134217728 -XX:OldPLABSize=16 -XX:OldSize=402653184 -XX:+PrintGC
-XX:+PrintGCDateStamps -XX:+PrintGCDetails -XX:+PrintGCTimeStamps
-XX:+PrintTenuringDistribution -XX:ThreadStackSize=256
-XX:+UseCMSCompactAtFullCollection -XX:+UseCMSInitiatingOccupancyOnly
-XX:+UseCompressedClassPointers -XX:+UseCompressedOops -XX:+UseConcMarkSweepGC
-XX:+UseFastUnorderedTimeStamps -XX:+UseParNewGC
    Command line:  -Xms512m -Xmx512m -Xmn128m -XX:PermSize=128m -Xss256k
-XX:+DisableExplicitGC -XX:+UseConcMarkSweepGC -XX:+CMSParallelRemarkEnabled
-XX:+UseCMSCompactAtFullCollection -XX:+UseCMSInitiatingOccupancyOnly
-XX:CMSInitiatingOccupancyFraction=60 -verbose:gc -XX:+PrintGCDateStamps
-XX:+PrintTenuringDistribution -XX:+PrintGCDetails -Xloggc:./logs/gc.lo
```

6.6.7 其他命令

基本命令如下。

- javah：生成 Java 类中本地方法的 C 头文件，一般用于开发 JNI 库。
- jps：用于查找 Java 进程，通常使用 ps 命令代替。
- jhat：用于分析内存堆的快照文件。
- jdb：远程调试，用于线上定位问题。
- jstatd：jstat 的服务器版本。

Java 虚拟机的图形界面分析工具如下。

- JConsole：JDK 自带的可以查看 Java 内存和线程堆栈的工具，已经过时。
- JVisualVM：JDK 自带的可以查看 Java 内存和线程堆栈的工具，功能丰富、完善，是 JConsole 的替代版本。
- JMAT：Eclipse 组织开发的全功能的开源 Java 性能跟踪、分析和定位工具。
- JProfiler：全功能的商业化 Java 性能跟踪、分析和定位工具。

6.6.8 小结

这里将 6.6 节讲解的命令和脚本汇总成表，如表 6-2 所示。

表 6-2

序号	场景	命令
1	没有源码的 Jar 包出了问题、破解别人的代码、新上线的代码不符合预期	jad
2	线上出问题，无法增加日志、无法线上调试，需要实现切面功能	btrace
3	内存不足、OutOfMemoryError	jmap
4	内存不足、OutOfMemoryError、GC 频繁、服务超时、出现长尾响应现象	jstat
5	服务超时、线程卡死、线程死锁、服务器负载高	jstack
6	查看或者修改 Java 进程的环境变量和 Java 虚拟机变量	jinfo
7	使用 JNI 开发 Java 本地程序库	javah
8	查找 Java 进程 ID	jps
9	分析 jmap 产生的 Java 堆的快照	jhat
10	QA 环境无法重现，需要在准生产线上远程调试	jdb
11	与 jstat 相同，是 jstat 的服务器版本，但是可以在线下用客户端连接，可线下操作	jstatd

续表

序号	场景	命令
12	简单的有界面的内存分析工具，是 JDK 自带的，已被 JVisualVM 取代	JConsole
13	全面的有界面的内存分析工具，功能丰富，JDK 自带	JVisualVM
14	专业的 Java 进程性能分析和跟踪工具	JMAT
15	商业化的 Java 进程性能分析和跟踪工具	JProfiler

6.7 重要的 Linux 基础命令

前面介绍了线上应急和技术攻关中会用到的应用层脚本和 Java 虚拟机命令，这些脚本和命令在发现问题和定位问题的过程中起到了关键作用。然而，我们经常会遇到一些深层次的问题，仅仅通过应用层和 JVM 虚拟机层的信息无法定位问题和解决问题，这时就需要深入研究系统级的各种参数和信息，才能找到产生问题的根本原因，例如：网络超时、机器负载过高、JVM OOM、JVM 和内核 Bug 等，本节介绍一些重要的 Linux 基础和监控相关的命令。

本节侧重于介绍通过命令在特定场景下帮助应急人员和攻关人员定位问题并解决问题，因此，对于每个命令的介绍将直奔主题，直接介绍命令使用的具体场景，而不是介绍命令的详细使用方法。

6.7.1 必不可少的基础命令和工具

1. grep

grep 是 Linux 下通用的文本内容查找命令，可以利用它打印匹配的上下几行。在线上查找问题时可以使用下列命令查找关键字，显示关键字所在行的前后多行，并且给关键字着色。

使用方式：

```
grep -5 'parttern' INPUT_FILE  # 打印匹配行的前后 5 行
grep -C 5 'parttern' INPUT_FILE  # 打印匹配行的前后 5 行
grep -A 5 'parttern' INPUT_FILE  # 打印匹配行的后 5 行
```

```
grep -B 5 'parttern' INPUT_FILE  # 打印匹配行的前 5 行
grep -A -15  --color 1010061938 *  # 查找后着色
```

2. find

通过文件名查找文件的所在位置，文件名查找支持模糊匹配。

使用方式：

```
find . -name FILE_NAME
```

命令输出：

```
robert@robert-ubuntu1410: ~$ find . -name VestaServer.java
./working/workspace/vesta-id-generator/vesta-server/src/main/java/com/robert/vesta/server/VestaServer.java
```

3. uptime

查看机器的启动时间、登录用户、平均负载等情况，通常用于在线上应急或者技术攻关中确定操作系统的重启时间。

使用方式：

```
uptime
```

命令输出：

```
robert@robert-ubuntu1410: ~$ uptime
 14: 42: 30 up  2: 51,  3 users,  load average: 0.03, 0.06, 0.06
```

从上面的输出可以看到如下信息。

- 当前时间：14:42:30。
- 系统已运行的时间：2 小时 51 分。
- 当前在线用户：3 个用户。
- 系统平均负载：0.03, 0.06, 0.06，为最近 1 分钟、5 分钟、15 分钟的系统负载情况。

系统的平均负载是指在特定的时间间隔内队列中运行的平均进程数。如果一个进程满足以下条件，它就会位于运行队列中。

- 它没有在等待 I/O 操作的结果。
- 它没有主动进入等待状态（也就是没有调用'wait'相关的系统 API）。
- 没有被停止（例如：等待终止）。

一般来说，每个 CPU 内核对应的活动进程数不大于 3 时，系统运行良好，也就是说活动进程数小于 CPU 核心数的 3 倍。

例如，如果服务器的 CPU 有 3 个核心，那么只要 uptime 最后输出的一串字符数值小于 9，就表示系统负载正常。但是，如果系统负载超过 10，就表明当前系统的负载过重，需要定位系统执行任务负载超标的原因。

4. lsof

lsof 用于列出系统当前打开的文件句柄，在 Linux 文件系统中任何资源都是以文件句柄的形式进行管理的，例如：硬件设备、文件、网络套接字等，系统内部为每一种资源分配一个句柄，应用程序只能用操作系统分配的句柄来引用资源，因此，文件句柄为应用程序与基础操作系统之间的交互提供了通用的操作接口。

应用程序打开文件的描述符列表包含了大量的关于应用程序本身的运行信息，因此通过 lsof 工具可查看这个文件句柄列表，对系统监控及应急排错提供重要的帮助。

查看某个进程打开的文件句柄：

```
lsof -p 2862
```

命令输出：

```
robert@robert-ubuntu1410: ~$ lsof -p 2862 | less
COMMAND   PID   USER    FD   TYPE         DEVICE SIZE/OFF   NODE NAME
java     2862  robert   cwd  DIR             8,1     4096 537041 /home/robert/working/workspace/vesta-id-generator/releases/vesta-id-generator-0.0.1-release/bin/vesta-rest-0.0.1
java     2862  robert   rtd  DIR             8,1     4096      2 /
java     2862  robert   txt  REG             8,1     5730 1064639 /home/robert/working/softwares/jdk1.8.0_20/bin/java
java     2862  robert   mem  REG             8,1  7216688 1318996 /usr/lib/locale/locale-archive
java     2862  robert   mem  REG             8,1 65525265 1189622 /home/robert/working/softwares/jdk1.8.0_20/jre/lib/rt.jar
```

```
      java    2862 robert  mem    REG             8,1    80460 1189581
/home/robert/working/softwares/jdk1.8.0_20/jre/lib/i386/libnio.so
      java    2862 robert  mem    REG             8,1   103299 1189580
/home/robert/working/softwares/jdk1.8.0_20/jre/lib/i386/libnet.so
      java    2862 robert  mem    REG             8,1    81884 1583248
/usr/share/locale-langpack/zh_CN/LC_MESSAGES/libc.mo
      java    2862 robert  mem    REG             8,1  3131363 1189479
/home/robert/working/softwares/jdk1.8.0_20/jre/lib/charsets.jar
      java    2862 robert  mem    REG             8,1  3500527 1189621
/home/robert/working/softwares/jdk1.8.0_20/jre/lib/resources.jar
      java    2862 robert  mem    REG             8,1  1179307 1330505
/home/robert/working/softwares/jdk1.8.0_20/jre/lib/ext/localedata.jar
      java    2862 robert  mem    REG             8,1   615948 1189601
/home/robert/working/softwares/jdk1.8.0_20/jre/lib/jsse.jar
      java    2862 robert  mem    REG             8,1  3860522 1330502
/home/robert/working/softwares/jdk1.8.0_20/jre/lib/ext/cldrdata.jar
      java    2862 robert  mem    REG             8,1  1065895 1330501
/home/robert/working/softwares/jdk1.8.0_20/jre/lib/ext/bcprov-jdk15-132.jar
     ……
```

查看某个端口的使用方式：

```
lsof -i:8080
```

命令输出：

```
robert@robert-ubuntu1410: ~$ lsof -i:8080
COMMAND  PID   USER   FD   TYPE DEVICE SIZE/OFF NODE NAME
java    2862 robert  19u  IPv6  21370      0t0  TCP *: http-alt (LISTEN)
```

5. ulimit

Linux 系统对每个登录的用户都限制其最大进程数和打开的最大文件句柄数。为了提高性能，可以根据硬件资源的具体情况设置各个用户的最大进程数和打开的最大文件句柄数。可以用 ulimit -a 来显示当前的各种系统对用户使用资源的限制：

```
robert@robert-ubuntu1410: ~$ ulimit -a
core file size          (blocks, -c) 0
data seg size           (kbytes, -d) unlimited
scheduling priority             (-e) 0
file size               (blocks, -f) unlimited
pending signals                 (-i) 7921
max locked memory       (kbytes, -l) 64
max memory size         (kbytes, -m) unlimited
open files                      (-n) 1024
pipe size            (512 bytes, -p) 8
```

```
POSIX message queues     (bytes, -q) 819200
real-time priority              (-r) 0
stack size               (kbytes, -s) 8192
cpu time                 (seconds, -t) unlimited
max user processes              (-u) 7921
virtual memory           (kbytes, -v) unlimited
file locks                      (-x) unlimited
```

设置用户的最大进程数：

```
ulimit -u 1024
```

设置用户可以打开的最大文件句柄数：

```
ulimit -n 65530
```

6. curl

我们在开发程序后会使用 Junit、Testng 及 Jmock、Mockito 进行单元测试，单元测试后需要进行集成测试，由于当前的线上服务较多地使用了 RESTful 风格的 API，所以集成测试时就需要进行 HTTP 调用，查看返回的结果是否符合预期，curl 命令当然是首选的测试方法。

使用方式：

```
curl -i "http://www.sina.com"  # 打印请求响应头信息
curl -v "http://www.sina.com"  # 打印更多的调试信息
curl -verbose "http://www.sina.com"  # 打印更多的调试信息
curl -d 'abc=def' "http://www.sina.com"  # 使用 POST 方法提交 HTTP 请求
curl -I "http://www.sina.com"  # 仅仅返回 HTTP 头
curl -sw '%{http_code}' "http://www.sina.com"  # 打印 HTTP 响应码
```

7. scp

scp 命令是 Linux 系统中功能强大的文件传输命令，可以实现从本地到远程，以及从远程到本地的双向文件传输，用起来非常方便，常用来在线上定位问题时将线上的一些文件下载到本地进行详查，或者将本地的修改上传到服务器上。

使用方式：

```
scp robert@192.168.1.1:/home/robert/test.txt .
scp ./test.txt robert@192.168.1.1:/home/robert/
```

8. vi 和 vim

vi 和 vim 是 Linux 中最常用的命令行文本编辑工具，vim 是 vi 的升级版本，在某些 Linux 版本下，vi 实际上通过软连接指向 vim。

笔者常用的 vi、vim 命令如下。

- h：左移一个字符。
- l：右移一个字符，这个命令很少用，一般用 w 代替。
- k：上移一个字符。
- j：下移一个字符。
- set number：显示行号。
- shift + g：移动到最后一行。
- 1 + shift + g：移动到第 1 行。
- n + shift + g：移动到第 n 行。
- 0：移动到行首。
- $：移动到行尾。
- /text：查找 text，按 n 键查找下一个，按 N 键查找前一个。
- ?text：查找 text，反向查找，按 n 键查找下一个，按 N 键查找前一个。
- i：在当前位置前插入。
- I：在当前行首插入。
- a：在当前位置后插入。
- A：在当前行尾插入。
- o：在当前行之后插入一行。
- O：在当前行之前插入一行。
- %s/old/new/g：将 old 替换成 new，替换当前行的所有匹配。

- ctrl + f：向下滚动一屏。
- ctrl + b：向上滚动一屏。
- u：撤销。
- U：撤销对整个行的操作。
- Ctrl + r：重做，即该撤销的撤销。
- x：删除当前字符。
- dd：删除当前行。
- 10d：删除从当前行开始的 10 行。
- yy：复制当前行。
- p：在当前光标后粘贴，如果之前使用了 yy 命令来复制某一行，那么在当前行的下一行进行粘贴。
- wq：保存并退出。
- q!：强制退出并忽略所有更改。

有了这些命令后，就基本上可以在 Linux 系统的终端下做开发了，无论是开发脚本，还是在 Linux 系统中做编辑，都没有问题。

9. dos2unix 和 unix2dos

用于转换 Windows 和 UNIX 的换行符，通常在 Windows 系统下开发的脚本和配置，上传到 UNIX 系统下都需要转换。

使用方式：

```
robert@robert-ubuntu1410: ~$ dos2unix test.txt
dos2unix: converting file test.txt to Unix format ...
robert@robert-ubuntu1410: ~$ unix2dos test.txt
unix2dos: converting file test.txt to DOS format ...
```

10. awk

awk 是 Linux 系统下强大的文本分析工具，相对于 grep 的查找、sed 的编辑，awk 在对数据分析并生成报告时，显得尤为强大。它把文件逐行读入，以空格为默认分隔符将每行切片，也可以以任何字符为分隔符，把切开的部分进行各种分析和处理，在分析和处理的过程中支持脚本式的编程。

例如，我们对 Tomcat 的 Access 文件进行分析，得出各种 HTTP 响应码的数量。

Tomcat 的 Access 文件如下：

```
robert@robert-ubuntu1410:~/working/softwares/apache-tomcat-8.0.12/logs$ more
localhost_access_log.2017-09-24.txt
    127.0.0.1 - - [24/Sep/2014:10:53:41 +0800] "GET / HTTP/1.1" 200 11452
    127.0.0.1 - - [24/Sep/2014:10:53:41 +0800] "GET /tomcat.css HTTP/1.1" 200 5926
    127.0.0.1 - - [24/Sep/2014:10:53:41 +0800] "GET /tomcat.png HTTP/1.1" 200 5103
    127.0.0.1 - - [24/Sep/2014:10:53:41 +0800] "GET /bg-nav.png HTTP/1.1" 200 1401
    127.0.0.1 - - [24/Sep/2014:10:53:41 +0800] "GET /bg-upper.png HTTP/1.1" 200 3103
    127.0.0.1 - - [24/Sep/2014:10:53:41 +0800] "GET /asf-logo.png HTTP/1.1" 200 17811
    127.0.0.1 - - [24/Sep/2014:10:53:41 +0800] "GET /bg-button.png HTTP/1.1" 200 713
    127.0.0.1 - - [24/Sep/2014:10:53:41 +0800] "GET /bg-middle.png HTTP/1.1" 200 1918
    127.0.0.1 - - [24/Sep/2014:10:53:41 +0800] "GET /favicon.ico HTTP/1.1" 200 21630
```

统计结果为：

```
robert@robert-ubuntu1410:~/working/softwares/apache-tomcat-8.0.12/logs$ awk
-F' ' '{print $9}' localhost_access_log.2017-09-24.txt | sort | uniq -c | sort -nr
      9 200
```

我们看见返回代码为 200 的请求有 9 个。

11. 其他

下面的命令在做日常开发工作时，使用率也比较高。

- sed：文本编辑和替换。
- tr：字符替换。
- cut：选取命令，分析一段数据并取出我们想要的部分。
- wc：统计字数和行数等。

- sort：排序。
- uniq：去重或者分组统计。
- zip：压缩成 zip 格式的压缩包或者解压。
- tar：创建或者解压 tar 格式的包。

6.7.2　查看活动进程的命令

1. ps

ps 用于显示系统内的所有进程。

使用方式：

```
ps -elf
```

输出：

```
robert@robert-ubuntu1410: ~$ ps -elf
F S UID        PID PPID  C PRI  NI ADDR SZ WCHAN  STIME TTY      TIME CMD
4 S root        1    0   0  80   0 - 8477 poll_s 09: 56 ?    00: 00: 01 /sbin/init
1 S root        2    0   0  80   0 -    0 kthrea 09: 56 ?    00: 00: 00 [kthreadd]
1 S root        3    2   0  80   0 -    0 smpboo 09: 56 ?    00: 00: 00 [ksoftirqd/0]
1 S root        4    2   0   0   0 -    0 worker 09: 56 ?    00: 00: 00 [kworker/0: 0]
1 S root        5    2   0  60 -20 -    0 worker 09: 56 ?    00: 00: 00 [kworker/0: 0H]
1 S root        7    2   0  80   0 -    0 rcu_gp 09: 56 ?    00: 00: 00 [rcu_sched]
1 S root        8    2   0  80   0 -    0 rcu_no 09: 56 ?    00: 00: 00 [rcuos/0]
1 R root        9    2   0  80   0 -    0 ?      09: 56 ?    00: 00: 00 [rcuos/1]
1 S root       10    2   0  80   0 -    0 rcu_no 09: 56 ?    00: 00: 00 [rcuos/2]
1 S root       11    2   0  80   0 -    0 rcu_no 09: 56 ?    00: 00: 00 [rcuos/3]
1 S root       12    2   0  80   0 -    0 rcu_gp 09: 56 ?    00: 00: 00 [rcu_bh]
1 S root       13    2   0  80   0 -    0 rcu_no 09: 56 ?    00: 00: 00 [rcuob/0]
1 S root       14    2   0  80   0 -    0 rcu_no 09: 56 ?    00: 00: 00 [rcuob/1]
1 S root       15    2   0  80   0 -    0 rcu_no 09: 56 ?    00: 00: 00 [rcuob/2]
1 S root       16    2   0  80   0 -    0 rcu_no 09: 56 ?    00: 00: 00 [rcuob/3]
......
```

根据进程的名字或者其他信息，通过 grep 命令找到目标进程，也可以看到进程启动脚本的全路径。

2. top

top 命令用于查看活动进程的 CPU 和内存信息,能够实时显示系统中各个进程的资源占用情况,可以按照 CPU、内存的使用情况和执行时间对进程进行排序。

使用方式:

```
top
```

命令输出:

```
top - 10:18:49 up 22 min,  2 users,  load average: 0.10, 0.31, 0.22
Tasks: 195 total,   2 running, 193 sleeping,   0 stopped,   0 zombie
%Cpu(s): 1.8 us,  0.2 sy,  0.0 ni, 98.0 id,  0.1 wa,  0.0 hi,  0.0 si,  0.0 st
KiB Mem:   2049416 total,  1636620 used,   412796 free,   117652 buffers
KiB Swap:  2095100 total,     1480 used,  2093620 free.   643848 cached Mem
  PID USER      PR  NI    VIRT    RES    SHR S  %CPU %MEM    TIME+ COMMAND
 1608 root      20   0  475836  74616  30232 S   4.0  3.6   0:12.21 Xorg
 2363 robert    20   0 1380660 103000  63884 S   2.7  5.0   0:12.15 compiz
 2157 robert    20   0  589920  30748  24412 S   1.3  1.5   0:00.98 unity-panel
 2769 robert    20   0  597884  35820  28008 S   0.7  1.7   0:04.95 gnome
      ...
```

从输出中可以看到整体的 CPU 占用率、CPU 负载,以及进程占用 CPU 和内存等资源的情况。另外 top 命令的输出中 cache 在 swap 一行,这并不重要,实际上它和 swap 没有太大的关系。

我们可以用如下所示的 top 命令的快捷键对输出的显示信息进行转换。

- t:切换显示进程和 CPU 状态信息。

- m:切换显示内存信息。

- r:重新设置一个进程的优先级。系统提示用户输入需要改变的进程 PID 及需要设置的进程优先级,然后输入一个正数值使优先级降低,反之则可以使该进程拥有更高的优先级,默认优先级的值是 10。

- k:终止一个进程,系统将提示用户输入需要终止的进程 PID。

- s:改变刷新的时间间隔。

- u:查看指定用户的进程。

另外，htop 是 top 命令的升级版本，htop 通过命令可以在垂直、水平方向滚动显示系统上运行的所有进程及其完整的命令行。不用输入进程的 PID 就可以对此进程进行相关操作。

3. pidstat

pidstat 用于监控全部或指定的进程占用系统资源的情况，包括 CPU、内存、磁盘 I/O、线程切换、线程数等数据。

使用方式：

pidstat -urd -p 进程号

输出 CPU 的使用信息：

```
bert@robert-ubuntu1410:~$ pidstat -u -p 2862
Linux 3.16.0-30-generic (robert-ubuntu1410)    2017年05月03日    _x86_64_  (4 CPU)
12时25分52秒   UID       PID    %usr %system  %guest    %CPU   CPU  Command
12时25分52秒  1000      2862    0.33    0.11    0.00    0.44     1  java
```

输出内存的使用信息：

```
robert@robert-ubuntu1410:~$ pidstat -r -p 2862
Linux 3.16.0-30-generic (robert-ubuntu1410)    2017年05月03日    _x86_64_  (4 CPU)
12时25分55秒   UID       PID  minflt/s  majflt/s     VSZ     RSS  %MEM  Command
12时25分55秒  1000      2862      2.28      0.00  939940  287924  14.05  java
```

输出磁盘 I/O 的使用信息：

```
robert@robert-ubuntu1410:~$ pidstat -d -p 2862
Linux 3.16.0-30-generic (robert-ubuntu1410)    2017年05月03日    _x86_64_  (4 CPU)
12时25分57秒   UID       PID   kB_rd/s   kB_wr/s  kB_ccwr/s  Command
12时25分57秒  1000      2862      1.23      0.34       0.00  java
```

6.7.3 窥探内存的命令

1. free

此命令用于显示系统内存的使用情况，包括总体内存、已经使用的内存；还可用于显示系统内核使用的缓冲区，包括缓冲（buffer）和缓存（cache）等。

使用方式：

free

命令输出：

```
robert@robert-ubuntu1410: ~$ free
           total       used       free     shared    buffers    catched
Mem:      2049416    1646480     402936      13280     118596     646288
-/+ buffers/cache:    881596    1167820
Swap:     2095100       1480    2093620
```

内存并不只有占用和空闲两个简单状态，我们从上面的输出中发现其中有 buffers 和 cached 的数据，从字面意义上来讲，都是缓存，只有弄清楚缓存了什么数据才能有效地区分这两种缓存。

（1）buffers 一般都不太大，在一个通用的 Linux 系统中一般为几十到几百 MB 字节，用于存储磁盘块设备的元数据，比如哪些块属于哪些文件、文件的权限、目录等信息。

（2）cached 会很大，一般都在 GB 字节以上，用于存储读写文件的页。当对一个文件进行读时，会取磁盘文件页放到其内存区域，然后从内存中进行读取；在写入一个文件时，会先写到其缓存中，并将相关的页面标记为"dirty"。cached 随着读写磁盘的多少而自动地增加或减少，这也取决于物理内存是否够用，如果应用使用的物理内存较多，则操作系统会适当缩小 cached 来保证用户进程对内存的需要。

2. pmap

此命令用来报告进程中各个模块占用内存的具体情况，显示比较底层的进程模块占用内存的信息，并且可以打印内存的起止地址等，用于定位深层次 JVM 或者操作系统的内存问题。

使用方式：

pmap -d 2862

命令输出：

```
robert@robert-ubuntu1410: ~$ pmap -d 2862
2862:   java -server -Xms512m -Xmx512m -Xmn128m -XX: PermSize=128m -Xss256k -XX:
+DisableExplicitGC -XX: +UseConcMarkSweepGC -XX: +CMSParallelRemarkEnabled -XX:
+UseCMSCompactAtFullCollection -XX: +UseCMSInitiatingOccupancyOnly -XX:
```

```
CMSInitiatingOccupancyFraction=60 -verbose: gc -XX: +PrintGCDateStamps -XX:
+PrintTenuringDistribution -XX: +PrintGCDetails -Xloggc: ./logs/gc.log -cp
/home/robert/working/workspace/vesta-id-generator/releases/vesta-id-generator-0.
0.1-release/bin/vesta-rest-0.0.1/extlib -jar ./lib/vesta-rest-0.0.
Address           Kbytes  Mode  Offset           Device    Mapping
0000000008048000       4  r-x-- 0000000000000000 008:00001 java
0000000008049000       4  rw--- 0000000000000000 008:00001 java
000000000a017000     872  rw--- 0000000000000000 000:00000 [ anon ]
00000000be800000     896  rw--- 0000000000000000 000:00000 [ anon ]
00000000be8e0000     128  ----- 0000000000000000 000:00000 [ anon ]
00000000be900000    1920  rw--- 0000000000000000 000:00000 [ anon ]
00000000beae0000     128  ----- 0000000000000000 000:00000 [ anon ]
00000000beb00000     284  rw--- 0000000000000000 000:00000 [ anon ]
......
```

6.7.4 针对 CPU 使用情况的监控命令

1. vmstat

此命令显示关于内核线程、虚拟内存、磁盘 I/O、陷阱和 CPU 占用率的统计信息。

使用方式：

vmstat

命令输出：

```
robert@robert-ubuntu1410: ~$ vmstat
procs -----------memory---------- ---swap-- -----io---- -system-- ------cpu-----
 r  b   swpd   free   buff  cache   si   so    bi    bo   in   cs us sy id wa st
 2  0   1480 404300 118252 646216    0    0    78    31   63  145  2  0 97  1  0
```

需要注意如下内容。

- buff 是 I/O 系统存储的磁盘块文件的元数据的统计信息。
- cache 是操作系统用来缓存磁盘数据的缓冲区，操作系统会自动调节这个参数，在内存紧张时操作系统会减少 cache 的占用空间来保证其他进程可用。
- cs 参数表示线程环境的切换次数，此数据太大时表明线程的同步机制有问题。
- si 和 so 较大时，说明系统频繁使用交换区，应该查看操作系统的内存是否够用。

- bi 和 bo 代表 I/O 活动，根据其大小可以知道磁盘 I/O 的负载情况。

2. mpstat

此命令用于实时监控系统 CPU 的一些统计信息，这些信息存放在/proc/stat 文件中，在多核 CPU 系统里，不但能查看所有 CPU 的平均使用信息，还能查看某个特定 CPU 的信息。

使用方式：

```
mpstat -P ALL
```

命令输出：

```
robert@robert-ubuntu1410: ~$ mpstat -P ALL
Linux 3.16.0-30-generic (robert-ubuntu1410)  2017年04月23日  _x86_64_  (4 CPU)
16时12分25秒  CPU   %usr   %sys  %iowait  %irq  %soft  %steal  %guest  %idle
16时12分25秒  all   1.08   0.14   0.04    0.00  0.00   0.00    0.00    98.74
16时12分25秒   0    0.96   0.19   0.01    0.00  0.01   0.00    0.00    98.83
16时12分25秒   1    1.04   0.16   0.00    0.00  0.00   0.00    0.00    98.79
16时12分25秒   2    1.30   0.11   0.00    0.00  0.00   0.00    0.00    98.58
16时12分25秒   3    1.01   0.11   0.12    0.00  0.00   0.00    0.00    98.76
```

我们可以看到每个 CPU 核心的占用率、I/O 等待、软中断、硬中断等。

6.7.5 监控磁盘 I/O 的命令

1. iostat

该命令用于监控 CPU 占用率、平均负载值及 I/O 读写速度等。

该命令输出的每个字段都非常有用：r/s 和 w/s 指的是 IOPS；rkB/s 和 wkB/s 指的是每秒的数据存取速度；await 指的是平均等待时间，一般都在 10ms 左右。

另外，iotop、ioprofiler、blktrace 可以监控更多底层的 I/O 活动信息，vmstat、mpstat 也有一些 I/O 相关的信息输出。

使用方式：

```
iostat -x
```

命令输出：

```
robert@robert-ubuntu1410: ~$ iostat -x
Linux 3.16.0-30-generic (robert-ubuntu1410)    2017 年 04 月 23 日    _x86_64_   (4 CPU)
     avg-cpu:  %user   %nice %system %iowait  %steal   %idle
               0.61    0.68    0.31    0.70    0.00   97.72
    Device:         rrqm/s   wrqm/s     r/s     w/s    rkB/s    wkB/s avgrq-sz avgqu-sz await r_await w_await svctm %util
    sda               2.69     3.43   11.92    1.56   217.23   118.91    49.87     0.21 15.45    9.39   61.69  2.18  2.94
```

从命令输出中可以看出如下内容。

- iowait，包括 r_wait 和 w_wait，这些指标较大则说明 I/O 负载较大，I/O 等待比较严重，磁盘读写遇到瓶颈。

- 每秒读写速度的最大峰值。

- CPU 的占用率情况。

2. swapon

查看交换分区的使用情况。

使用方式：

```
/sbin/swapon -s
```

命令输出：

```
robert@robert-Latitude-E6440: ~/tmp$ /sbin/swapon -s
Filename              Type        Size     Used    Priority
/dev/sda6             partition   4094972  708384  -1
```

由输出可见交换分区共有 4GB，已使用大约 708MB。

3. df

该命令用于查看文件系统的硬盘挂载点和空间使用情况。

使用方式：

df -h

命令输出：

```
robert@robert-Latitude-E6440: ~/tmp$ df -h
文件系统            容量   已用  可用   已用%  挂载点
/dev/sda5          220G   84G  125G   40%   /
none               4.0K   0    4.0K   0%    /sys/fs/cgroup
udev               2.0G   4.0K 2.0G   1%    /dev
tmpfs              395M   1.3M 393M   1%    /run
none               5.0M   0    5.0M   0%    /run/lock
none               2.0G   52M  1.9G   3%    /run/shm
none               100M   60K  100M   1%    /run/user
```

6.7.6 查看网络信息和网络监控命令

1. ifconfig

该命令用于查看机器挂载的网卡情况。

使用方式：

ifconfig -a

命令输出：

```
robert@robert-ubuntu1410: ~$ ifconfig -a
eth0      Link encap:以太网  硬件地址 08:00:27:2f:70:b6
          inet 地址:192.168.1.102  广播:192.168.1.255  掩码:255.255.255.0
          inet6 地址: fe80::a00:27ff:fe2f:70b6/64 Scope:Link
          UP BROADCAST RUNNING MULTICAST  MTU:1500  跃点数:1
          接收数据包:14392 错误:0 丢弃:0 过载:0 帧数:0
          发送数据包:8665 错误:0 丢弃:0 过载:0 载波:0
          碰撞:0 发送队列长度:1000
          接收字节:15021524 (15.0 MB)  发送字节:858553 (858.5 KB)
lo        Link encap:本地环回
          inet 地址:127.0.0.1  掩码:255.0.0.0
          inet6 地址: ::1/128 Scope:Host
          UP LOOPBACK RUNNING  MTU:65536  跃点数:1
          接收数据包:4161 错误:0 丢弃:0 过载:0 帧数:0
          发送数据包:4161 错误:0 丢弃:0 过载:0 载波:0
          碰撞:0 发送队列长度:0
```

```
接收字节：331544 (331.5 KB)  发送字节：331544 (331.5 KB)
```

可见机器有两个网卡，一个是 eth0，另一个是本地回环虚拟网卡。

另外，iproute2 软件包里包含一个强大的网络配置工具 ip，它是升级版的 ifconfig 命令，提供了更多的高级功能。

2. ping

ping 命令是用于检测网络故障的常用命令，可以用来测试一台主机到另外一台主机的网络是否连通。

使用方式：

```
ping www.baidu.com
```

命令输出：

```
robert@robert-ubuntu1410: ~$ ping www.baidu.com
PING www.a.shifen.com (111.13.100.92) 56(84) bytes of data.
64 bytes from localhost (111.13.100.92): icmp_seq=1 ttl=54 time=4.91 ms
64 bytes from localhost (111.13.100.92): icmp_seq=2 ttl=54 time=8.76 ms
^C
--- www.a.shifen.com ping statistics ---
2 packets transmitted, 2 received, 0% packet loss, time 1001ms
rtt min/avg/max/mdev = 4.917/6.838/8.760/1.923 ms
```

3. telnet

telnet 是 TCP/IP 协议族的一员，是网络远程登录服务的标准协议，帮助用户在本地计算机上连接远程主机。

使用方式：

```
telnet IP PORT
```

命令输出：

```
robert@robert-ubuntu1410: ~$ telnet localhost 6379
Trying ::1...
Connected to localhost.
Escape character is '^]'.
set hello world
get hello
```

```
$3
world
```

从输出中可以看到，使用 telnet 协议可以直接连接 Redis 端口，并发送 Redis 命令。

4. nc

nc 是 NetCat 的简称，在网络调试工具中享有"瑞士军刀"的美誉，此命令功能丰富、短小精悍、简单实用，被设计成一款易用的网络工具，可通过 TCP/UDP 传输数据。同时，它是一款网络应用调试分析器，因为它可以根据需要创建各种类型的网络服务和连接，在调试 RESTful 服务时，经常会出现不可预期的结果，在这种情况下可以使用 nc 模拟启动服务器，把 HTTP 客户端连接到 nc 上，在 nc 上会打印出 RESTful 服务提供的所有参数，然后一一检查参数，找到问题。

当然，它也可用于传输二进制或者文本文件。

传输文件端：

```
robert@robert-ubuntu1410: ~$ nc localhost 8888 < test.txt
```

接收文件端：

```
robert@robert-ubuntu1410: ~$ nc -l 8888
12345678
```

5. mtr

mtr 命令是 Linux 系统中的网络连通性测试工具，也可以用来检测丢包率。

使用方式：

```
mtr -r sina.com
```

命令输出：

```
robert@robert-ubuntu1410: ~$ mtr -r sina.com
Start: Sun Apr 23 16: 40: 27 2017
HOST: robert-ubuntu1410           Loss%   Snt   Last   Avg   Best   Wrst  StDev
  1.|-- 192.168.1.1               0.0%    10    2.0    2.5    0.9   10.4   2.7
  2.|-- 172.30.44.1               0.0%    10    6.4    7.5    5.8   13.8   2.3
  3.|-- 10.1.10.201               0.0%    10    3.0    3.4    3.0    4.2   0.0
  4.|-- 111.63.14.97              0.0%    10    5.5    6.6    5.1   16.4   3.4
```

```
 5.|-- 111.11.74.9            90.0%    10   10.8   10.8   10.8   10.8    0.0
 6.|-- 111.11.65.117          90.0%    10    7.9    7.9    7.9    7.9    0.0
 7.|-- 221.183.26.205         80.0%    10    8.0    9.1    8.0   10.1    1.4
 8.|-- 221.176.16.250         80.0%    10   11.9   12.8   11.9   13.8    1.0
 9.|-- 221.176.21.194         90.0%    10   11.6   11.6   11.6   11.6    0.0
10.|-- 202.97.15.177          90.0%    10   25.1   25.1   25.1   25.1    0.0
11.|-- 202.97.88.237          90.0%    10   14.1   14.1   14.1   14.1    0.0
12.|-- 202.97.53.110           0.0%    10   20.4   16.0   13.7   20.4    2.1
13.|-- 202.97.58.114           0.0%    10   14.4   17.9   14.4   21.4    2.4
14.|-- 202.97.51.86           40.0%    10  211.2  207.4  204.9  211.2    2.5
15.|-- 203.14.186.34           0.0%    10  224.7  201.3  194.9  224.7   10.3
16.|-- 218.30.41.234           0.0%     9  218.1  219.6  215.3  238.7    7.3
17.|-- ???                   100.0      9    0.0    0.0    0.0    0.0    0.0
```

其中的第 2 列为丢包率,可以用来判断网络中两台机器的连通质量。

6. nslookup

这是一款检测网络中 DNS 服务器能否正确解析域名的工具命令,并且可以输出。

使用方式:

```
nslookup sina.com
```

命令输出:

```
robert@robert-ubuntu1410:~$ nslookup sina.com
Server:         127.0.1.1
Address:        127.0.1.1#53
Non-authoritative answer:
Name:   sina.com
Address: 66.102.251.33
```

从输出中可以看到,sina.com 域名被正确解析到 IP 地址 66.102.251.33。

7. traceroute

traceroute 可以提供从用户的主机到互联网另一端的主机的路径,虽然每次数据包由同一出发点到达同一目的地的路径可能会不一样,但通常来说大多数情况下路径是相同的。

使用方式:

```
traceroute sina.com
```

命令输出：

```
robert@robert-ubuntu1410: ~$ traceroute sina.com
traceroute to sina.com (66.102.251.33), 30 hops max, 60 byte packets
 1  192.168.1.1 (192.168.1.1)  4.373 ms  4.351 ms  4.337 ms
 2  172.30.44.1 (172.30.44.1)  9.573 ms  10.107 ms  10.422 ms
 3  10.1.1.2 (10.1.1.2)  4.696 ms  4.473 ms  4.637 ms
 4  111.63.14.97 (111.63.14.97)  6.118 ms  6.929 ms  6.904 ms
 5  * * *
 6  * * *
 7  * * *
 8  * * *
 9  * * *
10  * * 221.176.23.54 (221.176.23.54)  22.312 ms
11  * * *
12  202.97.53.86 (202.97.53.86)  17.421 ms 202.97.53.34 (202.97.53.34)  29.006 ms 202.97.53.114 (202.97.53.114)  15.464 ms
13  202.97.58.114 (202.97.58.114)  17.840 ms 202.97.58.122 (202.97.58.122)  16.655 ms  20.011 ms
14  202.97.51.86 (202.97.51.86)  207.216 ms  207.157 ms  211.004 ms
15  203.14.186.34 (203.14.186.34)  199.606 ms  196.477 ms  195.614 ms
16  218.30.41.234 (218.30.41.234)  215.134 ms  214.705 ms  220.728 ms
17  66.102.251.33 (66.102.251.33)  209.436 ms  210.263 ms  208.335 ms
```

在输出中记录按序列号从 1 开始，每个记录代表网络一跳，每跳一次表示经过一个网关或者路由；我们看到每行有三个时间，单位是毫秒，指的是这一跳需要的时间。

8. sar

sar 是一个多功能的监控工具，使用简单，不需要管理员权限，可以输出每秒的网卡存取速度，适合线上排查问题时使用。

使用方式：

```
sar -n DEV 1 1
```

命令输出：

```
robert@robert-ubuntu1410: ~$ sar -n DEV 1 1
Linux 3.16.0-30-generic (robert-ubuntu1410)    2017年04月23日    _x86_64_   (4 CPU)
16时35分23秒     IFACE   rxpck/s   txpck/s   rxkB/s   txkB/s   rxcmp/s   txcmp/s   rxmcst/s   %ifutil
16时35分24秒      eth0      8.00     12.00     2.03     0.86      0.00      0.00       0.00     0.00
```

16时35分24秒	lo	16.00	16.00	2.38	2.38	0.00	0.00
0.00	0.00						
16时35分24秒	IFACE	rxpck/s	txpck/s	rxkB/s	txkB/s	rxcmp/s	
txcmp/s	rxmcst/s	%ifutil					
16时35分25秒	eth0	141.00	119.00	60.94	23.30	0.00	0.00
0.00	0.05						
16时35分25秒	lo	6.00	6.00	0.84	0.84	0.00	0.00
0.00	0.00						
16时35分25秒	IFACE	rxpck/s	txpck/s	rxkB/s	txkB/s	rxcmp/s	
txcmp/s	rxmcst/s	%ifutil					
16时35分26秒	eth0	41.00	36.00	12.28	10.86	0.00	0.00
0.00	0.01						
16时35分26秒	lo	4.00	4.00	0.52	0.52	0.00	0.00
0.00	0.00						
16时35分26秒	IFACE	rxpck/s	txpck/s	rxkB/s	txkB/s	rxcmp/s	
txcmp/s	rxmcst/s	%ifutil					
16时35分27秒	eth0	2.00	3.00	0.12	0.19	0.00	0.00
0.00	0.00						
16时35分27秒	lo	0.00	0.00	0.00	0.00	0.00	0.00
0.00	0.00						

从输出中可以看到网卡的读写速度和流量，在应急过程中可以用来判断服务器是否上量。

此命令除了可以用于查看网卡的信息，还可以用来收集如下服务的状态信息。

- -A：所有报告的总和。

- -u：CPU 利用率。

- -v：进程、I 节点、文件和锁表状态。

- -d：硬盘的使用报告。

- -r：没有使用的内存页面和硬盘块。

- -g：串口 I/O 的情况。

- -b：缓冲区的使用情况。

- -a：文件的读写情况。

- -c：系统的调用情况。

- -R：进程的活动情况。

- -y：终端设备的活动情况。

- -w：系统的交换活动。

9. netstat

此命令显示网络连接、端口信息等，另外一个命令 ss 与 netstat 命令类似，不再单独介绍。

1）根据进程查找端口

（1）根据进程名查找进程 ID：

```
ps -elf | grep 进程
```

输出：

```
robert@robert-ubuntu1410: ~$ ps -elf | grep vesta
0 S robert    2862  1988 10 80   0 - 233215 futex_ 10:00 pts/0    00:00:22 java
-server -Xms512m -Xmx512m -Xmn128m -XX:PermSize=128m -Xss256k -XX:+DisableExplicitGC
-XX:+UseConcMarkSweepGC -XX:+CMSParallelRemarkEnabled -XX:
+UseCMSCompactAtFullCollection -XX:+UseCMSInitiatingOccupancyOnly -XX:
CMSInitiatingOccupancyFraction=60 -verbose: gc -XX:+PrintGCDateStamps -XX:
+PrintTenuringDistribution -XX:+PrintGCDetails -Xloggc:./logs/gc.log -cp
/home/robert/working/workspace/vesta-id-generator/releases/vesta-id-generator-0.
0.1-release/bin/vesta-rest-0.0.1/extlib -jar ./lib/vesta-rest-0.0.1.jar
0 R robert    2963  2778  0 80   0 -   3993 -       10:04 pts/0    00:00:00 grep
--color=auto vesta
```

获得进程 ID 为 2862。

（2）根据进程 ID 查找进程开启的端口：

```
netstat -nap | grep 2862
```

输出：

```
robert@robert-ubuntu1410: ~$ netstat -nap | grep 2862
tcp6       0      0 :::8080                 :::*                    LISTEN      2862/java
unix  2      [ ]         流          已连接      21371    2862/java
```

获得监听端口为 8080。

2）根据端口查找进程

（1）查找使用端口的进程号：

```
netstat -nap | grep 8080
```

输出：

```
robert@robert-ubuntu1410: ~$ netstat -nap | grep 8080
tcp6       0      0 :::8080              :::*             LISTEN      2862/java
```

获得进程 ID 为 2862。

（2）根据进程 ID 查找进程的详细信息：

```
ps -elf | grep 2862
```

输出：

```
robert@robert-ubuntu1410: ~$ ps -elf | grep 2862
0 S robert    2862 1988  3 80   0 - 233215 futex_ 10:00 pts/0    00:00:23 java
-server -Xms512m -Xmx512m -Xmn128m -XX:PermSize=128m -Xss256k -XX:+DisableExplicitGC
-XX:+UseConcMarkSweepGC -XX:+CMSParallelRemarkEnabled -XX:
+UseCMSCompactAtFullCollection -XX:+UseCMSInitiatingOccupancyOnly -XX:
CMSInitiatingOccupancyFraction=60 -verbose:gc -XX:+PrintGCDateStamps -XX:
+PrintTenuringDistribution -XX:+PrintGCDetails -Xloggc:./logs/gc.log -cp
/home/robert/working/workspace/vesta-id-generator/releases/vesta-id-generator-0.
0.1-release/bin/vesta-rest-0.0.1/extlib -jar ./lib/vesta-rest-0.0.1.jar
```

10. iptraf

iptraf 是一个实时监控网络流量的交互式的彩色文本屏幕界面。它监控的数据比较全面，可以输出 TCP 连接、网络接口、协议、端口、网络包大小等信息，但是耗费的系统资源比较多，且需要管理员权限。

使用方式：

```
sudo iptraf
```

命令输出如图 6-3 所示。

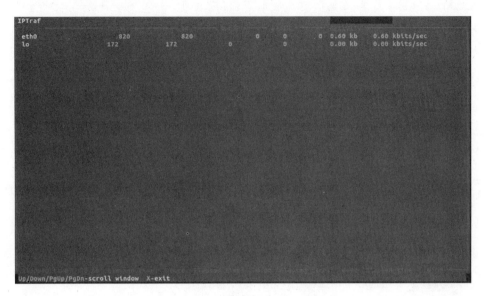

图 6-3

在进入主界面之前可以选择不同的选项,在不同的选项下可以查看不同维度的网络信息。

11. tcpdump

tcpdump 是网络状况分析和跟踪工具,是可以用来抓包的实用命令,使用前需要对 TCP/IP 有所熟悉,因为过滤使用的信息都是 TCP/IP 格式。

显示来源 IP 或者目的 IP 为 192.168.1.102 的网络通信:

```
sudo tcpdump -i eth0 host 192.168.1.102
```

显示去往 102.168.1.102 的所有 FTP 会话信息:

```
sudo tcpdump -i eth1 'dst 192.168.1.102 and (port 21 or 20)'
```

显示去往 102.168.1.102 的所有 HTTP 会话信息:

```
sudo tcpdump -ni eth0 'dst 192.168.1.102 and tcp and port 8080'
```

12. nmap

扫描某一主机打开的端口及端口提供的服务信息,通常用于查看本机有哪些端口对外提供服务,或者确定服务器有哪些端口对外开放。

使用方式:

nmap -v -A localhost

命令输出:

```
robert@robert-ubuntu1410: ~$ nmap -v -A localhost
Starting Nmap 6.40 ( http://nmap.org ) at 2017-04-23 12: 11 CST
NSE: Loaded 110 scripts for scanning.
NSE: Script Pre-scanning.
Initiating Ping Scan at 12: 11
Scanning localhost (127.0.0.1) [2 ports]
Completed Ping Scan at 12: 11, 0.00s elapsed (1 total hosts)
Initiating Connect Scan at 12: 11
Scanning localhost (127.0.0.1) [1000 ports]
Discovered open port 22/tcp on 127.0.0.1
Discovered open port 8080/tcp on 127.0.0.1
Discovered open port 25/tcp on 127.0.0.1
Discovered open port 3306/tcp on 127.0.0.1
Discovered open port 631/tcp on 127.0.0.1
Completed Connect Scan at 12: 11, 0.01s elapsed (1000 total ports)
Initiating Service scan at 12: 11
Scanning 5 services on localhost (127.0.0.1)
Completed Service scan at 12: 11, 6.04s elapsed (5 services on 1 host)
NSE: Script scanning 127.0.0.1.
Initiating NSE at 12: 11
Completed NSE at 12: 11, 0.22s elapsed
Nmap scan report for localhost (127.0.0.1)
Host is up (0.00025s latency).
Not shown: 995 closed ports
PORT     STATE SERVICE VERSION
22/tcp   open  ssh     (protocol 2.0)
| ssh-hostkey: 1024 95: 41: c2: 46: 25: 8d: bc: 2d: d1: 15: c6: 90: ca: a7: 8b: bc (DSA)
| 2048 47: 32: 93: bf: 49: df: 9c: e7: d7: c5: f8: ef: 92: e3: 28: c2 (RSA)
|_256 bd: ef: f2: 21: 01: b1: cb: 78: c7: 42: a8: f3: 5f: 40: e3: 37 (ECDSA)
25/tcp   open  smtp    Postfix smtpd
|_smtp-commands: robert-ubuntu1410, PIPELINING, SIZE 10240000, VRFY, ETRN, STARTTLS, ENHANCEDSTATUSCODES, 8BITMIME, DSN,
| ssl-cert: Subject: commonName=ubuntu-kylin
| Issuer: commonName=ubuntu-kylin
| Public Key type: rsa
| Public Key bits: 2048
| Not valid before: 2015-10-24T08: 56: 26+00: 00
| Not valid after:  2025-10-21T08: 56: 26+00: 00
| MD5:   2458 afb6 3955 335a b4ad 171e 3917 b222
|_SHA-1: eb49 e335 4352 ccd7 4582 aa2d 1002 7eb3 725e 9045
|_ssl-date: 2103-09-27T17: 18: 12+00: 00; +86y157d13h06m52s from local time.
```

```
631/tcp  open  ipp       CUPS 1.7
| http-methods: GET HEAD OPTIONS POST PUT
| Potentially risky methods: PUT
|_See http://nmap.org/nsedoc/scripts/http-methods.html
| http-robots.txt: 1 disallowed entry
|_/
|_http-title: Home - CUPS 1.7.2
3306/tcp open  mysql     MySQL 5.5.54-0ubuntu0.14.04.1
| mysql-info: Protocol: 10
| Version: 5.5.54-0ubuntu0.14.04.1
| Thread ID: 38
| Some Capabilities:Long Passwords, Connect with DB, Compress, ODBC, Transactions, Secure Connection
| Status: Autocommit
|_Salt: yB|ixB~v
8080/tcp open  http      Apache Tomcat/Coyote JSP engine 1.1
|_http-favicon: Unknown favicon MD5: 0488FACA4C19046B94D07C3EE83CF9D6
| http-methods: GET HEAD POST PUT DELETE TRACE OPTIONS PATCH
| Potentially risky methods: PUT DELETE TRACE PATCH
|_See http://nmap.org/nsedoc/scripts/http-methods.html
|_http-title: Site doesn't have a title (application/json;charset=UTF-8).
1 service unrecognized despite returning data. If you know the service/version, please submit the following fingerprint at http://www.insecure.org/cgi-bin/servicefp-submit.cgi :
SF-Port22-TCP: V=6.40%I=7%D=4/23%Time=58FC2968%P=x86_64-pc-linux-gnu%r(NULL
SF: ,2B,"SSH-2\.0-OpenSSH_6\.6\.1p1\x20Ubuntu-2ubuntu2\.8\r\n");
Service Info: Host: robert-ubuntu1410
NSE: Script Post-scanning.
Initiating NSE at 12: 11
Completed NSE at 12: 11, 0.00s elapsed
Read data files from: /usr/bin/../share/nmap
Service detection performed. Please report any incorrect results at http://nmap.org/submit/ .
Nmap done: 1 IP address (1 host up) scanned in 6.49 seconds
```

从上面的输出中可以看到，有如下端口对外提供服务。

- Discovered open port 22/tcp on 127.0.0.1

- Discovered open port 8080/tcp on 127.0.0.1

- Discovered open port 25/tcp on 127.0.0.1

- Discovered open port 3306/tcp on 127.0.0.1

- Discovered open port 631/tcp on 127.0.0.1

其中，8080 是 Vesta 发号器对外提供的服务，3306 是 MySQL 对外提供的服务。

13. ethtool

ethtool 用于查看网卡的配置情况。

使用方式：

ethtool 网卡名称

命令输出：

```
robert@robert-ubuntu1410: ~$ ethtool eth0
Settings for eth0:
    Supported ports: [ TP ]
    Supported link modes:   10baseT/Half 10baseT/Full
                            100baseT/Half 100baseT/Full
                            1000baseT/Full
    Supported pause frame use: No
    Supports auto-negotiation: Yes
    Advertised link modes:  10baseT/Half 10baseT/Full
                            100baseT/Half 100baseT/Full
                            1000baseT/Full
    Advertised pause frame use: No
    Advertised auto-negotiation: Yes
    Speed: 1000Mb/s
    Duplex: Full
    Port: Twisted Pair
    PHYAD: 0
    Transceiver: internal
    Auto-negotiation: on
    MDI-X: off (auto)
Cannot get wake-on-lan settings: Operation not permitted
    Current message level: 0x00000007 (7)
                drv probe link
    Link detected: yes
```

输出模型中包含 1000baseT/Full，所以，eth0 网卡为千兆网卡。

6.7.7 Linux 系统的高级工具

1. pstack

pstack 命令用来显示每个进程的本地调用栈。可以使用 pstack 来查看进程正在挂起的执行方法，也可以查看进程的本地线程堆栈，与 JVM 的 jstack 配合使用可以看到 JVM 线程运行的全部状况。

使用方式：

```
pstack 2862
```

命令输出：

```
pstack 9040 >> /tmp/pstack.log
Thread 289 (Thread 0x7f8928bdb700 (LWP 9041)):
#0  0x00000032a480ea5d in accept () from /lib64/libpthread.so.0
#1  0x00007f88735eaad7 in NET_Accept () from /apps/product/jdk1.6.0_19/jre/lib/amd64/libnet.so
#2  0x00007f88735e6ad0 in Java_java_net_PlainSocketImpl_socketAccept () from /apps/product/jdk1.6.0_19/jre/lib/amd64/libnet.so
#3  0x00007f8921010c48 in ?? ()
#4  0x00007f88fca90bd8 in ?? ()
#5  0x00007f88fca90c20 in ?? ()
#6  0x0000000000000001 in ?? ()
#7  0x00007f8928bd9c28 in ?? ()
#8  0x0000000000000000 in ?? ()
Thread 288 (Thread 0x7f88809fe700 (LWP 9042)):
#0  0x00000032a480b5bc in pthread_cond_wait@@GLIBC_2.3.2 () from /lib64/libpthread.so.0
#1  0x00007f89291b6757 in os::PlatformEvent::park() () from /apps/product/jdk1.6.0_19/jre/lib/amd64/server/libjvm.so
#2  0x00007f892918fc45 in Monitor::IWait(Thread*, long) () from /apps/product/jdk1.6.0_19/jre/lib/amd64/server/libjvm.so
#3  0x00007f892919040e in Monitor::wait(bool, long, bool) () from /apps/product/jdk1.6.0_19/jre/lib/amd64/server/libjvm.so
#4  0x00007f8928f413b5 in GCTaskManager::get_task(unsigned int) () from /apps/product/jdk1.6.0_19/jre/lib/amd64/server/libjvm.so
#5  0x00007f8928f42663 in GCTaskThread::run() () from /apps/product/jdk1.6.0_19/jre/lib/amd64/server/libjvm.so
#6  0x00007f89291b702f in java_start(Thread*) () from /apps/product/jdk1.6.0_19/jre/lib/amd64/server/libjvm.so
#7  0x00000032a48079d1 in start_thread () from /lib64/libpthread.so.0
#8  0x00000032a40e886d in clone () from /lib64/libc.so.6
......
```

2. strace

strace 是 Linux 系统下的一款系统调用工具,用来监控一个应用程序所使用的系统调用,通过它可以跟踪系统调用,并了解 Linux 程序是怎样工作的,适用于想研究 Linux 底层的工作机制,或者由 JVM 和 Linux 系统本身的 Bug 导致的技术攻关的场景。

6.7.8 /proc 文件系统

Linux 系统内核提供了通过/proc 文件系统查看运行时系统内核内的数据结构的能力,也可以改变系统内核的参数设置。

显示 CPU 信息:

cat /proc/cpuinfo

显示内存信息:

cat /proc/meminfo

显示详细的内存映射信息:

cat /proc/zoneinfo

显示磁盘映射信息:

cat /proc/mounts

查看系统的平均负载:

cat /proc/loadavg

6.7.9 摘要命令

1. md5sum

该命令用于生成 md5 摘要,通常用于在文件上传和下载操作中校验内容的正确性,或者通过 hmac 做对称数据签名。

为文件生成 md5 摘要：

```
robert@robert-ubuntu1410:~$ md5sum test.txt
23cdc18507b52418db7740cbb5543e54  test.txt
```

2. sha256

md5 摘要算法可以通过碰撞的方法被破解，虽然碰撞后数据符合业务规则的可能性比较小，但是安全无小事，我们倾向于使用更安全的 sha256 算法。

sha256 通常也用于在文件上传和下载操作中校验正确性，或者通过校验的 sha256-hmac 做对称数据签名。

为文件生成 sha256 摘要：

```
robert@robert-ubuntu1410:~$ sha256sum test.txt
2634c3097f98e36865f0c572009c4ffd73316bc8b88ccfe8d196af35f46e2394  test.txt
```

3. base64

base64 编码是网络上最常见的用于传输 8 位字节码的编码方式之一，这种编码方式可以保证所输出的编码位全都是可读字符。base64 制定了一个编码表，以便进行统一转换。编码表共有 64 个字符，因此被称为 base64 编码。

base64 编码把 3 个 8 位字节（3×8=24）转化为 4 个 6 位字节（4×6=24），之后在 6 位的前面补两个 0，形成 8 位一个字节的形式。如果剩下的字符不足 3 个字节，则用 0 填充，输出字符使用'='，因此编码后输出的文本末尾可能会出现 1 个或者两个'='。

把文件内容转换成 base64 编码：

```
robert@robert-ubuntu1410:~$ base64 test.txt
MTIzNDU2NzgK
```

另外，在区块链里存储密钥时并没有使用 base64 编码，而是使用了 base58 编码，去除了肉眼容易混淆的可见字符，例如去除了'I'，因为它和数字'1'相似；又如去掉了字母'o'，因为它和数字'0'相似，从这里可以看到一款产品是如何从用户的角度思考和设计的。

6.7.10 小结

这里把 6.7 节介绍的命令汇总成表,如表 6-3 所示。

表 6-3

序 号	命 令	使 用 场 景
1	grep	超级强大的文本查找命令,常用于在大量文件中查找相关的关键词
2	find	查找某些文件,常用于在众多项目中根据文件名查找某些文件
3	uptime	查看操作系统启动的时间、登录的用户、系统的负载等
4	lsof	查看某个进程打开的文件句柄
5	ulimit	查看用户对资源使用的限制,例如:打开的最大文件句柄、创建的最大线程数等
6	curl	模拟 HTTP 调用,常用于 RESTful 服务的简单测试
7	scp	从服务器上下载文件或者上传文件到服务器上
8	vi/vim	在服务器上编辑文件,或者作为开发脚本程序的编辑环境
9	dos2unix & unix2dos	转换 Windows 和 UNIX/Linux 的换行符
10	awk	一款强大的按照行进行文本处理和分割的工具
11	ps	查看系统内的进程列表,可以看到内存、CPU 等信息
12	top、htop	按照资源的使用情况排序显示系统内的进程列表
13	pidstat	针对某一进程输出系统资源的使用情况,包括:CPU、内存、I/O 等
14	free	查看系统的内存使用情况
15	pmap	查看进程的详细的内存分配情况
16	vmstat	查看系统的 CPU 利用率、负载、内存等信息
15	mpstat	查看系统的 CPU 利用率、负载,并且按照 CPU 核心分别显示相关信息
17	iostat	查看磁盘 I/O 的信息及传输速度
18	swapon	查看系统交换区的使用情况
19	df	显示磁盘挂载的信息
20	ifconfig、ip	显示网卡挂载的信息
21	ping	检测某服务器到其他服务器的网络连接情况
22	telnet	检测某服务器的端口是否正常对外服务
23	nc	模拟开启 TCP/IP 的服务器,通常用于拦截 HTTP 传递的参数,帮助定位 RESTful 服务的问题
24	mtr	检测网络连通性问题,并可以获取某一个域名或者 IP 的丢包率
25	nslookup	判断 DNS 能否正确解析域名,以及将域名解析到哪个 IP 地址
26	traceroute	跟踪网络传输的详细路径,显示每一级网关的信息

续表

序号	命令	使用场景
27	sar	为全面监控网络、磁盘、CPU、内存等信息的轻量级工具
28	netstat(ss)	通常用于查看网络端口的连接情况
29	iptraf	用于获取网络 I/O 的传输速度及其他网络状态信息
30	tcpdump	可以拦截本机网卡上任何协议的通信内容,用于调试网络问题
31	nmap	扫描某一服务器打开的端口
32	ethtool	查看网卡的配置或者配置网卡
33	pstack	打印进程内的调用堆栈
34	strace	跟踪进程内的工作机制
35	/Proc 文件系统	实时查看系统的 CPU、内存、I/O 等信息
36	md5sum	生成 md5 摘要
37	sha256	生成 sha256 摘要
38	base64	生成 base64 编码

6.8 现实中的应急和攻关案例

6.8.1 一次 OOM 事故的分析和定位

我们都知道 JVM 的内存管理是自动化的,Java 的程序指针也不需要开发人员手工释放,会由 JVM 的 GC 自动进行回收,但是如果编程不当,JVM 仍然会发生内存泄漏,导致 Java 程序产生 OutOfMemoryError(OOM)错误。

产生 OutOfMemoryError 错误的原因如下。

(1)java.lang.OutOfMemoryError: Java heap space,表示 Java 堆空间不足。当应用程序申请更多的内存时,若 Java 堆内存已经无法满足应用程序的需要,则将抛出这种异常。

(2)java.lang.OutOfMemoryError: PermGen space,表示 Java 永久代(方法区)的空间不足。永久代用于存放类的字节码和常量池,类的字节码被加载后存放在这个区域,这和存放对象实例的堆区是不同的。大多数 JVM 的实现都不会对永久代进行垃圾回收,因此,只要类加载过多就会出现这个问题。一般的应用程序都不会产生这个错误,然而,对于 Web 服务器会产生大量的 JSP,JSP 在运行时被动态地编译为 Java Servlet 类,然后加载到方法区,因此有很多 JSP 的 Web 工程可能会产生这个异常。

(3) java.lang.OutOfMemoryError: unable to create new native thread,本质原因是创建了太多的线程,而系统允许创建的线程数是有限制的。

(4) java.lang.OutOfMemoryError:GC overhead limit exceeded,是并行(或者并发)垃圾回收器的 GC 回收时间过长、超过 98% 的时间用来做 GC 并且回收了不到 2% 的堆内存时抛出的异常,用来提前预警,避免内存过小导致应用不能正常工作。

下面的两个异常与 OOM 有关系,却又没有绝对关系。

- java.lang.StackOverflowError,是 JVM 的线程由于递归或者方法调用的层次太多,占满了线程堆栈而导致的,线程堆栈的默认大小为 1MB。
- java.net.SocketException: too many open files,是由于系统对文件句柄的使用有限制,而某个应用程序使用的文件句柄超过了这个限制而导致的。

接下来讲解笔者经历的一次 OOM 问题及其定位、解决的过程。

1. 产生问题

在某段时间内,我们发现不同的业务服务开始偶尔发生地报 OOM 的异常,有时在白天发生,有时在晚上发生,有时是基础服务 A 发生的,有时是上层服务 B 发生的,有时是上层服务 C 发生的,有时是下层服务 D 发生的,丝毫看不到一点规律。

产生问题的异常如下:

```
Caused by: java.lang.OutOfMemoryError: unable to create new native thread at java.lang.Thread.start0(Native Method)
    at java.lang.Thread.start(Thread.java:597)
    at java.util.Timer.<init>(Timer.java:154)
    ……
```

2. 解决问题

经过细心观察会发现,问题虽然在不同的时间和服务池发生,但是在晚上零点发生的概率较大,也偶尔在其他时间发生,但都发生在整点。

这个规律很重要，从这个角度思考：在整点或者零点系统是否有定时，与出问题的每个业务系统的技术负责人核实后确认的结果是零点没有定时任务，其他时间的整点有定时任务，但是与发生问题的时间不吻合，这个思路行不通。

到现在为止，从问题发生的规律上我们已经没办法继续分析，所以回顾错误本身：

java.lang.OutOfMemoryError: unable to create new native thread

错误产生的原因是应用不能创建线程，但是应用还需要创建线程。为什么不能创建线程呢？有如下具体原因。

（1）由于线程使用的资源过多，操作系统已经不能再提供资源给应用了。

（2）操作系统设置了应用创建线程的最大数量，此时已经达到了允许创建的最大数量。

上面第 1 条中的资源指的是内存；而第 2 条中，在 Linux 下线程是使用轻量级进程实现的，因此线程的最大数量也是操作系统所允许进程的最大数量。

1）内存计算

操作系统中的最大可用内存除了操作系统本身使用的部分，剩下的都可以为某个进程服务。在 JVM 进程中，内存又被分为堆、本地内存和栈三大块。Java 堆是 JVM 自动管理的内存，应用对象的创建和销毁、类的装载等都在这里进行；本地内存是 Java 应用使用的一种特殊内存，JVM 并不直接管理其生命周期；每个线程也会有一个栈，用来存储线程工作过程中产生的方法局部变量、方法参数和返回值，每个线程对应的栈的默认大小为 1MB。

Linux 和 JVM 的内存管理如图 6-4 所示。

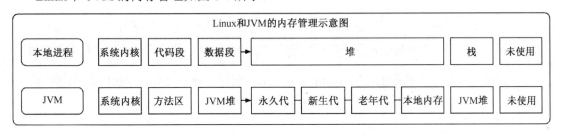

图 6-4

因此，从内存的角度来看创建线程需要内存空间，如果 JVM 进程正为一个应用创建线程，而操作系统没有剩余的内存分配给此 JVM 进程，则会抛出 OOM 异常：

unable to create new native thread。

如下公式可以用来从内存的角度计算允许创建的最大线程数：

最大线程数=（操作系统最大可用内存 - JVM 内存 - 操作系统预留内存）/线程栈大小

根据这个公式，我们可以通过剩余内存计算可以创建的线程的数量。

下面是在生产机器上此时问题出现时执行 Linux 命令 free 的输出结果：

```
free -m >> /tmp/free.log
             total       used       free     shared    buffers     cached
Mem:          7872       7163        709          0         31       3807
-/+ buffers/cache:       3324       4547
Swap:         4095        173       3922
Tue Jul 5 00:27:51 CST 2016
```

从上面的输出中可以看出，生产机器有 8GB 内存，使用了 7GB，剩余 700MB 可用，其中操作系统 cache 使用了 3.8GB。操作系统 cache 使用的 3.8GB 是用来缓存 I/O 数据的，如果进程内存不足，则这些内存可以释放出来优先分配给进程使用。然而，我们暂时不需要考虑这块内存，剩余的 700MB 空间完全可以继续用来创建线程：

$$700MB / 1MB = 700 \text{ 个线程}$$

因此，根据可用的内存计算出，当 OOM 异常"unable to create new native thread"问题发生时，还有 700MB 可用内存，可以创建 700 个线程。

到现在为止，可以证明此次 OOM 异常不是因为线程用光所有内存而导致的。

2）线程数对比

上面提到，有两个具体原因造成这个异常，上面已经排除了第 1 个原因。现在我们从第 2 个原因入手，评估操作系统是否设置了应用创建线程的最大数量，并且已经达到了最大允许数量。

在问题出现的生产机器上使用 ulimit -a 来显示当前的各种系统对用户使用资源的限制：

```
robert@robert-ubuntu1410:~$ ulimit -a
core file size          (blocks, -c) 0
data seg size           (kbytes, -d) unlimited
scheduling priority             (-e) 0
file size               (blocks, -f) unlimited
pending signals                 (-i) 62819
max locked memory       (kbytes, -l) 64
max memory size         (kbytes, -m) unlimited
```

```
open files                      (-n) 65535
pipe size               (512 bytes, -p) 8
POSIX message queues      (bytes, -q) 819200
real-time priority              (-r) 0
stack size              (kbytes, -s) 10240
cpu time              (seconds, -t) unlimited
max user processes              (-u) 1024
virtual memory          (kbytes, -v) unlimited
file locks                      (-x) unlimited
```

这里，我们看到生产机器允许使用的最大用户进程数为1024：

```
max user processes              (-u) 1024
```

现在，我们必须获得在问题产生时用户创建的线程情况。

使用 JVM 监控命令 jstack 打印 Java 线程情况，输出如下：

```
robert@robert-ubuntu1410:~$ jstack 2743
2017-04-09 12:06:51
Full thread dump Java HotSpot(TM) Server VM (25.20-b23 mixed mode):
"Attach Listener" #23 daemon prio=9 os_prio=0 tid=0xc09adc00 nid=0xb4c waiting on condition [0x00000000]
   java.lang.Thread.State: RUNNABLE
"http-nio-8080-Acceptor-0" #22 daemon prio=5 os_prio=0 tid=0xc3341000 nid=0xb02 runnable [0xbf1bd000]
   java.lang.Thread.State: RUNNABLE
    at sun.nio.ch.ServerSocketChannelImpl.accept0(Native Method)
    at sun.nio.ch.ServerSocketChannelImpl.accept(ServerSocketChannelImpl.java:241)
    - locked <0xcf8938d8> (a java.lang.Object)
    at org.apache.tomcat.util.net.NioEndpoint$Acceptor.run(NioEndpoint.java:688)
    at java.lang.Thread.run(Thread.java:745)
"http-nio-8080-ClientPoller-1" #21 daemon prio=5 os_prio=0 tid=0xc35bc400 nid=0xb01 runnable [0xbf1fe000]
   java.lang.Thread.State: RUNNABLE
    at sun.nio.ch.EPollArrayWrapper.epollWait(Native Method)
    at sun.nio.ch.EPollArrayWrapper.poll(EPollArrayWrapper.java:269)
    at sun.nio.ch.EPollSelectorImpl.doSelect(EPollSelectorImpl.java:79)
    at sun.nio.ch.SelectorImpl.lockAndDoSelect(SelectorImpl.java:86)
    - locked <0xcf99b100> (a sun.nio.ch.Util$2)
    - locked <0xcf99b0f0> (a java.util.Collections$UnmodifiableSet)
    - locked <0xcf99aff8> (a sun.nio.ch.EPollSelectorImpl)
    at sun.nio.ch.SelectorImpl.select(SelectorImpl.java:97)
    at org.apache.tomcat.util.net.NioEndpoint$Poller.run(NioEndpoint.java:1052)
    at java.lang.Thread.run(Thread.java:745)
```

......

可知，JVM 一共创建了 904 个线程，但还没有达到最大的进程限制 1024：

```
robert@robert-ubuntu1410:~$ grep "Thread " js.log | wc -l
   904
```

这时我们思考，除了 JVM 创建的应用层线程，JVM 本身可能会有一些管理线程存在，而且操作系统内当前用户下可能也有守护线程在运行。

我们继续从操作系统的角度来统计线程数，使用 Linux 操作系统命令 pstack 得到如下输出：

```
PID   LWP USER      %CPU %MEM CMD
  1     1 root       0.0  0.0 /sbin/init
  2     2 root       0.0  0.0 [kthreadd]
  3     3 root       0.0  0.0 [migration/0]
  4     4 root       0.0  0.0 [ksoftirqd/0]
  5     5 root       0.0  0.0 [migration/0]
  6     6 root       0.0  0.0 [watchdog/0]
  7     7 root       0.0  0.0 [migration/1]
  8     8 root       0.0  0.0 [migration/1]
  9     9 root       0.0  0.0 [ksoftirqd/1]
 10    10 root       0.0  0.0 [watchdog/1]
 11    11 root       0.0  0.0 [migration/2]
 12    12 root       0.0  0.0 [migration/2]
 13    13 root       0.0  0.0 [ksoftirqd/2]
 14    14 root       0.0  0.0 [watchdog/2]
 15    15 root       0.0  0.0 [migration/3]
 16    16 root       0.0  0.0 [migration/3]
 17    17 root       0.0  0.0 [ksoftirqd/3]
 18    18 root       0.0  0.0 [watchdog/3]
 19    19 root       0.0  0.0 [events/0]
 20    20 root       0.0  0.0 [events/1]
 21    21 root       0.0  0.0 [events/2]
 22    22 root       0.0  0.0 [events/3]
 23    23 root       0.0  0.0 [cgroup]
 24    24 root       0.0  0.0 [khelper]
......
 7257  7257 zabbix   0.0  0.0 /usr/local/zabbix/sbin/zabbix_agentd: active checks #2 [idle 1 sec]
 7258  7258 zabbix   0.0  0.0 /usr/local/zabbix/sbin/zabbix_agentd: active checks #3 [idle 1 sec]
 7259  7259 zabbix   0.0  0.0 /usr/local/zabbix/sbin/zabbix_agentd: active checks #4 [idle 1 sec]
......
 9040  9040 app      0.0 30.5 /apps/prod/jdk1.6.0_24/bin/java -Dnop -Djava.util.logging.manager=org.apache.juli.ClassLoaderLogManager
```

```
-Ddbconfigpath=/apps/dbconfig/ -Djava.io.tmpdir=/apps/data/java-tmpdir -server
-Xms2048m -Xmx2048m -XX:PermSize=128m -XX:MaxPermSize=512m
-Dcom.sun.management.jmxremote -Djava.rmi.server.hostname=192.168.10.194
-Dcom.sun.management.jmxremote.port=6969 -Dcom.sun.management.jmxremote.ssl=false
-Dcom.sun.management.jmxremote.authenticate=false -XX:+HeapDumpOnOutOfMemoryError
-XX:HeapDumpPath=/tmp -Xshare:off -Dhostname=sjsa-trade04 -Djute.maxbuffer=41943040
-Djava.net.preferIPv4Stack=true -Dfile.encoding=UTF-8 -Dworkdir=/apps/data/tomcat-work
-Djava.endorsed.dirs=/apps/product/tomcat-trade/endorsed -classpath
commonlib:/apps/product/tomcat-trade/bin/bootstrap.jar:/apps/product/tomcat-trade/bin
/tomcat-juli.jar -Dcatalina.base=/apps/product/tomcat-trade
-Dcatalina.home=/apps/product/tomcat-trade -Djava.io.tmpdir=/apps/data/tomcat-temp/
org.apache.catalina.startup.Bootstrap start
    9040  9041 app        0.0 30.5 /apps/prod/jdk1.6.0_24/bin/java -Dnop
-Djava.util.logging.manager=org.apache.juli.ClassLoaderLogManager
-Ddbconfigpath=/apps/dbconfig/ -Djava.io.tmpdir=/apps/data/java-tmpdir -server
-Xms2048m -Xmx2048m -XX:PermSize=128m -XX:MaxPermSize=512m
-Dcom.sun.management.jmxremote -Djava.rmi.server.hostname=192.168.10.194
-Dcom.sun.management.jmxremote.port=6969 -Dcom.sun.management.jmxremote.ssl=false
-Dcom.sun.management.jmxremote.authenticate=false -XX:+HeapDumpOnOutOfMemoryError
-XX:HeapDumpPath=/tmp -Xshare:off -Dhostname=sjsa-trade04
-Djute.maxbuffer=41943040 -Djava.net.preferIPv4Stack=true -Dfile.encoding=UTF-8
-Dworkdir=/apps/data/tomcat-work
-Djava.endorsed.dirs=/apps/product/tomcat-trade/endorsed -classpath
commonlib:/apps/product/tomcat-trade/bin/bootstrap.jar:/apps/product/tomcat-trad
e/bin/tomcat-juli.jar -Dcatalina.base=/apps/product/tomcat-trade
-Dcatalina.home=/apps/product/tomcat-trade
-Djava.io.tmpdir=/apps/data/tomcat-temp/ org.apache.catalina.startup.Bootstrap
start
    ......
```

通过命令统计出当前用户下已经创建的线程数为1021。

```
awk '{print $3}' pthreads.log | grep app | wc -l
   1021
```

现在我们确定，1021的线程数已经接近于1204的最大进程数了，正如前面提到的，在Linux操作系统里，线程是通过轻量级的进程实现的，因此，限制用户的最大进程数就是限制用户的最大线程数，至于为什么没有达到1024这个最大值就报出异常，应该是系统的自我保护功能在起作用。在剩下3个线程的前提下就开始报错，或者是因为app下有些守护进程并没有被统计到pstack的输出中。

到此为止，我们已经找到产生问题的原因了，但是，我们还是不知道为什么会创建这么多线程，从第1个输出得知，JVM已经创建907个应用线程，那么它们都在做什么事情呢？

于是，我们使用 JVM 的 jstack 命令，通过查看输出得知，每个线程都阻塞在打印日志的语句上，log4j 中打印日志的代码如下：

```
public void callAppenders(LoggingEvent event) {
    int writes = 0;
    for(Category c = this; c != null; c=c.parent) {
        // Protected against simultaneous call to addAppender, removeAppender,...
        synchronized(c) {
            if(c.aai != null) {
                writes += c.aai.appendLoopOnAppenders(event);
            }
            if(!c.additive) {
                break;
            }
        }
    }
    if(writes == 0) {
        repository.emitNoAppenderWarning(this);
    }
}
```

在 log4j 中打印日志时有一个锁，锁的作用是让打印日志可以串行，保证日志在日志文件中的正确性和顺序性。

为什么只有零点会出现打印日志阻塞，其他时间会偶尔发生呢？凌晨零点应用没有定时任务，系统会不会有 I/O 密集型的其他任务，比如归档日志、磁盘备份等？

经过与运维部门沟通，我们基本确定是每天凌晨零点的日志切割导致磁盘 I/O 被占用，于是堵塞打印日志。日志是每个工作任务必需的，日志阻塞时线程池阻塞，进而导致线程池被撑大，线程池里面的线程数接近或者超过 1024 就会报错。

到这里，我们基本确定了产生问题的原因，但是还需要对日志切割导致 I/O 增大进行分析和论证。

首先，我们使用前面介绍的 vmstat 查看问题发生时的 I/O 等待数据：

```
vmstat 2 1 >> /tmp/vm.log
procs -----------memory---------- ---swap-- -----io---- --system-- -----cpu-----
 r  b   swpd   free   buff  cache   si   so    bi    bo   in   cs us sy id wa st
 3  0 177608 725636  31856 3899144    0    0     2    10    0    0 39  1 59  0
Tue Jul 5 00:27:51 CST 2016
```

可见，问题发生时，CPU 的 I/O 等待为 59%。运维同事确认，脚本切割通过 cat 命令先把日志文件 cat 后，通过管道打印到另外一个文件，再清空原文件，因此一定会导致 I/O 的增加。

其实，在解决问题的过程中，我们认为线程被 I/O 阻塞，线程池被撑开，导致线程增多，于是查看了 Tomcat 线程池的设置，发现 Tomcat 线程池被设置为 800，按理说，永远不会超过 1024。

```
<Connector port="8080"
        maxThreads="800" minSpareThreads="25" maxSpareThreads="75"
        enableLookups="false" redirectPort="8443" acceptCount="100"
        debug="0" connectionTimeout="20000"
        disableUploadTimeout="true" />
```

关键在于，这里的支付平台服务化架构使用了两个服务化框架，一个是基于 Dubbo 的框架；一个是点对点的 RPC，用于在紧急情况下 Dubbo 服务出现问题时，服务降级使用。

每个服务都配置了点对点的 RPC 服务，并且独享一个线程池：

```
<Connector port="8090"
        maxThreads="800" minSpareThreads="25" maxSpareThreads="75"
        enableLookups="false" redirectPort="8443" acceptCount="100"
        debug="0" connectionTimeout="20000"
        disableUploadTimeout="true" />
```

由于我们对 Dubbo 服务框架进行定制化时，设计了自动降级原则，如果 Dubbo 服务负载增加或者注册中心宕机，则会自动切换到点对点的 RPC 框架，这也符合微服务的失效转移原则，但是在设计中没有进行全面考虑，一旦一部分服务切换到了点对点的 RPC，而另一部分服务没有切换，就会导致两个线程池都被撑满，于是超过了 1024 的限制（800+800=1600），出现问题。

到这里，我们基本可以验证，问题的根源是日志切割导致 I/O 负载增加，然后阻塞线程池，最后发生 OOM：

```
unable to create new native thread
```

剩下的任务就是最小化重现的问题，通过实践来验证产生问题的原因。经过与性能压测部门沟通，我们提出以下压测需求。

● Tomcat 线程池的最大设置为 1500。

● 操作系统允许的最大用户进程数为 1024。

● 在给服务加压的过程中，需要人工制造频繁的 I/O 操作，I/O 等待不得低于 50%。

经过压测部门的努力，完成最小化环境搭建并进行了压测，结果证明完全可以重现此问题。

最后，通过与所有相关部门讨论和复盘，决定应用解决方案，解决方案如下。

- 将全部应用改为直接使用 Log4j 的日志滚动功能。
- Tomcat 线程池的线程数设置与操作系统的线程数设置不合理，适当减少 Tomcat 线程池的线程数。
- 升级 Log4j 日志，使用 Logback 或者 Log4j2。

3. 与监控同事现场编写的脚本

本节介绍笔者在实践过程中解决 OOM 问题的一个简单脚本，这个脚本是在问题机器上临时编写、临时使用的，笔者也没有对其进行优化，只是为了抓取需要的信息并解决问题，在线上问题十分紧急的情况下，这个脚本大有用处。

```
#!/bin/bash
ps -Leo pid,lwp,user,pcpu,pmem,cmd >> /tmp/pthreads.log
echo "ps -Leo pid,lwp,user,pcpu,pmem,cmd >> /tmp/pthreads.log" >> /tmp/pthreads.log
    echo `date` >> /tmp/pthreads.log
    echo 1
    pid=`ps aux|grep tomcat|grep cwh|awk -F ' ' '{print $2}'`
    echo 2
    echo "pstack $pid >> /tmp/pstack.log" >> /tmp/pstack.log
    pstack $pid >> /tmp/pstack.log
    echo `date` >> /tmp/pstack.log
    echo 3
    echo "lsof >> /tmp/sys-o-files.log" >> /tmp/sys-o-files.log
    lsof >> /tmp/sys-o-files.log
    echo `date` >> /tmp/sys-o-files.log
    echo 4
    echo "lsof -p $pid >> /tmp/service-o-files.log" >> /tmp/service-o-files.log
    lsof -p $pid >> /tmp/service-o-files.log
    echo `date` >> /tmp/service-o-files.log
    echo 5
    echo "jstack -l $pid >> /tmp/js.log" >> /tmp/js.log
    jstack -l -F $pid >> /tmp/js.log
    echo `date` >> /tmp/js.log
    echo 6
    echo "free -m >> /tmp/free.log" >> /tmp/free.log
    free -m >> /tmp/free.log
```

```
echo `date` >> /tmp/free.log
echo 7
echo "vmstat 2 1 >> /tmp/vm.log" >> /tmp/vm.log
vmstat 2 1 >> /tmp/vm.log
echo `date` >> /tmp/vm.log
echo 8
echo "jmap -dump:format=b,file=/tmp/heap.hprof 2743" >> /tmp/jmap.log
jmap -dump:format=b,file=/tmp/heap.hprof >> /tmp/jmap.log
echo `date` >> /tmp/jmap.log
echo 9
echo end
```

6.8.2 一次 CPU 100%的线上事故排查

这是又一起笔者在微服务化平台上遇到的线上应急和技术攻关案例：某一 Java 服务的 CPU 占用率飙高，偶尔发生且没有规律。

我们首先确定最近是否进行了上线，经过与业务组技术负责人沟通，确定最近没有大的上线，只有一个日志推送的新功能。这个问题发生时，平台上还没有建立应用性能管理系统，无法追踪调用链，定位问题困难，耗时较长，因此，各个业务组开始自建简单的调用链跟踪系统，通过应用层将日志推送到另一个类似运营后台的服务器上，由运营后台的服务器来收集整理日志，然后显示在运营后台的界面上，帮助定位问题。

出问题的这个业务系统最近上线的调用链跟踪系统的设计如图 6-5 所示。

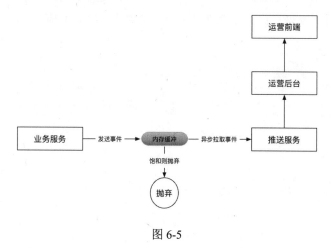

图 6-5

由于需要推送业务逻辑中的一些关键事件到运营后台,所以如果在同步的线程中推送,则会影响核心的业务逻辑,一旦运营后台的服务有问题,则也会阻塞核心的业务逻辑,因此,这个系统设计了异步推送功能。

业务服务的发送逻辑如图 6-6 所示。

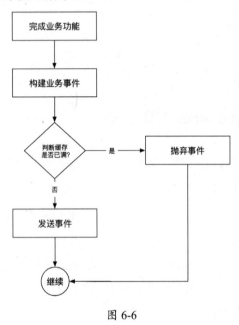

图 6-6

业务项目根据需要构建推送的事件,然后判断缓存是否已满,如果满了,则抛弃事件,避免由于过多的事件没有推送出去而占满内存,影响业务应用的正常工作。

实现的伪代码如下:

```
public class AsyncEventSender<T> {
    //默认设置的缓存事件的最大允许数量
    private static final long MAX_BUFFER_SIZE = 10000000;
    // 使用并发的队列缓存消息
    private ConcurrentLinkedQueue<T> bufferQueue = new ConcurrentLinkedQueue<T>();
    // 发送时间消息
    public void sendEventAsync(T event) {
        // 根据队列是否已满,判断是抛弃还是发送
        if (bufferQueue.size() < MAX_BUFFER_SIZE) {
            bufferQueue.add(event);
        }
```

    }
}

从程序的角度来看，这段代码写得还不错，不但使用了支持高并发的数据集合类 ConcurrentLinkedQueue，也判断了队列的占用情况，根据占用情况判断是抛弃还是发送。

然而，问题就出在这里，当服务器报 CPU 占用率 100%的时候，我们通过观察 jstack 的输出，看到大部分线程工作在如下代码上：

bufferQueue.size()

到这里，我们会想到 Concurrent 系列的集合类的 size 方法并不是常量时间内返回的，这是因为 Concurrent 系列的集合类使用分桶的策略减少集合的线程竞争，在获取其整体大小时需要进行统计，而不是直接返回一个预先存储的值。

下面是 ConcurrentLinkedQueue 类的 size 方法的注释：

```
/**
 * Returns the number of elements in this queue.  If this queue
 * contains more than {@code Integer.MAX_VALUE} elements, returns
 * {@code Integer.MAX_VALUE}.
 *
 * <p>Beware that, unlike in most collections, this method is
 * <em>NOT</em> a constant-time operation. Because of the
 * asynchronous nature of these queues, determining the current
 * number of elements requires an O(n) traversal.
 * AdditI/Onally, if elements are added or removed during execution
 * of this method, the returned result may be inaccurate.  Thus,
 * this method is typically not very useful in concurrent
 * applications.
 *
 * @return the number of elements in this queue
 */
public int size() {
    int count = 0;
    for (Node<E> p = first(); p != null; p = succ(p))
        if (p.item != null)
            // Collection.size() spec says to max out
            if (++count == Integer.MAX_VALUE)
                break;
    return count;
}
```

从注释的解释中可以看到，Concurrent 系列的集合类的 size 方法和其他集合类的 size 方法不一样，获取的时间复杂度是 o(n)。

到现在为止，我们可以确定引发 CPU 100%的原因是 size 方法导致的，但是为什么这个问题是偶然发生的，而不是必然发生的呢？

继续分析缓存事件的处理机即推送服务，推送服务从缓存中提取事件并发送给运营后台，由于运营后台的机器较少，在业务量稍微有些峰值的时候，运营后台的机器负载就会攀升，导致遇到瓶颈。也存在另外一个场景，由于运营后台的部署是单机房的，如果跨机房的网络抖动，则导致推送服务延时，所以推送进程会被阻塞，导致缓存的数据积压过多。缓存的数据量越大，size 计算的时间越长，最后导致 CPU 占用率 100%。

最后，我们对这个问题提出了下面的改进方案。

- 使用环形队列来解决问题，生产者通过环形队列的写入指针存储数据，消费者通过队列的读取指针来读取数据，如果生产者的进度快于消费者，则生产者可抛弃事件。
- 可参考或者使用开源的 Disruptor Ring Buffer 来实现。
- 可以采用其他有界队列来实现。
- 可以采用专业的日志收集器来实现，例如我们在第 4 章学习的 Fluentd、Flume、Logstash 等。

6.9　本章小结

本章开始介绍了线上应急和技术攻关的必要性、思路和方法论，强调了线上应急的目标是快速恢复系统，减少影响和损失，而不是彻底解决问题；也通过海恩法则和墨菲定律提出互联网行业中技术攻关的重要性。海恩法则强调，再好的技术、再完美的规章，在实际操作层面，也无法取代人自身的素质和责任心，因此，那些重要的线上应急和技术攻关问题还需要通过高级领域专家来解决，因此，本章在后面全面介绍了线上应急和技术攻关中，领域专家应该掌握的各种命令和工具。

其次，本章介绍了如何搭建示例服务 Vesta，在配置和启动 Vesta 后，以运行 Vesta 服务为背景重点介绍了笔者积累和总结的高效应用层脚本。接下来介绍了关键的 Java 虚拟机命令，帮助大家查看 Java 虚拟机运行状态、线程堆栈、内存使用情况、GC 频率等。这些都可以帮助读者解决服务负载高、Jar 包冲突、验证线上服务代码、动态添加线上日志等问题；并介绍了我们不得不学的那些 Linux 基础命令，包括操控内存、CPU、网络和网卡、磁盘 I/O 等命令。

在本章结尾介绍、分析、定位和解决了笔者在生产中遇到的线上应急和攻关的两个典型案例，帮助读者理解如何应用线上应急和技术攻关的方法，以及如何使用这些重要的命令和脚本，并提供给大家解决疑难杂症的方法论。本章介绍的应急思想、攻关方法、实践案例及解决方案能够帮助大家对自己的服务保驾护航。

第 7 章

服务的容器化过程

7.1 容器 vs 虚拟机

7.1.1 什么是虚拟机

虚拟机用于为用户提供一个完整的系统镜像，常见的虚拟机有 VMware、VirtualBox、KVM 等。虚拟化技术可以为每个用户分配虚拟化后的 CPU、内存和 I/O 设备等资源，但是为了能运行应用程序，除了需要部署应用程序本身及其依赖，还需要安装整个操作系统和驱动。

7.1.2 什么是容器

容器是一种轻量级、可移植的为应用程序提供了隔离的运行空间。每个容器内都包含一个独享的完整用户环境，并且一个容器内的环境变动不会影响其他容器的运行环境，可以使应用程序在几乎任何地方以相同的方式运行，比如开发人员在自己的笔记本上创建并测试好的容器，无须任何修改就能在生产环境的虚拟机、物理服务器或公有云主机上运行。

在技术方面，容器是通过一系列系统级别的机制来实现的，比如通过 Linux Namespaces 进行空间隔离；通过文件系统的挂载点来决定容器可以访问哪些文件；通过 cgroups 来确定每个容器可以利用多少资源；容器之间通过共享同一个系统内核来提升内存的使用率。

7.1.3 容器和虚拟机的区别

容器是对应用层的抽象，它把应用程序的代码和相关依赖打包在一起执行，多个容器可以在同一台物理机上互不影响地独立运行，并且共享操作系统内核，启动非常快，占用的空间非常少，一般也就几十兆。而虚拟机是在物理硬件层上的虚拟化，系统管理程序使虚拟机能够运行在同一台物理机上，但是每台虚拟机必须包括一整套操作系统、应用程序和各种依赖库等，启动非常慢，占用的空间为 GB 级别。两者的对比如图 7-1 所示。

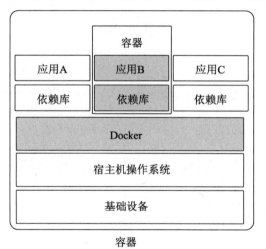

图 7-1

7.1.4 容器主要解决的问题

容器有轻量级、可隔离性和可移植等特性，所以应用程序的容器化使得应用程序具备了超强的可移植性。

在 Web 1.0 时代，信息是单向的，交互只在人与网络之间进行，大多人上网是为了看新闻，因此应用程序相对简单，一般采用 LAMP（Linux-Apache-MySQL-PHP）的三层架构（Presentation、Application、Data），只需要部署到有限的几台物理服务器上；在如今的 Web 2.0 甚至 Web 3.0 时代，互联网连接一切，包括连接人与人、人与物、物与物，系统架构较 10 年前已经变得非常复杂，开发人员通常使用多种服务构建和组装应用，比如分布式消息队列 Kafka、分布式缓存 Redis、分布式文件系统 HDFS 或 Spring Cloud 等。复杂应用系统的相应部署环境也变得非常复杂，可能会部署到不同的环境中，比如开发服务器、测试服务器和生产服务器，服务器也可能是虚拟服务器、私有云或公有云等，如图 7-2 所示。

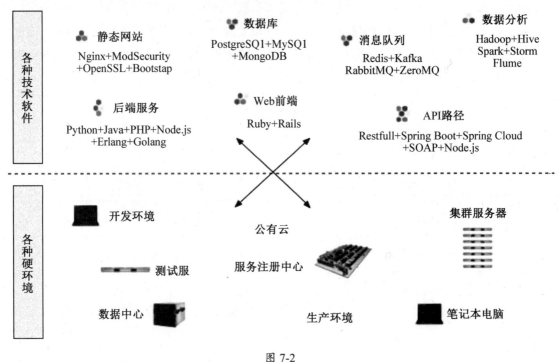

图 7-2

因为存在各种服务和环境，所以开发人员在编写代码时需要考虑不同的运行环境，运维人员则需要为不同的服务和平台进行各种配置，对于他们双方来说，这些都是艰巨的任务，那么如何让每种服务在所有的部署环境中顺利运行呢？容器就很好地帮我们解决了这个难题。

我们先联想下几十年前的运输行业，在每一次运输中，货主与承运方都会担心货物因种类不同而受损，比如易碎的东西被错误地压在了最下面。另一方面，在运输过程中需要使用不同的交通工具，比如货物先被装上卡车运到码头，再被装上船，到岸后又被卸下船，再被装上火车，到达目的地再被卸下。其中的大部分时间都花费在对不同物品的装货、卸货上，而且搬上搬下还容易损坏物品。幸运的是，集装箱的发明解决了这个难题：任何货物，不管是床垫还是机器，都被放在各自的集装箱中，集装箱在整个运输过程中都是密封的，只有到达目的地才被打开。标准集装箱可以被高效地装卸、重叠和长途运输。现代化的起重机可以方便地在卡车、轮船和火车之间移动集装箱，集装箱被誉为运输业与世界贸易的最重要的发明，如图 7-3 所示。

图 7-3

Docker 将集装箱思想运用到对软件的打包上，为代码提供了一个基于容器的标准化运输系统，可以将任何应用及其依赖打包成一个轻量级、可移植、自包含的容器，可以运行在几乎所有操作系统上，如图 7-4 所示。

图 7-4

7.1.5 Docker 的优势

1. Docker 在开发方面的优势

每个人的开发环境都不一样，由于在开发过程中会不断地切换项目工程，所以每次都要不断地重复修改和设置开发环境，而 Docker 可以使这一过程变得自动化，让开发人员更加关注软件质量。比如，开发人员使用 Docker 后就不需要单独安装和配置数据库，也不需要担心不同版本的语言冲突问题。容器化的应用更容易构建、分享和运行，如果团队有新的同事加入，则也不用再花几个小时向其讲解如何安装软件和进行相关配置，该同事只需要花几分钟安装 Docker，就能编译和调试程序了。

2. Docker 在运维方面的优势

Docker 使软件的发布更加高效，不管是更新版本，还是修复 Bug，都能很快发布完成，并且能瞬间伸缩扩展。Docker 能够实现自动化的编译、打包、测试和部署，运维人员不再需要 WiKi、README、ClecKList 文档，因为 Docker 在开发、测试和生产环境中都使用了相同的镜像，所以更新时不会出现不一致的问题。

3. Docker 在容器和虚拟机方面的优势

Docker 使容器和虚拟机相结合（Docker Machine 实现了容器和虚拟机的有效结合），使部署和管理应用变得更加灵活。我们可以在虚拟机中启动一个容器,这里的虚拟机并不是由 Docker 控制的,而是通过现有的虚拟化管理设施来控制的。一旦系统实例启动,就可以通过安装 Docker 来运行容器并进行其他特殊设置。同时, 由于不同的容器运行在不同的虚拟机上, 容器之间也能有很好的隔离, 如图 7-5 所示。

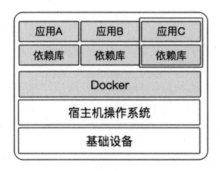

容器

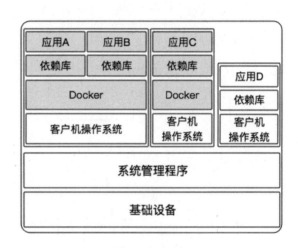

容器和虚拟机的结合

图 7-5

7.2 Docker 实战

7.2.1 Docker 的架构

Docker 引擎主要包括三大组件。

- Docker 后台服务（Docker Daemon）：是长时间运行在后台的守护进程，是 Docker 的核心服务，可以通过命令 dockerd 与它交互通信。
- REST 接口（REST API）：程序可以通过 REST 的接口来访问后台服务，或向它发送操作指令。
- 交互式命令行界面（Docker CLI）：我们大多数时间都在使用命令行界面与 Docker 进行交互，例如以 docker 为开头的所有命令的操作。而命令行界面又是通过调用 REST 的接口来控制和操作 Docker 后台服务的，如图 7-6 所示。

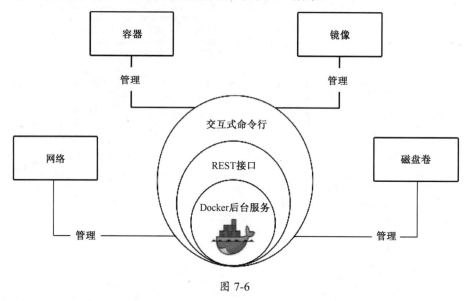

图 7-6

Docker 是 C/S 结构的架构，客户端通过与后台服务交互，来编译、运行和发布容器。Docker 的客户端可以连接到本机的 Docker 服务上，也可以连接到远程的 Docker 服务上。Docker 客户端是使用 REST 接口来与后台服务通信的，它通过使用 UNIX Socket 连接或者网络接口实现，如图 7-7 所示。

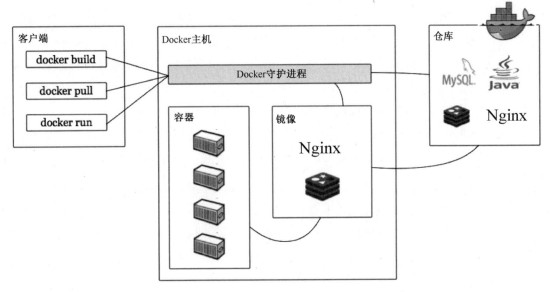

图 7-7

（1）Docker 后台服务监听 REST 接口的请求，管理 Docker 的对象，比如 Docker 的镜像、容器、网络和磁盘卷。一个 Docker 后台服务可以和其他 Docker 后台服务进行通信，从而对它们进行管理。

（2）Docker 客户端（Docker Client）是我们和 Docker 后台服务交互的主要工具，在使用 docker run 命令时，客户端把命令发送到 Docker 后台服务，再由后台服务执行该命令。Docker 客户端可以连接多个后台服务并与它们通信。

（3）Docker 仓库（Docker Registry）是用来存储 Docker 镜像的，Docker Hub 和 Docker Cloud 是所有人都能够使用的公共的 Docker 仓库。Docker 默认从 Docker Hub 下载镜像，当然我们也可以自己搭建私有仓库。当我们使用 Docker pull 或 docker run 命令时，就会从我们配置的 docker 仓库下载镜像，当使用 docker push 命令时，我们的镜像就会被推送到 Docker 仓库中。

（4）Docker 对象（Docker Object）包括镜像、容器、网络、磁盘卷和插件等。我们在使用 Docker 时，就会创建和使用 Docker 对象。

- 镜像（image）是只读的指令模板，用于创建 Docker 容器（container）。通常一个镜像会继承另一个镜像，然后扩展自定义的指令，比如，我们可以创建一个继承自 Ubuntu 的镜像，再安装一个 Apache Tomcat 服务和自己的应用程序，同时修改些配置使我们的程序能够运行起来。为了创建自己的镜像，我们可以创建一个 Dockerfile 文件，通过一些简单的指令来定义如何创建和运行镜像，Dockerfile 中的每个指令在镜像中都会创建为一个层（layer），当我们修改 Dockerfile 文件然后重新编译它时，仅有那些被修改的层（layer）才会被重新编译，这就是 Docker 镜像是轻量级的、体积非常小、速度非常快的原因。

- 容器（container）是镜像运行的一个实例，我们可以使用 Docker 的 API 或 CLI 来创建、运行、停止、移动或者删除容器。我们可以为容器绑定一个或多个网络（network）或挂载一个磁盘卷（volume），也可以通过继承它来创建一个新的镜像。通常一个容器与另一个容器或它的宿主机都是相对独立和隔离的。在容器停止运行后，它其中的所有改变的状态如果没有保存，则都将会消失。

- Docker 服务（service）允许我们在多个 Docker 后台服务（daemon）中伸缩扩展容器，这些容器组成了一个拥有多主多从模式的集群。集群中的每一个成员都是一个 Docker 后台服务，它们之间通过 Docker 接口通信。我们可以通过 Docker 服务（service）来定义集群的参数，比如集群中容器的复本个数。在默认情况下，集群的负载是面向所有容器节点的。而对于使用者来说，Docker 集群就像一个大实例。

（5）命名空间（Namespaces），Docker 使用命名空间为容器提供了很好的隔离性，当我们运行容器时，Docker 会为容器创建一组命名空间，每个容器都是一个独立的命名空间，容器仅仅限制于在自己的命名空间中访问权限。Docker 使用了 Linux 的如下命名空间。

- pid 命名空间（pid namespace）：用来隔离进程的 ID 空间，使得不同 pid 命名空间里的进程 ID 可以重复且相互之间不受影响。

- net 命名空间（net namespace）：用于管理网络协议栈的多个实例。

- ipc 命名空间（ipc namespace）：用于管理和访问 IPC 资源。

- mnt 命名空间（mnt namespace）：用于管理文件系统的挂载点。

- uts 命名空间（uts namespace）：用于隔离内核和版本信息。

（6）cgroups（control groups），Docker 采用了一种被称为 cgroups 的技术，实现了不同应用之间的隔离性，让每个应用只能访问属于自己的资源。cgroups 可以确保 Docker 将可用的硬件资源共享给所有容器，并且可以对容器限制硬件资源，例如可以限制每个容器访问的内存大小。

（7）UnionFS（Union File Systems），是 Docker 在创建层时采用的文件系统。这种文件系统使 Docker 变得很轻量级并且执行速度很快。Docker 可以使用多种类型的 UnionFS，比如：AUFS、btrfs、vfs 和 DeviceMapper。

（8）容器格式（container format），Docker 将 namespaces、control groups 和 UnionFS 封装成 container format，我们将其称为容器。默认的容器类型是 libcontainer。在未来，Docker 也将支持其他类型的容器，比如 BSD Jails 或者 Solaris Zones。

7.2.2 Docker 的安装

Docker 分为两个版本，一个是社区版（Community Edition，CE），一个是企业版（Enterprise Edition，EE）。

Docker 社区版主要提供给开发者或小团队学习和练习，而企业版主要提供给企业级开发和运维团队用于对线上产品的编译、打包和运行，有很高的安全性和扩展性，用户可以申请一个月的免费使用期限。

Docker 的社区版和企业版都支持 Linux、Cloud、Windows 和 MacOS 平台，如图 7-8 所示为 Docker 目前支持的所有平台。

Platform	Docker EE	Docker CE x86_64	Docker CE ARM
Ubuntu	✓	✓	✓
Debian		✓	✓
Red Hat Enterprise Linux	✓		
CentOS	✓	✓	
Fedora		✓	
Oracle Linux	✓		
SUSE Linux Enterprise Server	✓		
Microsoft Windows Server 2016	✓		
Microsoft Windows 10		✓	
macOS		✓	
Microsoft Azure	✓	✓	
Amazon Web Services	✓	✓	

图 7-8

这里以 MacOS 平台为例演示安装步骤，其他平台的安装方法基本相同，可以在官网上找到相应的安装方法。

首先，下载 Mac 版本的 Docker 安装器，本书使用 17.03 版本，下载地址为 https://download.docker.com/mac/stable/Docker.dmg。

然后，双击 Docker.dmg 文件进行安装，拖动蓝鲸图标到应用程序目录，如图 7-9 所示。

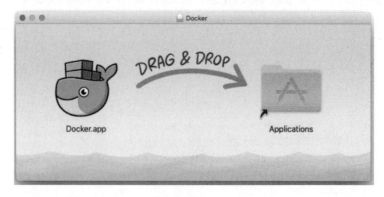

图 7-9

最后，启动 Docker 程序，在应用程序中双击 Docker 程序，程序会提示获取访问权限，然后输入系统密码，如图 7-10 所示。

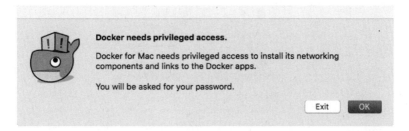

图 7-10

此时在状态栏会显示一个小蓝鲸图标，如图 7-11 所示。

图 7-11

第一次安装时会弹出安装成功的提示框，并提供一些推荐信息，比如常用命令等，如图 7-12 所示。

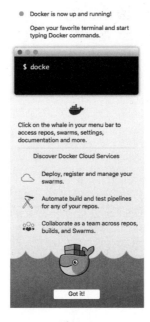

图 7-12

单击状态栏上的小蓝鲸图标会弹出一个 popup 菜单项，在这里可以重启 Docker 服务，如图 7-13 所示。

图 7-13

选择 About Docker 项，可以查看当前 Docker 的版本信息，如图 7-14 所示。

图 7-14

选择 Preferences...项，可以对 Docker 进行一些特定的设置，如图 7-15 所示。

第 7 章 服务的容器化过程

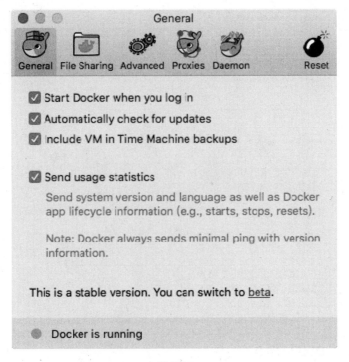

图 7-15

到目前为止,我们已成功安装和运行 Docker 了,是不是很简单?

7.2.3 Docker 初体验

1. 查看版本信息

(1) 查看 Docker 版本:

```
$ docker --version
Docker version 17.03.1-ce, build c6d412e
```

(2) 查看 docker-compose 版本:

```
$ docker-compose --version
docker-compose version 1.11.2, build dfed245
```

(3) 查看 docker-machine 版本:

```
$ docker-machine --version
docker-machine version 0.10.0, build 76ed2a6
```

(4) 查看 Docker 的更多信息:

```
$ docker version
Client:
 Version:      17.03.1-ce
 API version:  1.27
 Go version:   go1.7.5
 Git commit:   c6d412e
 Built:        Tue Mar 28 00:40:02 2017
 OS/Arch:      darwin/amd64
Server:
 Version:      17.03.1-ce
 API version:  1.27 (minimum version 1.12)
 Go version:   go1.7.5
 Git commit:   c6d412e
 Built:        Fri Mar 24 00:00:50 2017
 OS/Arch:      linux/amd64
 Experimental: true
```

2. 运行简单的 Docker 命令

(1) 查看本地镜像:

```
$ docker images
REPOSITORY      TAG       IMAGE ID        CREATED         SIZE
hello-world     latest    b77358fac48b    21 months ago   960 B
```

(2) 查看运行的容器:

```
$ docker ps
CONTAINER ID        IMAGE            COMMAND                    PORTS              NAMES
d602c461f331        zookeeper        "/docker-entrypoin..."     2888/tcp, 3888/tcp, 0.0.0.0:32769->2181/tcp    master_zoo2_1
    29de174770e7        zookeeper            "/docker-entrypoin..."   4 months ago   Up 56 minutes    2888/tcp, 3888/tcp, 0.0.0.0:32771->2181/tcp   29de174770e7_master_zoo1_1
    d9bec4c3c914        zookeeper            "/docker-entrypoin..."   4 months ago   Up 56 minutes    2888/tcp, 3888/tcp, 0.0.0.0:32770->2181/tcp   d9bec4c3c914_master_zoo3_1
```

(3) 运行 Docker 自带的 hello world 程序:

```
$ docker run hello-world
Hello from Docker.
```

```
This message shows that your installation appears to be working correctly.
To generate this message, Docker took the following steps:
 1. The Docker client contacted the Docker daemon.
 2. The Docker daemon pulled the "hello-world" image from the Docker Hub.
 3. The Docker daemon created a new container from that image which runs the
    executable that produces the output you are currently reading.
 4. The Docker daemon streamed that output to the Docker client, which sent it
    to your terminal.
To try something more ambitious, you can run an Ubuntu container with:
 $ docker run -it ubuntu bash
Share images, automate workflows, and more with a free Docker Hub account:
 https://hub.docker.com
For more examples and ideas, visit:
 https://docs.docker.com/userguide/
```

3. 启动简单的 Web 服务

以后台模式在 80 端口启动 Nginx 容器：

```
$ docker run -d -p 80:80 --name webserver nginx
Unable to find image 'nginx:latest' locally
latest: Pulling from library/nginx
36a46ebd5019: Pull complete
57168433389f: Pull complete
332ec8285c50: Pull complete
Digest: sha256:c15f1fb8fd55c60c72f940a76da76a5fccce2fefa0dd9b17967b9e40b0355316
Status: Downloaded newer image for nginx:latest
350a97e4cf3546184223ddea13e5ef17044e9323d69ffd665dbe3293fe620d0c
```

打开浏览器，输入 http://localhost 就能访问 Nginx 服务了，如图 7-16 所示。

图 7-16

通过在本节简单地使用 Docker 命令，我们就不会对 Docker 有陌生感了，会觉得原来 Docker 如此简单易用。接下来，我们一步一步地深入了解、学习它，先从单机的命令学习 Docker，然后学习 Docker 集群的管理等实战操作。

7.2.4　Docker 后台服务的管理

dockerd 是管理容器的常驻进程，直接执行 dockerd 命令启动 Docker 后台服务，dockerd -D 命令以调试模式启动 Docker 后台服务。

1. 守护进程的 socket 选项

Docker 守护进程监听三个不同类型的 socket（unix、tcp 和 fd）来处理 Docker Remote API 请求。在默认情况下，UNIX 域名套接字（或 IPC 套接字）都是创建在/var/run/docker.sock 中的，它需要 root 权限或用户属于 Docker 组。如果需要远程访问 Docker 后台服务，就需要启用 tcp 套接字。但需要注意的是，默认的配置是没有加密和验证就能直接访问 Docker 后台服务，为了安全起见，应该使用 HTTPS 加密的 socket 套接字，或在它前面放置一个安全的 Web 代理。我们可以使用-H tcp://0.0.0.0:2375 在所有网络接口上监听 2375 端口，也可以使用-H tcp://192.168.59.103:2375 在指定的网络端口监听，一般使用端口 2375 来监听非加密请求，使用 2376 来监听加密请求。

注意：如果使用了 HTTPS 加密的 socket 套接字，则只支持 TLS1.0 和以上版本的协议。由于安全方面的原因，不再支持 SSLv3 协议和之前的版本。

基于 Systemd 的系统可以通过 Systemd 的 socket activation 与 Docker 后台服务通信，使用方式为 dockerd -H fd://。对于大多数配置，使用 fd://都能很好地工作，不过对于我们单独指定的 socket 套接字如 dockerd -H fd://3，如果指定的套接字激活文件不存在，则 Docker 将会直接退出。我们可以使用多次-H 选项来设置 Docker 监听多个 socket 套接字，下面的示例使用默认的 UNIX socket 套接字监听，并且绑定了主机的两个 IP 地址：

```
$ sudo dockerd -H unix:///var/run/docker.sock -H tcp://192.168.59.106 -H tcp://10.10.10.2
```

如果 Docker 的客户端没有指定-H 选项，则它将尝试查找环境变量 DOCKER_HOST，如下命令的结果是一样的：

```
$ docker -H tcp://0.0.0.0:2375 ps
# 或者
$ export DOCKER_HOST="tcp://0.0.0.0:2375"
$ docker ps
# 以上两种方式是一样的
```

设置环境变量 DOCKER_TLS_VERIFY 为任何一个非空值，等同于设置–tlsverify 选项。以下两种方式是等效的：

```
$ docker --tlsverify ps
# 或者
$ export DOCKER_TLS_VERIFY=1
$ docker ps
```

Docker 客户端支持 HTTP_PROXY、HTTPS_PROXY 和 NO_PROXY 环境变量，并且 HTTPS_PROXY 优先于 HTTP_PROXY 的设置。

2. 绑定 Docker 到另一个域名/端口（host/port）或 UNIX socket 套接字

警告：更改默认的 Docker 后台服务绑定到一个 TCP 端口或 UNIX Docker 用户组，会允许非 root 用户获取后台服务的 root 访问权限，这将增加安全风险。务必确保仔细管理 Docker 的访问权限。如果绑定到一个 TCP 端口，那么能够访问此端口的用户将拥有 Docker 的所有访问权限，所以不建议在一个开放的网络中绑定端口。

使用 -H 参数可以使 Docker 后台服务在指定的 IP 和端口上监听，默认监听 unix:///var/run/docker.sock，只允许本地连接的 root 用户与它交互通信。我们可以设置 0.0.0.0:2375 或指定一个主机 IP 来给所有人访问权限，不过这非常不安全。

类似地，Docker 客户端可以使用-H 连接到一个自定义的端口。在 Linux 系统上，Docker 客户端默认连接到 unix:///var/run/docker.sock，在 Windows 系统上，默认连接到 tcp://127.0.0.1:2376。

-H 选项接受的格式如下：

```
tcp://[host]:[port][path] or unix://path
```

具体的例子如下。

- tcp://：监听 TCP 的 127.0.0.1，TLS 加密启用时使用 2376 端口，否则使用 2375 端口。

- tcp://host:2375：监听 TCP 的 host:2375。

- tcp://host:2375/path：监听 TCP 的 host:2375 并添加前缀路径到所有请求。

- unix://path/to/socket：监听 UNIX socket 套接字，路径为 path/to/socket。

-H 为空时，与没有指定-H 选项时的默认值一样，它也接受 TCP 绑定的简短格式：host: 或 host:port 或 :port。

我们可以通过例子来看-H 选项的具体使用方式，首先以后台模式运行 Docker：

```
$ sudo <path to>/dockerd -H 0.0.0.0:5555 &
```

然后测试、下载 Ubuntu 镜像：

```
$ docker -H :5555 pull ubuntu
```

最后可以使用多个-H，例如，既监听 TCP 也监听 UNIX socket 套接字：

```
# 以守护进程模式启动 Docker
$ sudo <path to>/dockerd -H tcp://127.0.0.1:2375 -H unix:///var/run/docker.sock &
# 下载一个 Ubuntu 的镜像，使用默认的 UNIX 套节字
$ docker pull ubuntu
# 或者使用 TCP 端口
$ docker -H tcp://127.0.0.1:2375 pull ubuntu
```

3. 守护进程的存储驱动（storage-driver）选项

Docker 后台服务支持几种不同的镜像层存储驱动：aufs、devicemapper、btrfs、zfs、overlay 和 overlay2。

aufs 是一种 UnionFS，所谓 UnionFS 就是把不同物理位置的目录合并挂载到同一个目录中，是一种比较老的技术。它不是基于 Linux 内核的，而是一种内核的补丁形式，有导致内核崩溃的风险，不过 aufs 允许容器共享可执行的、公共的软件库内存，所以，如果我们想运行成百上千个相同程序的容器，则 aufs 将会是我们的最佳选择。

devicemapper 是在内核中支持逻辑卷管理的通用设备映射机制，它为实现用于存储资源管理的块设备驱动提供了一个高度模块化的内核架构，Docker 使用了 Thin Provisioning 和 Copy on Write（CoW）的 Snapshot 技术，每个 devicemapper 都会创建两个块设备：数据块（data）和元数据（metadata），通常位于/var/lib/docker/devicemapper 中。

btrfs 文件系统对 Docker 的构建非常快，但是，同 devicemapper 一样，它在不同的设备之间不能共享可执行的内存空间，可以通过 dockerd -s btrfs -g /mnt/btrfs_partition 命令使用。

zfs 存储驱动没有 btrfs 速度快，但是它能很稳定地保持较长的记录信息，由于使用了 Single Copy ARC 技术在克隆容器之间共享底层数据块，所以通过 dockerd -s zfs 命令使用。

overlay 是速度最快的 UnionFS，现在是很重要的 Linux 内核系统。overlay 也支持页（page）的共享缓存，这意味着多个容器访问同一个文件可以共享同一个页（page）缓存块，使 overlay 的内存使用率非常高，通过 dockerd -s overlay 命令使用。

overlay2 是 overlay 的升级版，在 Linux 内核 4.0 以后添加了额外的特性来防止过多的索引节点消耗，通过 dockerd -s overlay2 命令使用。

4. Docker 运行时执行的选项

Docker 后台服务依赖于 OCI（Open Container Initiative）运行时作为 Linux 的内核 namespaces、cgroups 和 SELinux 的接口。Docker 后台服务默认会自动启动 containerd 守护进程，如果我们想自己控制 containerd 的开启，则可以手动调用 containerd 并且通过--containerd 标识传递路径参数，比如：

```
$ sudo dockerd --containerd /var/run/dev/docker-containerd.sock
```

可以通过配置文件或命令行参数--add-runtime 注册运行时，如下代码通过配置文件添加了两个运行时：

```
"default-runtime": "runc",
"runtimes": {
   "runc": {
      "path": "runc"
   },
   "custom": {
      "path": "/usr/local/bin/my-runc-replacement",
      "runtimeArgs": [
         "--debug"
      ]
   }
}
```

同样，可以通过命令行实现：

```
$ sudo dockerd --add-runtime runc=runc --add-runtime custom=/usr/local/bin/my-runc-replacement
```

5. 守护进程的 DNS 选项

为所有 Docker 容器设置 DNS 服务器，使用：

```
$ sudo dockerd --dns 8.8.8.8
```

为所有 Docker 容器设置 DNS search 域，使用：

```
$ sudo dockerd --dns-search example.com
```

6. 不安全的仓库

Docker 把私有仓库（registry）分为安全或不安全的。下面我们介绍私有仓库，并将 myregistry:5000 作为私有仓库的示例。一个安全的仓库使用 TLS 且它的 CA 证书副本在 Docker 主机的/etc/docker/certs.d/myregistry:5000/ca.crt 上。一个不安全的仓库不使用 TLS 或使用了 TLS，但其 CA 证书没有在 Docker 后台服务指定的路径中或是错误的 CA。在默认情况下，Docker 假设所有仓库都是安全的，除了本地仓库。如果 Docker 假设这个仓库不是安全的，那么与这个仓库通信是不可能的。为了与一个不安全的仓库通信，Docker 后台服务要求使用以下两种格式中的一种来指定--insecure-registry 选项。

- --insecure-registry myregistry:5000：告诉 Docker 后台服务 myregistry:5000 是不安全的 registry。
- --insecure-registry 10.1.0.0/16：告诉 Docker 后台服务所有的仓库域名解析出的 IP 地址在这个 IP 范围内的仓库是不安全的。

这个参数可以使用多次来指定多个不安全的仓库。如果一个不安全的仓库没有被标记为不安全的，则 docker pull、docker push 和 docker search 将会得到一个错误，来提示用户使用安全的仓库或在守护进程中设置--insecure-registry 选项。若为本地的仓库，解析出来的 IP 在 127.0.0.0/8 范围内，则从 Docker 1.3.2 起就自动标记为不安全的仓库。不推荐依赖这个，因为未来的版本可能会更改。设置--insecure-registry 选项，允许非加密或不被信任的仓库被访问，这对于运行在本地的仓库可能会有用。不过，因为这会产生安全漏洞，所以只应该作为测试使用。为了提高安全性，用户应该将 CA 添加到其系统的受信任 CA 列表中，而不是启用--insecure-registry。

7. 守护进程的配置文件

--config-file 允许设置守护进程的配置文件，其格式为 JSON。这个文件使用与选项同样的名称作为 key。如果想设置某个选项有多个值，就使用这个选项名称的复数，例如 label 选项使用 labels 作为 key。在配置文件中设置的选项不能与命令行中设置的选项冲突，如果一个选项在配置文件和命令行中都被设置了，那么 Docker 后台服务将会启动失败。我们这样做是为了避免在配置文件重载时覆盖对此选项的修改。

在 Linux 系统下默认的配置文件地址为/etc/docker/daemon.json。而--config-file 选项可以用来指定其他地址。以下为 Linux 下的全部配置项：

```
{
    "api-cors-header": "",
    "authorization-plugins": [],
    "bip": "",
    "bridge": "",
    "cgroup-parent": "",
    "cluster-store": "",
    "cluster-store-opts": {},
    "cluster-advertise": "",
    "debug": true,
    "default-gateway": "",
    "default-gateway-v6": "",
    "default-runtime": "runc",
    "default-ulimits": {},
    "disable-legacy-registry": false,
    "dns": [],
    "dns-opts": [],
    "dns-search": [],
    "exec-opts": [],
    "exec-root": "",
    "fixed-cidr": "",
    "fixed-cidr-v6": "",
    "graph": "",
    "group": "",
    "hosts": [],
    "icc": false,
    "insecure-registries": [],
    "ip": "0.0.0.0",
    "iptables": false,
    "ipv6": false,
    "ip-forward": false,
    "ip-masq": false,
    "labels": [],
    "live-restore": true,
```

```
    "log-driver": "",
    "log-level": "",
    "log-opts": {},
    "max-concurrent-downloads": 3,
    "max-concurrent-uploads": 5,
    "mtu": 0,
    "oom-score-adjust": -500,
    "pidfile": "",
    "raw-logs": false,
    "registry-mirrors": [],
    "runtimes": {
        "runc": {
            "path": "runc"
        },
        "custom": {
            "path": "/usr/local/bin/my-runc-replacement",
            "runtimeArgs": [
                "--debug"
            ]
        }
    },
    "selinux-enabled": false,
    "storage-driver": "",
    "storage-opts": [],
    "swarm-default-advertise-addr": "",
    "tls": true,
    "tlscacert": "",
    "tlscert": "",
    "tlskey": "",
    "tlsverify": true,
    "userland-proxy": false,
    "userns-remap": ""
}
```

7.2.5 Docker 的客户端命令

在上一节中，我们介绍了 Docker 后台服务相关的操作，我们在通常情况下对 dockerd 命令的使用非常少，因为 Docker 成功安装并启动后，dockerd 守护进程使用默认的配置也一并启动了，而我们平时大部分使用的还是 Docker 的客户端命令行工具。

Docker 中最常用的命令有：镜像（image）、容器（container）、磁盘卷（volume）、网络（network）、服务（service）和集群（swarm）等。下面一一介绍它们的用法和详细用例。

7.2.5.1 镜像的常用命令

1. 查看本地镜像

用法：

```
docker images [OPTIONS] [REPOSITORY[:TAG]]
```

其参数如表 7-1 所示。

表 7-1

参数名及其缩写	默 认 值	描 述
--all, -a	false	显示所有镜像（默认不显示中间过程镜像）
--digests	false	显示摘要
--filter, -f		根据指定条件过滤输出
--format		使用 Go 语言模板格式化输出镜像
--no-trunc	false	不要简化输出
--quiet, -q	false	仅仅显示数字 ID

示例如下。

（1）列出本地镜像，同 docker image ls：

```
$ docker images
REPOSITORY           TAG       IMAGE ID       CREATED         SIZE
nginx                alpine    d964ab5d0abe   5 months ago    54.9 MB
mysql                latest    d9124e6c552f   5 months ago    383 MB
jenkins              latest    7e7d1b9dc0c8   5 months ago    714 MB
williamyeh/java8     latest    7b179fab4ea8   6 months ago    573 MB
vixns/java8          latest    b6540b3a1a94   6 months ago    626 MB
```

（2）通过 name 列出本地镜像：

```
$ docker images java
REPOSITORY           TAG       IMAGE ID       CREATED         SIZE
java                 8         308e519aac60   6 days ago      824.5 MB
java                 7         493d82594c15   3 months ago    656.3 MB
java                 latest    2711b1d6f3aa   5 months ago    603.9 MB
```

（3）通过 name 和 tag 列出本地镜像：

```
$ docker images java:8
REPOSITORY           TAG       IMAGE ID       CREATED         SIZE
java                 8         308e519aac60   6 days ago      824.5 MB
```

2. 拉取镜像

用法：

```
docker image pull [OPTIONS] NAME[:TAG|@DIGEST]
```

其参数如表 7-2 所示。

表 7-2

参数名及其缩写	默 认 值	描 述
--all-tags, -a	false	在仓库中下载所有指定标记（tagged）的镜像
--disable-content-trust	true	跳过镜像的校验

docker pull 命令默认从 Docker Hub 仓库中拉取镜像，实际上相当于命令：

```
docker pull registry.hub.docker.com/williamyeh/java8:latest
```

即从注册服务器 registry.hub.docker.com 中的 williamyeh/java8 仓库来下载标记为 latest（最新的）的镜像。如果要从私有镜像仓库拉取镜像，则只要填上自己的仓库地址即可，例如命令：docker pull myregistry.com/williamyeh/java8:latest。

拉取 williamyeh/java8 镜像的具体执行过程如下：

```
$ docker image pull williamyeh/java8
latest: Pulling from williamyeh/java8
cd0a524342ef: Downloading [==>                 ] 2.154 MB/52.55 MB
62fbc3906789: Downloading [=>                  ] 4.865 MB/222.4 MB
```

3. 运行镜像

用法：

```
docker run [OPTIONS] IMAGE [COMMAND] [ARG...]
```

其参数如表 7-3 所示。

表 7-3

参数名及其缩写	默 认 值	描 述
--add-host		添加自定义的 host 到 IP 映射（host:ip）
--attach, -a		关联到标准输入文件（STDIN）、标准输出文件（STDOUT）或标准出错文件（STDERR）
--cpus		设置 CPU 的个数
--detach, -d	false	在后台运行容器并且打印容器 ID

续表

参数名及其缩写	默 认 值	描 述
--env, -e		设置环境变量
--env-file		从文件中读取环境变量设置
--expose		暴露一个或多个端口
--help	false	打印帮助
--hostname, -h		容器的 host name
--ip		IPv4 地址（e.g., 172.30.100.104）
--kernel-memory	0	内核内存限制
--label, -l		设置容器的元数据
--link		添加连接到另一个容器
--mount		关联文件系统并挂载到容器中
--name		为容器指定一个名称
--net	default	为容器设置一个网络连接
--restart	no	为一个存在的容器设置重启策略
--rm	false	在容器退出后自动移除容器
--ulimit		Ulimit 选项
--volume, -v		挂载一个磁盘卷
--workdir, -w		在容器内的工作目录
--tty, -t	false	分配一个伪终端（pseudo-TTY）
--publish, -p		映射一个容器中的端口到主机的端口
--publish-all, -P	false	所有暴露的端口随机映射到主机端口
--privileged	false	为容器添加扩展的特性
……		

示例如下。

（1）使用 debian:latest 镜像运行一个名为 test 的容器，--name 为容器指定一个名称，-it 指令告诉 Docker 分配一个伪终端（pseudo-TTY）作为容器的输入，同时在容器内创建一个交互式的 bash shell：

```
$ docker run --name test -it debian
Unable to find image 'debian:latest' locally
latest: Pulling from library/debian
cd0a524342ef: Pull complete
```

Digest: sha256:c3f000ba6bbe71906ca249be92bd04dc3f514d2dd905e0c5f226e8035ee55031
Status: Downloaded newer image for debian:latest
root@8f311fd099c3:/#
```

查看刚刚创建的 test 容器：

```
$ docker ps -a
CONTAINER ID    IMAGE     COMMAND      CREATED        STATUS      PORTS    NAMES
8f311fd099c3    debian    "/bin/bash"  a minute ago   Exited(0)            test
```

（2）为容器设置工作空间，通过-w 参数指定工作空间为/my/workspace/：

```
$ docker run -w /my/workspace/ -i -t debian pwd
/my/workspace
```

（3）--storage-opt 参数为容器设置的存储驱动选项，仅为 devicemapper、btrfs、overlay2、windowsfilter 和 zfs 文件系统时有效，不能小于 backing fs：

```
$ docker run -it --storage-opt size=120G debian /bin/bash
docker: Error response from daemon: --storage-opt is not supported for aufs. See 'docker run --help'.
```

补充：笔者使用的是 Mac 系统，默认不支持，所以报错了。

（4）挂载 tmpfs 虚拟内存文件系统，--tmpfs 参数将会在容器中挂载一个空的 tmpfs，为它设置 rw、noexec、nosuid、size 选项：

```
$ docker run -d --tmpfs /run:rw,noexec,nosuid,size=65536k debian
```

（5）挂载磁盘卷，-v 将/doesnt/exist 目录挂载到容器的/foo 目录下，-w 将当前的工作空间切换到/foo 目录下：

```
$ docker run -v /doesnt/exist:/foo -w /foo -i -t debian bash
```

（6）映射端口，-p 选项绑定容器的 8080 端口到主机的 127.0.0.1:80 地址上：

```
$ docker run -p 127.0.0.1:80:8080 debian bash
```

仅绑定容器的 80 端口，而主机未映射端口：

```
$ docker run --expose 80 debian bash
```

（7）设置环境变量，通过-e 和--env 设置环境变量，如果没用等号（=）的形式，则它的值将在容器内通过 export 赋值（例如$MYVAR1）。而--env-file 选项指定文件名来设置环境变量，每一行都是 VAR=VAL 的格式。三个参数的优先级从低到高为：--env-file、-e、--env，所以-e、
```

--env 这两个参数的值会覆盖--env-file 指定文件中的值。以下例子中 TEST_FOO=This is a test 覆盖了 env.list 文件中 TEST_FOO 参数的值：

```
$ docker run -e MYVAR1 --env MYVAR2=foo --env-file ./env.list debian bash
$ cat ./env.list
TEST_FOO=BAR
$ docker run --env TEST_FOO="This is a test" --env-file ./env.list debian env | grep TEST_FOO
TEST_FOO=This is a test
```

（8）设置容器的元数据，label 是容器的元数据，其格式为 key=value 的键值对。如果没有等号（=），则为空字符串（""），使用-l 选项设置 my-label：

```
$ docker run -l my-label --label com.example.foo=bar debian bash
```

查看容器 lables，其中 407ea751ad02 为容器 id：

```
$ docker inspect -f '{{ index .Config.Labels }}' 407ea751ad02
map[com.example.foo:bar my-label:]
```

（9）从其他容器中加载磁盘卷，--volumes-from 选项从相关容器中加载所有定义的磁盘卷，容器 id 可以通过后缀:ro 或:rw 指定是只读（:ro）还是读写（:rw）：

```
$ docker run --volumes-from 777f7dc92da7 --volumes-from ba8c0c54f0f2:ro -i -t debian pwd
```

（10）向容器的 hosts 文件中添加配置，--add-host 选项向容器的/etc/hosts 文件中添加 host 配置：

```
$ docker run --add-host=docker:10.180.0.1 --rm -it debian
root@f38c87f2a42d:/# ping docker
PING docker (10.180.0.1): 48 data bytes
56 bytes from 10.180.0.1: icmp_seq=0 ttl=254 time=7.600 ms
56 bytes from 10.180.0.1: icmp_seq=1 ttl=254 time=30.705 ms
^C--- docker ping statistics ---
2 packets transmitted, 2 packets received, 0% packet loss
round-trip min/avg/max/stddev = 7.600/19.152/30.705/11.553 ms
```

（11）设置容器的 ulimits，通过--ulimit 选项来设置，其格式为<type>=<soft limit>[:<hard limit>]，如果未设置 hard limit，则其值将取 soft limit 的值：

```
$ docker run --ulimit nofile=1024:1024 --rm debian sh -c "ulimit -n"
1024
```

4. 使用 commit 命令创建镜像

通过修改容器来创建镜像，创建时不会包含挂载的磁盘卷中的数据，我们也可以通过 --change 选项来指定相关指令, 例如: CMD、ENTRYPOINT、ENV、EXPOSE、LABEL、ONBUILD、USER、VOLUME 和 WORKDIR。

用法：

```
docker commit [OPTIONS] CONTAINER [REPOSITORY[:TAG]]
```

其参数如表 7-4 所示。

表 7-4

参数名及其缩写	默 认 值	描 述
--author, -a		作者（例如: "张三 san.zhang@email.com"）
--change, -c		向已经创建的镜像应用 Dockerfile 文件中的指令
--message, -m		提交说明消息
--pause, -p	true	在提交时暂停容器

示例如下。

（1）通过容器 id 为 c3f279d17e0a 的容器来创建镜像，其仓库名为: book/test，标志为: version3：

```
$ docker ps
CONTAINER ID      IMAGE          COMMAND      STATUS         NAMES
c3f279d17e0a    ubuntu:12.04    /bin/bash    Up 25 hours    test1
197387f1b436    ubuntu:12.04    /bin/bash    Up 25 hours    test2
$ docker commit c3f279d17e0a book/test3:version3
f5283438590d
$ docker images
REPOSITORY      TAG          ID              CREATED        SIZE
book/test3     version3     f5283438590d    19 sec ago     335.7 MB
```

（2）通过 --change 选项指定创建的镜像的环境变量 DEBUG 为 true，例如 --change "ENV DEBUG true"：

```
$ docker ps
CONTAINER ID      IMAGE          COMMAND      STATUS         NAMES
c3f279d17e0a    ubuntu:12.04    /bin/bash    Up 25 hours    test1
197387f1b436    ubuntu:12.04    /bin/bash    Up 55 hours    test2
$ docker inspect -f "{{ .Config.Env }}" c3f279d17e0a
[HOME=/ PATH=/usr/local/sbin:/usr/local/bin:/usr/sbin]
$ docker commit --change "ENV DEBUG true" c3f279d17e0a book/test3:version3
f5283438590d
```

```
$ docker inspect -f "{{ .Config.Env }}" f5283438590d
[HOME=/ PATH=/usr/local/sbin:/usr/local/bin:/usr/sbin DEBUG=true]
```

（3）创建镜像并设置 CMD 命令和 EXPOSE 映射 80 端口：

```
$ docker ps
CONTAINER ID        IMAGE           COMMAND         STATUS          NAMES
c3f279d17e0a        ubuntu:12.04    /bin/bash       Up 25 hours     book/test1
197387f1b436        ubuntu:12.04    /bin/bash       Up 25 hours     book/test2
$ docker commit --change='CMD ["apachectl", "-DFOREGROUND"]' -c "EXPOSE 80"
c3f279d17e0a  test3:version4
f5283438590d
$ docker run -d test3:version4
89373736e2e7f00bc149bd783073ac43d0507da250e999f3f1036e0db60817c0
$ docker ps
CONTAINER ID        IMAGE           COMMAND                 PORTS       NAMES
89373736e2e7       test3:version4  "apachectl -DFOREGROU"  80/tcp      myimage
c3f279d17e0a       ubuntu:12.04    /bin/bash                           book/test1
197387f1b436       ubuntu:12.04    /bin/bash                           book/test2
```

5. 通过 Dockerfile 来创建镜像

通过 docker commit 来创建一个镜像比较简单，但是不方便在一个团队中分享。我们可以通过 docker build 来创建一个新的镜像。为此，首先需要创建一个 Dockerfile，包含创建镜像的指令。更多的指令请参照官网：https://docs.docker.com/engine/reference/builder/。

用法：

```
docker image build [OPTIONS] PATH | URL | -
```

其参数如表 7-5 所示。

表 7-5

参数名及其缩写	默认值	描述
--add-host		添加自定义的 host 到 IP 的映射（host:ip）
--build-arg		设置编译时的参数
--cache-from		镜像被作为缓存的资源
--cgroup-parent		容器父级的 cgroup
--compress	false	使用 gzip 压缩编译内容
--cpu-period	0	用来指定容器对 CPU 的使用要在多长时间内重新分配 CFS（Completely Fair Scheduler）

续表

参数名及其缩写	默认值	描述
--cpu-quota	0	指定在这个周期内，最多可以有多少时间用来运行这个容器，比如将 A 容器配置为--cpu-period=100000 且--cpu-quota=50000，那么 A 容器就可以最多使用 50%的 CPU 资源；如果配置为-cpu-quota=200000，那么可以使用 200%的 CPU 资源
--cpu-shares, -c	0	容器对 CPU 资源的使用绝对不会超过配置的值
--cpuset-cpus		容器在执行时使用某几个固定的 CPU，比如 0-3 或以逗号分隔如 0,3,4（0 是第 1 个 CPU）
--cpuset-mems		容器指定固定的内存，比如 0-3 或以逗号分隔如 0,1
--disable-content-trust	true	跳过镜像的校验
--file, -f		指定 Dockerfile 的名称，默认是当前路径下的"Dockerfile"
--force-rm	false	总是移除中间过程产生的容器
--isolation		容器隔离技术
--label		为镜像设置元数据
--memory, -m	0	内存大小的限制
--memory-swap	0	虚拟内存（swap）的大小限制：设置"-1"为不限制
--network	default	在编译时为 RUN 命令设置网络模式
--no-cache	false	在编译镜像时不使用缓存
--pull	false	总是尝试拉取最新的镜像版本
--quiet, -q	false	禁止输出编译信息，只在成功后打印镜像 ID
--rm	true	成功编译后移除中间过程产生的容器
--security-opt		安全选项
--shm-size	0	/dev/shm 的大小
--squash	false	把新编译的所有层合并到一个新的层中
--tag, -t		命名和可选的标志，其格式为："name:tag"
--target		设置目标阶段编译
--ulimit		Ulimit 选项

示例如下。

首先，创建文件夹 mydocker 及文件 Dockerfile：

```
$ mkdir mydocker
$ cd mydocker
$ touch Dockerfile
```

在编辑器中打开 Dockerfile，写入以下信息：

第 7 章 服务的容器化过程

```
#From 告诉 docker 此镜像是基于 docker/whalesay
From docker/whalesay:latest
#添加 fortune 程序 用来在命令行中输出
RUN apt-get -y update && apt-get install -y fortunes
#我们让镜像加载完就开始运行
CMD /usr/games/fortune -a | cowsay
```

编写完 Dockerfile 后可以使用 docker build 来生成镜像：

```
$ docker build -t docker-whale .
```

其中 -t 标记用来添加 tag，指定新的镜像的标记信息。"."为 Dockerfile 所在的路径（当前目录），也可以替换为一个具体的 Dockerfile 路径。

Dockfile 中的指令被一条一条地执行，每一步都创建了一个新的容器，在容器中执行指令并提交修改，与之前介绍过的 docker commit 一样。在所有指令都执行完之后，返回了最终的镜像 id，所有的中间步骤产生的容器都被删除和清理了，具体执行步骤如下。

- Step 0：Docker 加载 whalesay 镜像。
- Step 1：Docker 更新 apt-get 的源。
- Step 2：Docker 安装最新的 fortune。
- Step 3：Docker 创建完镜像并返回成功信息。

最后使用 RUN 命令启动容器，容器启动后首先会执行/usr/games/fortune -a | cowsay 命令，打印出"鲸说"信息，以下为具体的执行过程：

```
Step 0 : FROM docker/whalesay:latest
 ---> fb434121fc77
Step 1 : RUN apt-get -y update && apt-get install -y fortunes
 ---> Running in 27d224dfa5b2
Ign http://archive.ubuntu.com trusty InRelease
Ign http://archive.ubuntu.com trusty-updates InRelease
Ign http://archive.ubuntu.com trusty-security InRelease
Hit http://archive.ubuntu.com trusty Release.gpg
......
Get:15 http://archive.ubuntu.com trusty-security/restricted amd64 Packages [14.8 kB]
Get:16 http://archive.ubuntu.com trusty-security/universe amd64 Packages [134 kB]
Reading package lists...
 ---> eb06e47a01d2
Removing intermediate container e2a84b5f390f
Step 2 : RUN apt-get install -y fortunes
```

```
---> Running in 23aa52c1897c
Reading package lists...
Building dependency tree...
Reading state information...
The following extra packages will be installed:
  fortune-mod fortunes-min librecode0
Suggested packages:
  x11-utils bsdmainutils
The following NEW packages will be installed:
  fortune-mod fortunes fortunes-min librecode0
0 upgraded, 4 newly installed, 0 to remove and 3 not upgraded.
Need to get 1961 kB of archives.
After this operation, 4817 kB of additional disk space will be used.
Get:1 http://archive.ubuntu.com/ubuntu/ trusty/main librecode0 amd64 3.6-21 [771 kB]
Setting up fortunes (1:1.99.1-7) ...
Processing triggers for libc-bin (2.19-0ubuntu6.6) ...
 ---> c81071adeeb5
Removing intermediate container 23aa52c1897c
Step 3 : CMD /usr/games/fortune -a | cowsay
 ---> Running in a8e6faa88df3
 ---> 7d9495d03763
Removing intermediate container a8e6faa88df3
Successfully built 7d9495d03763
#查看新创建的镜像
$ sudo docker images
REPOSITORY      TAG        IMAGE ID         CREATED           SIZE
docker-whale    latest     aac45fc1dc65     2 minutes ago     274.5 MB

#运行docker-whale镜像
$ sudo docker run docker-whale
 _____
/ A manager asked a programmer how long   \
| it would take him to finish the program |
| on which he was working. "I will be     |
| finished tomorrow," the programmer      |
| promptly replied.                       |
|                                         |
| "I think you are being unrealistic,"    |
| said the manager. "Truthfully, how long |
| will it take?"                          |
|                                         |
| The programmer thought for a moment. "I |
| have some features that I wish to add.  |
| This will take at least two weeks," he  |
| finally said.                           |
|                                         |
| "Even that is too much to expect,"      |
| insisted the manager, "I will be        |
```

```
| satisfied if you simply tell me when    |
| the program is complete."             |
|                                       |
| The programmer agreed to this.        |
|                                       |
| Several years later, the manager      |
| retired. On the way to his retirement  |
| lunch, he discovered the programmer    |
| asleep at his terminal. He had been    |
| programming all night.                |
|                                       |
| -- Geoffrey James, "The Tao of        |
\ Programming"                          /
 -----------------------------------------
    \
     \
      \
                    ##        .
              ## ## ##       ==
           ## ## ## ##      ===
       /""""""""""""""""___/ ===
  ~~~ {~~ ~~~~ ~~~ ~~~~ ~~ ~ /  ===- ~~~
       \______ o          __/
        \    \        __/
          \____\______/
```

6. 登录 Docker Hub 仓库

用法：

```
docker login [OPTIONS] [SERVER]
```

其参数如表 7-6 所示。

表 7-6

参数名及其缩写	默　认　值	描　　述
--email, -e		电子邮箱
--password, -p		密码
--username, -u		账号

示例如下。

首先，需要注册 Docker Hub 的账号，地址为 https://hub.docker.com/，界面如图 7-17 所示。

图 7-17

登录后的界面如图 7-18 所示。

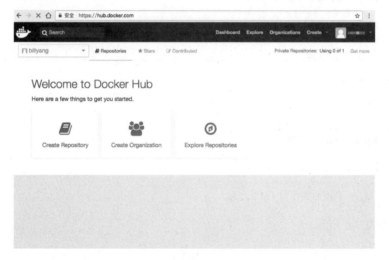

图 7-18

在命令行输入登录 Docker Hub 的账号,此命令需要 sudo 或者 root 权限:

```
$ sudo docker login --username=xxxx --email=xxxxxx
Warning: '--email' is deprecated, it will be removed soon. See usage.
Password:
Login Succeeded
```

7. 上传镜像到 Docker Hub 仓库

用法：

`docker push [OPTIONS] NAME[:TAG]`

其参数如表 7-7 所示。

表 7-7

参数名及其缩写	默 认 值	描 述
--disable-content-trust	true	跳过镜像签名

示例如下。

用 docker push 命令将镜像上传到新的仓库（repository）中，然后打开 Docker Hub 网站，可以看见此镜像的提交记录：

`$ sudo docker push book/test`

7.2.5.2 容器常用的命令

1. 新建并启动容器

用法：

`docker run [OPTIONS] IMAGE [COMMAND] [ARG...]`

启动容器有两种方式，一种是基于镜像新建一个容器并启动，另一个是将已停止（stopped）的容器重启。因为 Docker 容器实在是太轻量级了，所以很多时候用户都会随时删除和重新创建容器。

示例如下。

（1）新建并启动容器，同时在控制台输出 Hello World，之后终止容器：

```
$ docker run debian /bin/echo 'Hello world'
Hello world
```

（2）新建并启动容器，同时启动一个 bash 终端，允许用户进行交互操作：

```
$ docker run -t -i debian /bin/bash
root@d7b0044bacf0:/# pwd
/
```

```
root@d7b0044bacf0:/# echo 'helloworld'
helloworld
root@d7b0044bacf0:/#
```

2. 启动和运行容器

用法：

```
docker start [OPTIONS] CONTAINER [CONTAINER...]
```

其参数如表 7-8 所示。

表 7-8

参数名及其缩写	默认值	描述
--attach, -a	false	关联到标准输出文件（STDOUT）或标准出错文件（STDERR）
--checkpoint		从检查点还原恢复
--checkpoint-dir		使用自定义的检查点存储目录
--detach-keys		覆盖卸载容器的 key 序列号
--interactive, -i	false	关联到标准输入文件（STDIN）

示例如下。

通过 NAMES 或 CONTAINER ID 启动容器，通过-ia 选项启动一个 bash 终端，允许用户进行交互：

```
#查看所有容器
$ docker ps -a
CONTAINER ID      IMAGE      COMMAND       STATUS            PORTS    NAMES
d7b0044bacf0      debian     "/bin/bash"   Exited (0) 5 sec ago       test1
d31a790986c2      debian     "/bin/bash "  Exited (0) 6 min ago       test2
$ docker start -ia test1
root@d7b0044bacf0:/#
```

通常我们需要让 Docker 在后台运行，而不是直接将执行命令的结果输出在当前宿主机下，此时可以通过添加-d 参数来实现。

用法：

```
docker run -d IMAGE [COMMAND] [ARG...]
```

示例如下。

（1）容器在前台运行，将输出的结果（hello world）打印到宿主机上面，按 Ctrl+C 键退出容器：

```
$ docker run debian /bin/sh -c "while true; do echo hello world; sleep 1; done"
hello world
hello world
hello world
hello world
hello world
```

容器在后台运行，并返回唯一 id：

```
$ docker run -d --name test debian /bin/sh -c "while true; do echo hello world; sleep 1; done"
a4678ce16e7e4c63b1c9bf9a27acf64569962186a0d0548fe4cf0e89ca0b529
#可以看到容器正在后台运行
$ docker ps
CONTAINER ID    IMAGE     COMMAND                  STATUS          NAMES
a4678ce16e7e    debian    "/bin/sh -c 'while..."   Up 2 minute ago test
```

（2）通过 docker logs 命令能看到后台在不断打印、输出 hello world：

```
$ docker logs a4678ce16e7e
hello world
hello world
hello world
hello world
hello world
......
```

3. 获取容器的日志信息

用法：

```
docker logs [OPTIONS] CONTAINER
```

其参数如表 7-9 所示。

表 7-9

参数名及其缩写	默认值	描述
--details	false	显示 log 的更多详细信息
--follow, -f	false	追踪 log 的输出
--since		显示 log 的时间戳（例如 2013-01-02T13:23:37 或者 42m for 42 minutes）
--tail	all	设置显示最近多少条日志
--timestamps, -t	false	显示时间戳

4. 进入容器

用法：

```
docker attach [OPTIONS] CONTAINER
```

其参数如表 7-10 所示。

表 7-10

参数名及其缩写	默认值	描述
--detach-keys		覆盖卸载容器的 key 序列号
--no-stdin	False	不关联标准输入文件
--sig-proxy	True	代理进程接收的所有信号

示例如下。

当进入容器后，容器由后台运行转为前台运行，按 Ctrl+C 键退出容器：

```
$ docker attach a4678ce16e7e
hello world
hello world
hello world
hello world
```

5. 在运行的容器中执行命令

用法：

```
docker exec [OPTIONS] CONTAINER COMMAND [ARG...]
```

其参数如表 7-11 所示。

表 7-11

参数名及其缩写	默认值	描述
--detach, -d	false	以后台模式运行
--detach-keys		覆盖卸载容器的 key 序列号
--env, -e		设置环境变量
--interactive, -i	false	保持标准输入文件一直打开
--privileged	false	赋予命令额外的权限
--tty, -t	false	分配一个伪终端（pseudo-TTY）
--user, -u		用户名或 UID（格式为：[:]）

第 7 章 服务的容器化过程

示例：

（1）创建一个名为 test 的容器：

```
$ docker run --name test --rm -i -t debian bash
```

（2）另打开一个终端，执行如下命令：

```
$ docker exec -d test touch /tmp/execWorks
```

（3）/tmp/execWorks 文件已经创建成功了：

```
root@704d403e8110:/# ls /tmp/
execWorks
root@704d403e8110:/#
```

（4）如果在一个暂停的容器中执行 docker exec，则将会出错：

```
#先暂停容器
$ docker pause test
test
#查看容器状态，已暂停了
$ docker ps
CONTAINER ID     IMAGE          COMMAND      STATUS                PORTS      NAMES
1ae3b36715d2     ubuntu:latest  "bash"       Up 16 seconds (Paused)           test
#在容器中执行 docker exec 时出错，因为该容器已暂停了
$ docker exec test ls
FATA[0000] Error response from daemon: Container test is paused, unpause the container before exec
$ echo $?
1
```

6. 停止容器

用法：

```
docker stop [OPTIONS] CONTAINER [CONTAINER...]
```

其参数如表 7-12 所示。

表 7-12

参数名及其缩写	默认值	描述
--time, -t	10	设置停止容器的等待时间，若超时则强制停止

示例如下。

通过容器 ID 停止容器：

```
$ docker ps
CONTAINER ID    IMAGE      COMMAND              STATUS          PORTS    NAMES
a4678ce16e7e    debian     "/bin/sh -c 'while..." Up 12 minutes           test
$ docker stop a4678ce16e7e
a4678ce16e7e
```

7. 删除容器

用法：

```
docker rm [OPTIONS] CONTAINER [CONTAINER...]
```

其参数如表 7-13 所示。

表 7-13

参数名及其缩写	默 认 值	描 述
--force, -f	false	强制删除正在运行的容器（使用 SIGKILL）
--link, -l	false	删除指定的 link 连接
--volumes, -v	false	删除容器加载的所有磁盘卷

示例如下。

（1）删除名为 redis 的容器：

```
$ docker rm redis
redis
```

（2）删除/webapp 容器和/redis 容器之间的所有网络桥接：

```
$ docker rm --link /webapp/redis
/webapp/redis
```

（3）--force 选项强制删除正在运行的容器，在默认情况下只删除已停止的容器：

```
$ docker rm --force redis
redis
```

（4）删除所有已停止的容器：

```
$ docker rm $(docker ps -a -q)
```

7.2.5.3 磁盘卷的常用命令

1. 创建磁盘卷

创建一个磁盘卷,容器可以从中读取和存储数据,如果未指定名称,则 Docker 会随机生成一个名称。

用法:

```
docker volume create [OPTIONS] [VOLUME]
```

其参数如表 7-14 所示。

表 7-14

参数名及其缩写	默认值	描述
--driver, -d	local	指定磁盘卷的驱动名称
--label		设置磁盘卷的元数据
--name		指定磁盘卷的名称
--opt, -o	map[]	为驱动设置选项值

示例如下。

(1)创建一个磁盘卷,然后配置给容器使用,磁盘卷被加载到容器的 /world 目录下,这里需要注意的是,Docker 不支持在容器中挂载相对的路径。代码如下:

```
$ docker volume create hello
hello
$ docker run -d -v hello:/world busybox ls /world
```

多个容器可以同时使用同一个磁盘卷,这对于两个容器共享数据非常有用,比如一个容器写数据,另一个容器读取数据。磁盘卷的名称必须是唯一的,不能重复,否则会报错,有如下异常:

```
A volume named "hello" already exists with the "some-other" driver. Choose a different volume name.
```

如果指定了一个已经存在的磁盘卷名称,则 Docker 将会重新使用此磁盘卷。

(2)在创建磁盘卷时,我们可以通过 -o 或 --opt 选项来自定义磁盘卷的参数:

```
$ docker volume create --driver fake \
    --opt tardis=blue \
    --opt timey=wimey \
    foo
```

不同的磁盘卷驱动的参数也都不同。Windows 平台不支持此选项，而 Linux 平台下该选项的值与 mount 命令一样，也可以多次使用该选项来设置不同的参数。

以下示例创建一个 tmpfs 驱动的磁盘卷，命名为 foo，其大小为 100MB 字节，uid 为 1000：

```
$ docker volume create --driver local \
   --opt type=tmpfs \
   --opt device=tmpfs \
   --opt o=size=100m,uid=1000 \
   foo
```

创建一个驱动为 btrfs 的磁盘卷，指定 device 参数为/dev/sda2，代码如下：

```
$ docker volume create --driver local \
   --opt type=btrfs \
   --opt device=/dev/sda2 \
   foo
```

创建一个驱动为 nfs 的磁盘卷，从 192.168.1.1 上以读写模式加载/path/to/dir：

```
$ docker volume create --driver local \
   --opt type=nfs \
   --opt o=addr=192.168.1.1,rw \
   --opt device=:/path/to/dir \
   foo
```

2. 显示磁盘卷的详细信息

用法：

```
docker volume inspect [OPTIONS] VOLUME [VOLUME...]
```

其参数如表 7-15 所示。

表 7-15

参数名及其缩写	默 认 值	描 述
--format, -f		使用给定的 Go 语言模板进行格式化输出

示例如下。

查看磁盘卷的详细信息，默认使用 JSON 格式的数组输出：

```
$ docker volume create
85bffb0677236974f93955d8ecc4df55ef5070117b0e53333cc1b443777be24d
$ docker volume inspect
85bffb0677236974f93955d8ecc4df55ef5070117b0e53333cc1b443777be24d
```

```
[
    {
        "Name": "85bffb0677236974f93955d8ecc4df55ef5070117b0e53333cc1b443777be24d",
        "Driver": "local",
        "Mountpoint": "/var/lib/docker/volumes/85bffb0677236974f93955d8ecc4df55ef5070117b0e53333cc1b443777be24d/_data",
        "Status": null
    }
]
```

也可以使用--format 选项，设置使用 Go 语言模板进行格式化输出：

```
$ docker volume inspect --format '{{ .Mountpoint }}' 85bffb0677236974f93955d8ecc4df55ef5070117b0e53333cc1b443777be24d
/var/lib/docker/volumes/85bffb0677236974f93955d8ecc4df55ef5070117b0e53333cc1b443777be24d/_data
```

3. 以列表显示磁盘卷

用法：

```
docker volume ls [OPTIONS]
```

其参数如表 7-16 所示。

表 7-16

参数名及其缩写	默认值	描述
--filter, -f		指定过滤值，比如 dangling=true
--format		使用给定的 Go 语言模板进行格式化输出
--quiet, -q	false	仅仅显示磁盘卷的名称

示例如下。

（1）查看磁盘卷的列表：

```
$ docker volume ls
DRIVER              VOLUME NAME
local               rosemary
local               tyler
```

（2）使用-f 或--filter 选项过滤显示列表，其格式为 key=value。目前支持的过滤方式有如下几种。

- dangling：boolean，为 true 或 false，为 0 或 1。
- driver：磁盘卷驱动的名称。
- label：label=<key> 或 label=<key>=<value>。
- name：磁盘卷的名称。

显示当前正在使用的磁盘卷：

```
$ docker run -d -v tyler:/tmpwork busybox
f86a7dd02898067079c99ceacd810149060a70528eff3754d0b0f1a93bd0af18
$ docker volume ls -f dangling=true
DRIVER              VOLUME NAME
local               rosemary
```

显示 driver=local 的磁盘卷：

```
$ docker volume ls -f driver=local
DRIVER              VOLUME NAME
local               rosemary
local               tyler
```

通过 label 过滤显示：

```
$ docker volume create the-doctor --label is-timelord=yes
the-doctor
$ docker volume create daleks --label is-timelord=no
daleks
```

只通过 label 过滤显示，不管 is-timelord 的值是什么：

```
$ docker volume ls --filter label=is-timelord
DRIVER              VOLUME NAME
local               daleks
local               the-doctor
```

通过磁盘卷名称显示：

```
$ docker volume ls -f name=rose
DRIVER              VOLUME NAME
local               rosemary
```

4. 删除所有未使用的磁盘卷

用法：

```
docker volume prune [OPTIONS]
```

其参数如表 7-17 所示。

表 7-17

参数名及其缩写	默 认 值	描 述
--filter		指定过滤值，比如 label=
--force, -f	false	不需要提醒，强制删除

示例：

```
$ docker volume prune
WARNING! This will remove all volumes not used by at least one container.
Are you sure you want to continue? [y/N] y
Deleted Volumes:
07c7bdf3e34ab76d921894c2b834f073721fccfbbcba792aa7648e3a7a664c2e
my-named-vol
Total reclaimed space: 36 B
```

5. 删除磁盘卷

用法：

docker volume rm [OPTIONS] VOLUME [VOLUME...]

其参数如表 7-18 所示。

表 7-18

参数名及其缩写	默 认 值	描 述
--force, -f	false	强制删除

示例：

```
$ docker volume rm hello
  hello
```

7.2.5.4 网络的常用命令

Docker 网络模型主要是通过使用 Network Namespace、Linux Bridge、Iptables、veth pair 等技术实现的。

（1）Network Namespace：主要提供了关于网络资源的隔离，包括网络设备、IP 路由表、防火墙、端口等。

（2）Linux Bridge：Linux 内核通过一个虚拟的网桥设备来实现桥接，这个设备可以绑定若干个以太网接口设备，从而将它们桥接起来，功能相当于物理交换机，为连在其上的设备转发数据帧，例如 docker0 网桥。

（3）Iptables：有利于在 Linux 系统上更好地控制 IP 信息包过滤和防火墙配置，主要为容器提供 NAT 及容器网络安全。

（4）veth pair：两个虚拟网卡组成的数据通道。在 Docker 中用于连接 Docker 容器和 Linux Bridge。其中一端在容器中作为 eth0 网卡，另一端在 Linux Bridge 中作为网桥的一个端口。

Docker 容器有以下 5 种网络模式。

（1）bridge 模式。使用 docker run --net=bridge 指定，是 Docker 默认的网络设置，此模式会为每个容器分配 Network Namespace、设置 IP 等，并将一个主机上的 Docker 容器连接到一个虚拟网桥上。此模式与外界通信时使用了 NAT 协议，这增加了通信的复杂性，在复杂场景下使用会有诸多限制。

（2）host 模式。使用 docker run --net=host 指定，在这种模式下，Docker 服务将不为 Docker 容器创建网络协议栈，即不会创建独立的 network namespace，Docker 容器中的进程处于宿主机的网络环境中，这相当于 Docker 容器和宿主机共用一个 Network Namespace，使用宿主机的网卡、IP、端口等信息，此模式没有网络隔离性，会引起网络资源的竞争与冲突。

（3）container 模式。使用 docker run --net=container:othercontainer_name 指定，这种模式与 host 模式相似，指定新创建的容器和已经存在的某个容器共享同一个 Network Namespace。这两种模式都是共享 Network Namespace，区别就在于 host 模式与宿主机共享，而 container 模式与某个存在的容器共享。在 container 模式下，两个容器的进程可以通过 lo 回环网络设备通信，这增加了容器间通信的便利性和效率。container 模式的应用场景就在于可以将一个应用的多个组件放在不同的容器里，这些容器组成 container 模式的网络，这样它们可以作为一个整体对外提供服务，但这种模式也降低了容器间的隔离性。

（4）none 模式。使用 docker run --net=none 指定，在这种模式下，Docker 容器拥有自己的 Network Namespace，但是并不为 Docker 容器进行任何网络配置。也就是说，这个 Docker 容器没有网卡、IP、路由等信息，需要我们为 Docker 容器添加网卡、配置 IP 等。对这种模式不进行特定的配置是无法正常使用的，但它也给了用户最大的自由度来自定义容器的网络环境。

（5）overlay 模式。overlay 网络其实就是隧道技术，是将一种网络协议包装在另一种协议中传输的技术。隧道被广泛用于连接那些因使用其他网络而被隔离的主机和网络，生成的网络就是所谓的 overlay 网络。因为它有效地覆盖在基础网络之上，所以可以很好地解决跨网络使 Docker 容器实现二层或三层通信的需求。例如同一公司的不同办公地点间内网连接的 VPN 技术，就是将三层 IP 数据包封装在隧道协议中进行传输的。

1. 创建网络

用法：

```
docker network create [OPTIONS] NETWORK
```

其参数如表 7-19 所示。

表 7-19

参数名及其缩写	默 认 值	描　　述
--attachable	false	允许手动向容器添加网络
--aux-address	map[]	备用的网络驱动 IPv4 或 IPv6 地址
--driver, -d	bridge	管理网络的驱动
--gateway		主子网的 IPv4 或 IPv6 网关
--ingress	false	创建集群的路由网网络
--internal	false	禁止外部访问网络
--ip-range		在指定的 IP 范围内为容器分配 IP
--ipam-driver	default	IP 地址管理驱动
--ipam-opt	map[]	为 IPAM 驱动指定参数
--ipv6	false	启用 IPv6 网络
--label		为网络设置元数据
--opt, -o	map[]	为驱动设置参数
--subnet		以 CIDR 格式设置子网

创建网络时，只能使用 bridge 或 overlay 两种网络驱动，当然也可以使用安装的第三方或自定义的网络驱动。如果在创建网络时没有指定--driver 选项，则默认会自动使用 bridge 驱动创建网络。

Docker 引擎安装时就自动为我们创建好了一个 bridge 网络，它直接与 docker0 网桥通信，而 docker0 网桥是 Docker 引擎所依赖的，是在宿主机上虚拟出来的。当我们使用 docker run 命令启动容器时，容器会自动连接到此网络上。我们不能删除该默认网络，但是可以创建一个新

的网络:

```
$ docker network create -d bridge my-bridge-network
```

bridge 网络仅仅是每个 Docker 引擎上独立的网络，如果要创建一个跨多个 Docker 主机通信的网络，则必须使用 overlay 网络。不过 overlay 网络的创建需要很复杂的前置条件，具体可参考官网中关于 overlay 安装的介绍，具体地址为 https://docs.docker.com/engine/userguide/networking/get-started-overlay/。不过我们推荐安装和使用 Docker Swarm 来管理集群和设置网络。

创建 overlay 网络的代码如下:

```
$ docker network create -d overlay my-multihost-network
```

接下来可以在启动容器时指定我们创建的网络:

```
$ docker run -itd --network=my-multihost-network busybox
```

2. 为容器添加网络

用法:

```
docker network connect [OPTIONS] NETWORK CONTAINER
```

其参数如表 7-20 所示。

表 7-20

参数名及其缩写	默认值	描述
--alias	false	为网络中的容器起别名
--ip		IPv4 地址
--ip6		IPv6 地址
--link		添加连接到其他容器
--link-local-ip		为容器添加一个本地的连接地址

示例如下。

（1）为一个运行的容器添加网络:

```
$ docker network connect multi-host-network container1
```

或者在启动容器时添加网络:

```
$ docker run -itd --network=multi-host-network busybox
```

（2）为容器添加网络，同时为它指定 IP 地址：

```
$ docker network connect --ip 10.10.36.122 multi-host-network container2
```

3. 将容器从网络上断开

用法：

```
docker network disconnect [OPTIONS] NETWORK CONTAINER
```

其参数如表 7-21 所示。

表 7-21

参数名及其缩写	默 认 值	描　　述
--force, -f	false	强制从网络上断开容器

示例：

```
$ docker network disconnect multi-host-network container1
```

4. 以列表显示网络

用法：

```
docker network ls [OPTIONS]
```

其参数如表 7-22 所示。

表 7-22

参数名及其缩写	默 认 值	描　　述
--filter, -f		指定过滤值，比如'driver=bridge'
--format		使用给定的 Go 语言模板格式化输出
--no-trunc	false	不简化输出结果
--quiet, -q	false	仅仅显示网络的 ID

示例：

```
$ sudo docker network ls
NETWORK ID          NAME                DRIVER              SCOPE
7fca4eb8c647        bridge              bridge              local
9f904ee27bf5        none                null                local
cf03ee007fb4        host                host                local
78b03ee04fc4        multi-host          overlay             swarm
```

5. 删除所有未使用的网络

用法：

```
docker network prune [OPTIONS]
```

其参数如表 7-23 所示。

表 7-23

参数名及其缩写	默 认 值	描 述
--filter		指定过滤值，比如'until='
--force, -f	false	不需要提醒，强制删除

示例：

```
$ docker network prune
WARNING! This will remove all networks not used by at least one container.
Are you sure you want to continue? [y/N] y
Deleted Networks:
n1
n2
```

6. 删除网络

用法：

```
docker network rm NETWORK [NETWORK...]
```

示例：

```
$ docker network rm my-network
```

7.2.5.5 服务的常用命令

1. 创建新服务

用法：

```
docker service create [OPTIONS] IMAGE [COMMAND] [ARG...]
```

其参数如表 7-24 所示。

表 7-24

参数名及其缩写	默 认 值	描 述
--constraint		布置约束，即约定在哪个容器中创建
--container-label		容器的标签
--credential-spec		管理服务账号的证书，仅在 Windows 平台有效
--detach, -d	true	立即退出而不用等待服务完全启动
--dns		设置自定义的 DNS 服务器
--dns-option		设置 DNS 选项
--dns-search		设置 DNS search 域
--endpoint-mode	vip	终端模式（vip 或 dnsrr）
--entrypoint		覆盖镜像默认的 ENTRYPOINT 命令
--env, -e		设置环境变量
--env-file		读取环境变量的配置文件
--group		为容器设置一个或多个增补的用户组
--health-cmd		检测容器健康的命令
--health-interval		检测的时间间隔（单位：ns、μs、ms、s、m、h）
--health-retries	0	连接失败多少次时汇报为不健康状态
--health-start-period		设置容器初始化之前的启动时间，超过此时间后计算重试次数（单位：ns、μs、ms、s、m、h）
--health-timeout		每次执行检测命令的超时时间（单位：ns、μs、ms、s、m、h）
--host		设置一个或多个 host 到 IP 的映射（host:ip）
--hostname		容器的 hostname
--label, -l		服务的标签
--limit-cpu		CPU 的限制
--limit-memory		内存的限制
--log-driver		服务的 Log 驱动
--log-opt		Log 驱动选项
--mode	replicated	服务的类型，为副本型或全局型（replicated or global）
--mount		关联文件系统挂载到服务中
--name		服务的名称
--network		网络设备
--no-healthcheck	false	禁止指定了 HEALTHCHECK 的容器
--placement-pref		添加偏好存放位置

续表

参数名及其缩写	默认值	描述
--publish, -p		绑定端口到节点端口
--quiet, -q	false	抑制过程的输出
--read-only	false	挂载容器的 root 文件系统作为只读模式
--replicas		任务的数量
--reserve-cpu		保留的 CPU 数
--reserve-memory	0	保留的内存大小
--restart-condition		重启条件，默认为 any（可选值：none、on-failure、any）
--restart-delay		重启的延迟时间，默认为 5s（单位：ns、µs、ms、s、m、h）
--restart-max-attempts		重启尝试次数，超过该次数就失败
--rollback-delay		任务回滚的延迟时间，默认为 0s（单位：ns、µs、ms、s、m、h）
--rollback-failure-action		当回滚失败后的操作，默认为 pause，（可选值：pause、continue）
--rollback-max-failure-ratio	0	回滚时允许的最大失败率，默认为 0
--rollback-monitor	0s	监控每次任务回滚的持续时间，默认为 5s（单位：ns、µs、ms、s、m、h）
--rollback-order		回滚顺序，默认是 stop-first（可选值：start-first、stop-first）
--rollback-parallelism	1	同时回滚的任务最大数，0 为一次回滚所有任务
--secret		为服务设置安全性
--stop-grace-period		强制退出容器之前的等待时间，默认为 10s（单位：ns、us、ms、s、m、h）
--stop-signal		停止容器的信号
--health-timeout		每次执行检测命令的超时时间（单位：ns、µs、ms、s、m、h）
--host		设置一个或多个 host 到 IP 的映射（host:ip）
--hostname		容器的 hostname
--label, -l		服务的标签
--limit-cpu		CPU 的限制
--limit-memory		内存的限制
--log-driver		服务的 Log 驱动
--log-opt		Log 驱动选项
--mode	replicated	服务的类型，为副本型或全局型（replicated or global）
--mount		关联文件系统挂载到服务中
--name		服务的名称
--network		网络设备
--no-healthcheck	false	禁止指定了 HEALTHCHECK 的容器
--placement-pref		添加偏好存放位置

续表

参数名及其缩写	默 认 值	描 述
--tty, -t	false	分配伪终端（pseudo-TTY）
--update-delay	0s	更新的延迟时间，默认为 0s（单位：ns、μs、ms、s、m、h）
--update-failure-action		更新失败后的操作，默认为 pause（可选值：pause、continue、rollback）
--update-max-failure-ratio	0	更新时允许的最大失败率，默认为 0
--update-monitor	5s	监控每次任务更新的持续时间，默认为 5s（单位：ns、μs、ms、s、m、h）
--update-order		更新顺序，默认是 stop-first（可选值：start-first、stop-first）
--update-parallelism	1	同时更新的任务最大数，0 为一次回滚所有任务
--user, -u		用户名或 UID，格式为：<name|uid>[:<group|gid>]
--with-registry-auth	false	发送仓库的验证信息到集群的客户端
--workdir, -w		容器内的工作目录

示例如下。

（1）创建一个名为 redis1 的服务：

```
$ docker service create --name redis1 redis:3.0.6

dmu1ept4cxcfe8k8lhtux3ro3
```

（2）创建一个名为 redis2 的全局服务：

```
$ docker service create --mode global --name redis2 redis:3.0.6

a8q9dasaafudfs8q8w32udass
```

（3）查看服务列表：

```
$ docker service ls

ID              NAME    MODE         REPLICAS   IMAGE
dmu1ept4cxcf    redis   replicated   1/1        redis:3.0.6
a8q9dasaafud    redis2  global       1/1        redis:3.0.6
```

service 有两种部署的模式：副本模式和全局模式。

对于副本模式，我们会指定多个相同的任务执行，它们同时提供相同的服务，比如部署三个相同的 HTTP 服务来提供内容。

对于全局模式，它会在每个节点上都运行一个任务，并且当集群中有新的节点增加时，就会自动在新节点上创建一个任务。

图 7-19 展示了 3 个副本服务（三角形）和 1 个全局服务（六边形）：

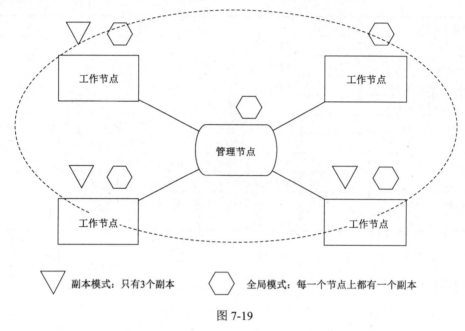

副本模式：只有3个副本　　全局模式：每一个节点上都有一个副本

图 7-19

（4）创建 5 个副本的 Redis 服务，以下命令的执行很快，但是 5 个副本完全启动需要一定的时间：

```
$ docker service create --name redis --replicas=5 redis:3.0.6
4cdgfyky7ozwh3htjfw0d12qv
$ docker service ls
ID              NAME    MODE        REPLICAS    IMAGE
4cdgfyky7ozw    redis   replicated  5/5         redis:3.0.7
```

（5）创建灰度更新的服务。每次服务更新时，最多每批次更新两台，而每批次的更新间隔 10s：

```
$ docker service create \
  --replicas 10 \
  --name redis \
  --update-delay 10s \
  --update-parallelism 2 \
  redis:3.0.6
```

（6）--env 为所有服务设置环境变量。

```
$ docker service create --name redis --replicas 5 --env MYVAR=foo redis:3.0.6
```

(7)--hostname 为 Docker 服务容器指定 hostname：

```
$ docker service create --name redis --hostname myredis redis:3.0.6
```

(8)--label 为服务设置 label 元数据：

```
$ docker service create \
  --name redis_2 \
  --label com.example.foo="bar"
  --label bar=baz \
  redis:3.0.6
```

(9) Docker 主要支持两种不同的挂载，它允许容器从别的容器或主机系统中读写文件，这两种挂载为：数据加载卷（data volumes）和绑定挂载（bind-mounts），另外 Docker 支持 tmpfs 挂载。

- bind-mount 类型：使用主机系统上的文件或目录挂载到容器中，可以指定只读或读写模式。
- named volume 类型：即 data volumes 类型，它主要提供了一种机制来实现容器中数据的持久化，named volume 由 Docker 创建管理，并且在容器被删除后，它的数据依然被保留，不会被清除。主机和容器或者容器和容器之间可以共享 named volume 中的数据。我们可以通过 Docker 命令备份或恢复磁盘卷。
- tmpfs 类型：在容器内挂载 tmpfs 文件系统，来存储临时性的数据。

以下示例为每一个服务副本都挂载一个被称为 my-volume 的磁盘卷，并设置 label 为 color 和 shape，当任务启动时，磁盘卷就被挂载到容器中的/path/in/container/下。如果任务都在同一台设备上，比如本地环境中，则各个任务将会共享同一个叫作 my-volume 的挂载卷，多个容器同时读写一个共享的卷时，会出现脏数据的风险，不过 Swarm 会把不同的任务部署到不同的设备上。

```
$ docker service create \
  --name my-service \
  --replicas 3 \
  --mount
type=volume,source=my-volume,destination=/path/in/container,volume-label="color=red",volume-label="shape=round" \
  redis:3.0.6
```

(10) 匿名挂载卷，因为没有用 source 选项指定名称，所以每个任务都会创建一个挂载卷（volume），每一个任务都只使用自己的挂载卷，彼此不共享，当任务完成后挂载卷也会被清除：

```
$ docker service create \
  --name my-service \
  --replicas 3 \
  --mount type=volume,destination=/path/in/container \
  nginx:alpine
```

（11）以 bind-mounts 模式将主机系统中的/path/on/host 目录挂载到容器中的/path/in/container 目录：

```
$ docker service create \
  --name my-service \
  --mount type=bind,source=/path/on/host,destination=/path/in/container \
  nginx:alpine
```

（12）--constraint 选项指定服务的限制条件，以下示例指定任务只能在 label 为 queue 的节点上运行：

```
$ docker service create \
  --name redis \
  --constraint 'node.labels.type == queue' \
  redis:3.0.6
```

限制条件--constraint 限制了任务只能在指定的节点或 Docker 引擎中执行，条件如表 7-25 所示。

表 7-25

节点属性	描述	示例
node.id	节点的 ID	node.id == 2ivku8v2gvtg4
node.hostname	节点的 hostname	node.hostname != node-2
node.role	节点的 role	node.role == manager
node.labels	用户自定义的节点的 labels	node.labels.security == high
engine.labels	Docker 引擎的 labels	engine.labels.operatingsystem == ubuntu 14.04

（13）--publish 选项为 Swarm 集群的映射端口，其格式为--publish <TARGET-PORT>:<SERVICE-PORT>：

```
$ docker service create --name my_web --replicas 3 --publish 8080:80 nginx
```

2. 列出所有服务

用法:

```
docker service ls [OPTIONS]
```

其参数如表 7-26 所示。

表 7-26

参数名及其缩写	默认值	描述
--filter, -f		通过条件过滤输出
--quiet, -q	false	仅仅显示 ID

示例如下。

(1) 查看所有的服务:

```
$ docker service ls
ID              NAME        MODE          REPLICAS      IMAGE
c8wgl7q4ndfd    frontend    replicated    5/5           nginx:alpine
dmu1ept4cxcf    redis       replicated    3/3           redis:3.0.6
iwe3278osahj    mongo       global        7/7           mongo:3.3
```

(2) 通过 --filter 选项来过滤指定的服务,主要支持以下三种条件过滤: id、label 和 name。

通过 id 过滤:

```
$ docker service ls -f "id=0bcjw"
ID              NAME     MODE          REPLICAS    IMAGE
0bcjwfh8ychr    redis    replicated    1/1         redis:3.0.6
```

通过 label 过滤:

```
$ docker service ls --filter label=project
ID              NAME         MODE          REPLICAS    IMAGE
01sl1rp6nj5u    frontend2    replicated    1/1         nginx:alpine
36xvvwwauej0    frontend     replicated    5/5         nginx:alpine
74nzcxxjv6fq    backend      replicated    3/3         redis:3.0.6
```

通过 name 过滤:

```
$ docker service ls --filter name=redis
ID              NAME     MODE          REPLICAS    IMAGE
0bcjwfh8ychr    redis    replicated    1/1         redis:3.0.6
```

3. 列出某个服务的所有任务。

用法：

```
docker service ps [OPTIONS] SERVICE
```

其参数如表 7-27 所示。

表 7-27

参数名及其缩写	默 认 值	描 述
--filter, -f		通过条件过滤输出
--no-resolve	false	不用映射 ID 到名称
--no-trunc	false	不需要简化输出
--quiet, -q	false	仅仅显示 ID

示例如下。

列出 Redis 服务的所有任务：

```
$ docker service ps redis
ID              NAME      IMAGE       NODE   DESIRED STATE   CURRENT STATE
c22tqbu25ylj    redis.1   redis:3.0.6        Running         Pending 11 minutes ago
wuydsvyo0b5i    redis.2   redis:3.0.6        Running         Pending 11 minutes ago
ra9dlplu2syp    redis.3   redis:3.0.6        Running         Pending 11 minutes ago
rgowdl72fyc0    redis.4   redis:3.0.6        Running         Pending 11 minutes ago
wecxjdqkol7n    redis.5   redis:3.0.6        Running         Pending 11 minutes ago
```

4. 删除服务

用法：

```
docker service rm SERVICE [SERVICE...]
```

示例：

```
$ docker service rm redis
redis
$ docker service ls
ID NAME MODE REPLICAS IMAGE
```

5. 扩展服务

用法:

```
docker service scale SERVICE=REPLICAS [SERVICE=REPLICAS...]
```

示例如下。

(1) 在单个服务上执行 scale:

```
$ docker service scale redis=50
redis scaled to 50
```

(2) 如果在全局服务上执行 scale,则会报错:

```
$ docker service create --mode global --name redis redis:3.0.6
b4g08uwuairexjub6ome6usqh
$ docker service scale redis =10
redis: scale can only be used with replicated mode
```

6. 更新服务

用法:

```
docker service update [OPTIONS] SERVICE
```

其参数如表 7-28 所示。

表 7-28

参数名及其缩写	默 认 值	描 述
--args		服务命令参数
--constraint-add		添加或更新一个布置约束,布置约束即在哪个容器中创建
--constraint-rm		删除一个约束
--container-label-add		添加或更新容器的标签
--container-label-rm		通过 key 删除容器的标签
--credential-spec		管理服务账号的证书,仅在 Windows 平台有效
--detach, -d	true	立即退出,而不用等待所有服务完成
--dns-add		添加或更新自定义的 DNS 服务器
--dns-option-add		添加或更新 DNS 选项
--dns-option-rm		删除一个 DNS 选项
--dns-rm		删除一个自定义的 DNS 服务器

续表

参数名及其缩写	默认值	描述
--dns-search-add		添加或更新自定义的 DNS search 域
--endpoint-mode		终端模式（vip or dnsrr）
--entrypoint		覆盖镜像默认的 ENTRYPOINT 命令
--env-add		添加或更新环境变量
--env-rm		删除环境变量
--force	false	强制更新，即使没有任何改变
--group-add		为容器添加一个额外的用户组
--group-rm		删除之前为容器添加的额外用户组
--health-cmd		检查容器健康状态的命令
--health-interval		检测的时间间隔（单位：ns、μs、ms、s、m、h）
--health-retries	0	连接失败多少次时汇报为不健康状态
--health-start-period		设置容器初始化之前的启动时间，超过此时间后会计算重试次数（单位：ns、μs、ms、s、m、h）
--health-timeout		每次执行检测命令的超时时间（单位：ns、μs、ms、s、m、h）
--host-add		添加或更新自定义的 host 到 IP 映射，格式为：host:ip
--host-rm		删除自定义的 host 到 IP 映射，格式为：host:ip
--hostname		容器的 hostname
--image		服务镜像的标记
--label-add		添加或更新服务的标签
--label-rm		通过 key 删除标签
--limit-cpu		限制 CPU 的个数
--limit-memory	0	限制内存的大小
--log-driver		服务的 Log 驱动
--log-opt		Log 驱动的选项
--mount-add		添加或更新服务的磁盘卷
--mount-rm		通过路径删除磁盘卷
--network-add		添加一个网络
--network-rm		删除一个网络
--no-healthcheck	false	禁用容器的 HEALTHCHECK 选项
--placement-pref-add		添加一个存放偏好的设置
--placement-pref-rm		删除一个存放偏好的设置
--publish-add		添加或更新一个发布端口

续表

参数名及其缩写	默认值	描述
--publish-rm		通过指定端口来删除一个发布端口
--quiet, -q	false	抑制过程的输出
--read-only	false	挂载容器的 root 文件系统作为只读模式
--replicas		任务数
--reserve-cpu		保留的 CPU 数
--reserve-memory	0	保留的内存大小
--restart-condition		重启条件，默认为 any（可选值：none、on-failure、any）
--restart-delay		重启的延迟时间，默认为 5s（单位：ns、μs、ms、s、m、h）
--restart-max-attempts		重启尝试的次数，超过一定次数就失败
--rollback	false	回滚到前一个版本
--rollback-delay		任务回滚的延迟时间，默认为 0s（单位：ns、μs、ms、s、m、h）
--rollback-failure-action		回滚失败后的操作，默认为 pause，（可选值为：pause、continue）
--rollback-max-failure-ratio	0	回滚时允许的最大失败率，默认为 0
--rollback-monitor	0	监控每次任务回滚的持续时间，默认为 5s（单位：ns、μs、ms、s、m、h）
--rollback-order		回滚顺序，默认为 stop-first（可选值："start-first、stop-first"）
--rollback-parallelism	0	同时回滚的任务最大数，0 为一次回滚所有任务
--secret-add		添加或更新服务的安全机制
--secret-rm		删除服务的安全机制
--stop-grace-period		强制退出容器之前的等待时间，默认为 10s（单位：ns、μs、ms、s、m、h）
--stop-signal		停止容器的信号
--tty, -t	False	分配伪终端（pseudo-TTY）
--update-delay	0s	更新的延迟时间，默认为 0s（单位：ns、μs、ms、s、m、h）
--update-failure-action		更新失败后的操作，默认为 pause（可选值：pause、continue、rollback）
--update-max-failure-ratio	0	更新时允许的最大失败率，默认为 0
--update-monitor	0s	监控每次任务更新的持续时间，默认为 5s（单位：ns、μs、ms、s、m、h）
--update-order		更新顺序，默认为 stop-first（可选值：start-first、stop-first）
--update-parallelism	0	同时更新的任务最大数，0 为一次回滚所有任务
--user, -u		用户名或 UID，格式为：<name|uid>[:<group|gid>]
--with-registry-auth	false	发送仓库的验证信息到集群的客户端
--workdir, -w		容器内的工作目录

示例如下。

（1）更新 Redis 服务，--limit-cpu 选项限制 CPU 数为 2：

```
$ docker service update --limit-cpu 2 redis
```

（2）通过指定的参数来更新服务，该命令在管理节点上执行，此命令的参数与 docker service create 命令的参数一样。通常来说，更新服务不会重新创建新的任务（task），比如--update-parallelism 这个参数的修改。有时为了重启所有服务，我们可以使用--force 参数强制重新创建。

使用--force 选项强制重新创建任务，设置--update-parallelism 为 1，使每次只更新 1 个任务，设置--update-delay 为 30s，使每次更新的间隔时间为 30s，这样就实现了恢复更新：

```
$ docker service update --force --update-parallelism 1 --update-delay 30s redis
```

3. 重新设置副本数为 5（以前为 4）：

```
$ docker service update --replicas=5 web
web
$ docker service ls
ID              NAME  MODE        REPLICAS  IMAGE
80bvrzp6vxf3    web   replicated  0/5       nginx:alpine
```

4. --rollback 选项可以回滚服务到最近的一次更新，副本数恢复到 4：

```
$ docker service update --rollback web
web
$ docker service ls
ID              NAME  MODE        REPLICAS  IMAGE
80bvrzp6vxf3    web   replicated  0/4       nginx:alpine
```

7.2.5.6　集群的常用命令

1. 集群的初始化

用法：

```
docker swarm init [OPTIONS]
```

其参数如表 7-29 所示。

表 7-29

参数名及其缩写	默 认 值	描 述
--advertise-addr		指定用于服务发现的地址（格式：<ip|interface>[:port]）
--autolock	false	开启管理节点自动锁（启动一个停止的目的管理节点需要一个解锁密码）
--availability	active	节点的活动状态（可选值：active、pause、drain）
--cert-expiry	2160h0m0s	校验证书的有效时间（单位：ns、μs、ms、s、m、h）
--dispatcher-heartbeat	5s	心跳调度时间（单位：ns、μs、ms、s、m、h）
--external-ca		指定一个或多个签名证书
--force-new-cluster	false	从当前状态强制创建集群
--listen-addr	0.0.0.0:2377	监听地址（格式：<ip|interface>[:port]）
--max-snapshots	0	保留的最多快照数
--snapshot-interval	10000	快照的间隔时间
--task-history-limit	5	任务的最大历史记录

示例如下。

初始化集群，当前 Docker 引擎将作为集群的管理节点，刚初始化的集群为单节点集群，只拥有一个管理节点。

docker swarm init 会生成两个随机的 token：一个 worker token 和一个 manager token。当一个新的节点加入集群时，这个节点是作为 worker 节点还是 manager 节点取决于我们向 swarm join 命令传递的 token 值。

```
$ docker swarm init --advertise-addr 192.168.99.121
Swarm initialized: current node (bvz81updecsj6wjz393c09vti) is now a manager.
To add a worker to this swarm, run the following command:
    docker swarm join \
    --token
SWMTKN-1-3pu6hszjas19xyp7ghgosyx9k8atbfcr8p2is99znpy26u2lkl-1awxwuwd3z9j1z3puu7r
cgdbx \
    172.17.0.2:2377
To add a manager to this swarm, run 'docker swarm join-token manager' and follow
the instructions.
```

集群中的其他成员可以通过--advertise-addr 选项所指定的地址来访问和调用 API 接口，如果不指定该选项，同时系统本身只有一个 IP 地址，那么 Docker 将使用它，如果系统有多个 IP 地址，那么必须明确指定具体的 IP 地址。

2. token 的查看或刷新

用法：

```
docker swarm join-token [OPTIONS] (worker|manager)
```

其参数如表 7-30 所示。

表 7-30

参数名及其缩写	默认值	描述
--quiet, -q	false	仅仅显示 token
--rotate		值为 false 时刷新、加入集群的 token

查看以 worker 节点加入集群的 token：

```
$ docker swarm join-token worker
To add a worker to this swarm, run the following command:
    docker swarm join \
    --token SWMTKN-1-65wjcb4daz162k0ynysz7gae4r1r7ayd9bxj460tzbb722jqca-1q8kexmlmd0s48g428mnhfpye \
    192.168.168.101:2377
```

3. 加入集群

用法：

```
docker swarm join [OPTIONS] HOST:PORT
```

其参数如表 7-31 所示。

表 7-31

参数名及其缩写	默认值	描述
--advertise-addr		指定用于服务发现的地址（格式：<ip|interface>[:port]）
--availability	active	节点的活动状态（可选值：active、pause、drain）
--listen-addr	0.0.0.0:2377	监听地址（格式：<ip|interface>[:port]）
--token		加入集群的 token 值

示例如下。

（1）以 manager 身份加入集群，一个集群一般只需要 3~7 个管理者节点，同时管理者节点必须具有稳定的 host 和静态的 IP 地址：

```
$ docker swarm join --token
SWMTKN-1-3pu6hszjas19xyp7ghgosyx9k8atbfcr8p2is99znpy26u2lkl-7p73s1dx5in4tatdymyh
g9hu2 192.168.168.101:2377
    This node joined a swarm as a manager.
$ docker node ls
ID                              HOSTNAME    STATUS  AVAILABILITY    MANAGER STATUS
dkp8vy1dq1kxleu9g4u78tlag  *    manager2    Ready   Active          Reachable
dvfxp4zseq4s0rih1selh0d20       manager1    Ready   Active          Leader
```

（2）以 worker 节点加入集群：

```
$ docker swarm join --token
SWMTKN-1-3pu6hszjas19xyp7ghgosyx9k8atbfcr8p2is99znpy26u2lkl-1awxwuwd3z9j1z3puu7r
cgdbx 192.168.99.121:2377
    This node joined a swarm as a worker.
$ docker node ls
ID                              HOSTNAME    STATUS  AVAILABILITY    MANAGER STATUS
7ln70fl22uw2dvjn2ft53m3q5       worker2     Ready   Active
dkp8vy1dq1kxleu9g4u78tlag       worker1     Ready   Active          Reachable
dvfxp4zseq4s0rih1selh0d20  *    manager1    Ready   Active          Leader
```

4．退出集群

用法：

```
docker swarm leave [OPTIONS]
```

其参数如表 7-32 所示。

表 7-32

参数名及其缩写	默认值	描　　述
--force, -f	false	强制将该节点退出集群，忽略所有的警告

此命令如果在 worker 节点上执行，则该 worker 节点将直接退出集群；如果在 manager 节点上执行，则需要使用--force 选项退出；如果集群为单节点的，则该集群会直接解散。注意，一般我们不会使用--force 该选项直接操作 manager 节点，而是使用 docker node demote 命令先将 manager 节点降级，而不是管理节点后再移除：

```
$ docker node ls
ID                              HOSTNAME    STATUS  AVAILABILITY    MANAGER STATUS
7ln70fl22uw2dvjn2ft53m3q5       worker2     Ready   Active
dkp8vy1dq1kxleu9g4u78tlag       worker1     Ready   Active
dvfxp4zseq4s0rih1selh0d20  *    manager1    Ready   Active          Leader
#在 worker1 上执行如下命令，worker1 将会退出集群
```

```
$ docker swarm leave
Node left the default swarm.
```

5. 更新集群

用法：

```
docker swarm update [OPTIONS]
```

其参数如表 7-33 所示。

表 7-33

参数名及其缩写	默 认 值	描 述
--autolock	false	开启管理节点自动锁（启动一个目的管理节点需要一个解锁密码）
--cert-expiry	2160h0m0s	校验证书的有效时间（单位：ns、μs、ms、s、m、h）
--dispatcher-heartbeat	5s	心跳调度时间（单位：ns、μs、ms、s、m、h）
--external-ca		指定一个或多个签名证书
--max-snapshots	0	保留的最多快照数
--snapshot-interval	10000	快照的间隔时间
--task-history-limit	5	任务的最大历史记录

示例：

```
$ docker swarm update --cert-expiry 720h
```

7.2.6　Docker Compose 编排工具的使用

Docker Compose（简称 Compose）是一个用于定义和运行多个 Docker 应用程序的工具，我们可以在 Compose 文件中定义多个应用服务（service），然后使用一个简单的命令就能创建和启动所有服务。Compose 是很好的 CI 持续集成工具，能很方便地部署 development、testing 和 staging 环境。

一般在开发环境、自动测试环境和线上生产环境中使用 Compose。

1. 开发环境

作为开发者，在隔离的环境中运行和不断更新程序最为重要。Compose 工具能为我们快速地创建开发环境,我们能够通过它编辑和配置应用程序所需要的依赖,比如数据库、消息队列、缓存等。然后只需要简单地执行 docker-compose up 命令,Compose 就会创建相关的依赖服务,并且启动它们。

开发者接触一个新的项目时,只需要学习几个简单的命令就能快速上手,而不用再学习厚厚的"项目新手指导"文档了。

2. 自动测试环境

在自动化的持续集成(CI)和持续部署(CD)过程中,最重要的一项就是自动化测试,而 Compose 工具为我们提供了非常方便的方法去创建和销毁自动化的测试环境,只需要几行命令即可:

```
$ docker-compose up -d
$ ./run_tests
$ docker-compose down
```

3. 生产环境

虽然我们在开发环境中定义的 docker-compose.yml 也可以在测试和生产环境中使用,但是线上生产环境中总会有一些配置参数与开发、测试环境不一样。使用 Compose 工具能很好地解决配置不一样的问题,只需要另外定义一个 production.yml,在该文件中定义生产环境所需要的配置项,然后使用-f 选项通知 Compose 即可:

```
docker-compose -f docker-compose.yml -f production.yml up -d
```

这样,在 production.yml 中定义的配置就会应用到原始的 docker-compose.yml 服务中。需要注意的是-f 选项是有次序的,即后面的会被应用到前面的原始配置中。

另外,如果生产环境中需要只更新应用程序,而不影响其他依赖服务,则可以只编译和更新应用程序。使用--no-deps 参数可以防止 Compose 重新创建应用程序所依赖的所有服务:

```
$ docker-compose build web
$ docker-compose up --no-deps -d web
```

那么我们将如何使用 Compose 工具呢?通常只需要如下三步。

(1)使用 Dockerfile 定义应用的环境。

（2）在 docker-compose.yml 文件中定义应用程序使用的服务，这些服务在一个隔离的环境中一起运行。

（3）执行 docker-compose up 命令，Compose 将会创建和启动整个应用程序。

7.2.6.1 Compose 的安装

首先需要安装 Docker 引擎，参照 7.2.2 节，对于 Mac、Windows 和 Docker Toolbox 用户而言，Docker 引擎已经包含了 Compose，所以我们不需要再单独安装了。而对于 Linux 用户，我们需要运行 curl 命令去下载 Compose 二进制文件，具体命令如下：

```
curl -L
https://github.com/docker/compose/releases/download/1.12.0/docker-compose-uname
-s-uname -m> /usr/local/bin/docker-compose
```

修改 docker-compose 权限为可执行：

```
sudo chmod +x /usr/local/bin/docker-compose
```

测试是否安装成功：

```
$ docker-compose --version
docker-compose version 1.12.0, build b31ff33
```

7.2.6.2 一个简单的开始

（1）准备一个简单的 Python 程序。

首选，创建一个工作空间：

```
$ mkdir mytest
$ cd mytest
```

其次，准备一个 Python 文件 app.py，内容如下：

```python
from flask import Flask
from redis import Redis
app = Flask(__name__)
redis = Redis(host='redis', port=6379)
@app.route('/')
def hello():
    count = redis.incr('visit')
    return '你好，你是第{}个人访问了。\n'.format(count)
if __name__ == "__main__":
```

```
        app.run(host="0.0.0.0", debug=True)
```

最后，创建一个程序依赖库的文件 requirements.txt，内容如下：

```
flask
redis
```

（2）创建一个 Dockerfile 文件。

在工作空间中创建 Dockerfile，并添加如下内容：

```
FROM python:3.4-alpine #使用 Python 3.4 的镜像
ADD . /code   #加载当前目录下文件到容器中的/code 目录下
WORKDIR /code #改变当前工作空间为/code
RUN pip install -r requirements.txt  #安装程序所依赖的 python 组件
CMD ["python", "app.py"] #容器启动执行的命令，运行我们的 python 程序
```

（3）使用 Compose 工具定义服务，创建一个 docker-compose.yml 文件，其内容如下：

```
version: '2'
services:
  web:
    build: .
    ports:
     - "5000:5000"
    volumes:
     - .:/code
  redis:
    image: "redis:alpine"
```

以上代码定义了两个服务：Web 服务和 Redis 服务。

Web 服务如下所述。

- 使用当前目录下的 Dockerfile 文件编译镜像。

- 映射容器内的 5000 端口到主机系统的 5000 端口上。

- 挂载了主机系统的当前目录到容器的/code 目录，方便我们经常修改代码而不用重新编译镜像。

Redis 服务如下所述。

- 从 Docker Hub 仓库拉取一个公共的 Redis 镜像。

(4) 使用 Compose 工具编译并运行程序:

```
$ docker-compose up
 Pulling image redis...
 Building web...
 Starting composetest_redis_1...
 Starting composetest_web_1...
 redis_1 | [8] 02 Jan 18:43:35.576 # Server started, Redis version 2.8.3
 web_1   | * Running on http://0.0.0.0:5000/
 web_1   | * Restarting with stat
```

(5) 更新应用程序。由于我们使用 volumes 挂载了应用程序的代码,所以只要修改了程序,就能立即看到效果,而不用重新编译镜像文件。比如修改了 app.py 文件中的如下行:

```
return '你好,你是修改后的第{}个人访问了。\n'.format(count)
```

7.2.6.3 Compose 常用的命令

1. 编译、创建、启动和连接到容器的服务

docker-compose up 整合了所有容器的输出,当该命令退出时,所有容器也会停止,而 docker-compose up -d 命令可使容器在后台运行。

如果服务的容器正在运行,但是服务的配置或者镜像被修改了,则 docker-compose up 命令会挑选出改变的内容进行停止并重新创建容器,在改变了配置或镜像而不想重新创建容器时,可以使用 --no-recreate 选项。不过配置或镜像有时没有改变而我们想停止所有容器并创建它们,则可以使用 --force-recreate 选项实现。

用法:

```
docker-compose up [options] [--scale SERVICE=NUM...] [SERVICE...]
```

其参数如表 7-34 所示。

表 7-34

参数名及其缩写	默 认 值	描 述
-d		在后台运行容器,输出新容器的名称,与选项 --abort-on-container-exit 的作用相反
--no-color		黑白的输出
--no-deps		不启动关联的服务

参数名及其缩写	默 认 值	描 述
--force-recreate		强制重新创建容器，即使配置和镜像都没有改变过，与选项--no-recreate 的作用相反
--no-recreate		如果容器已存在，则不再重新创建，与选项--force-recreate 的作用相反
--no-build		不编译镜像，镜像已消失
--build		在开始启动容器之前编译镜像
--abort-on-container-exit		如果有一个容器停止，就停止所有的容器，与选项-d 的作用相反
-t, --timeout TIMEOUT		设置容器停止的超时时间，若容器已经在运行，则默认为 10s
--remove-orphans		删除 Compose 文件中未定义的服务的容器
--exit-code-from SERVICE		返回选中的服务容器的退出值，可选择与--abort-on-container-exit 配合使用
--scale SERVICE=NUM		扩展伸缩服务的实例为指定的数，会覆盖之前在 Compose 文件中定义的 scale 值

2. 编译服务

如果修改了服务的 Dockerfile 或者编译目录下的内容，就需要使用 docker-compose build 命令去重新编译了。

用法：

```
docker-compose build [options] [--build-arg key=val...] [SERVICE...]
```

其参数如表 7-35 所示。

表 7-35

参数名及其缩写	默 认 值	描 述
--force-rm		每次都删除中间过程产生的容器
--no-cache		在编译时不使用缓存
--pull		每次都尝试拉取最新的镜像版本
--build-arg key=val		为某个服务设置编辑时的变量

3. 停止服务

停止服务，并且同时删除容器、网络、镜像等。

在默认情况下，停止服务时只会移除如下内容。

（1）服务所创建、启动的容器。

（2）在 Compose 文件中定义的 networks。

（3）如果未定义 network，而是使用默认的网络，则也将会被移除。

用法：

```
docker-compose down [options]
```

其参数如表 7-36 所示。

表 7-36

参数名及其缩写	默认值	描述
--rmi type		删除镜像，type 必须为以下值之一。 ● all：删除所有的服务镜像 ● local：仅删除没有自定义 tag 的镜像
-v, --volumes		删除 Compose 文件中定义的命名的磁盘卷和容器使用的匿名的磁盘卷
--remove-orphans		删除 Compose 文件中未定义的容器

4. 删除服务

删除已停止服务的容器。

默认情况下，匿名添加到容器的磁盘卷不会被删除，我们可以使用 -v 选项删除。

用法：

```
docker-compose rm [options] [SERVICE...]
```

其参数如表 7-37 所示。

表 7-37

参数名及其缩写	默认值	描述
-f, --force		直接强制删除服务，不需要确认
-s, --stop		在删除容器之前先停止它
-v		删除容器关联的匿名的磁盘卷

5. 对服务执行一次性命令

对于 compose 文件中定义的服务,我们可以通过 run 来单独运行它,例如:

`docker-compose run web bash`

用法:

`docker-compose run [options] [-v VOLUME...] [-p PORT...] [-e KEY=VAL...] SERVICE [COMMAND] [ARGS...]`

其参数如表 7-38 所示。

表 7-38

参数名及其缩写	默认值	描述
-d		容器在后台运行,并打印新容器的名称
--name NAME		指定容器的名称
--entrypoint CMD		覆盖镜像默认的 ENTRYPOINT 命令
-e KEY=VAL		设置环境变量,可以多次设置变量
-u, --user=""		使用指定的用户名和 UID 运行
--no-deps		不启动关联的服务
--rm		删除容器,忽略后台运行的模式
-p, --publish=[]		绑定一个容器的端口到主机上
--service-ports		使用服务可用的端口执行命令,并映射到主机
-v, --volume=[]		挂载磁盘卷,默认为:[]
-T		禁用伪终端,默认情况下 docker-compose run 命令会分配一个伪终端
-w, --workdir=""		容器内的工作目录

7.3 容器化项目

Docker 为应用程序的打包和运行提供了一种便捷的方式,使用 Docker 容器进行构建、运行、停止、启动、修改或者更新等操作都非常简单。容器化技术也可以让应用程序向云环境的部署变得更为高效,再加上容器本身已经包含应用程序运行所需的大部分依赖,所以运行容器的操作系统也能很好地瘦身,从而运行更快,占用的资源更少。

7.3.1 传统的应用部署

传统的应用程序部署为直接将应用程序安装到宿主计算机的文件系统上，然后编写命令脚本来运行它。从应用程序的视角来看，其环境包括宿主机上的操作系统、运行环境、文件系统、网络配置、端口及各种依赖等。

要让应用程序运行起来，通常需要安装与应用程序搭配的额外软件包，一般来说，这不是问题。但在某些情况下，可能想在同一个系统上运行相同软件包的不同版本，这可能会引起冲突。应用程序与应用程序之间也会以某种方式发生冲突。如果应用程序是服务，则它可能会默认绑定特定的网络端口。在服务启动时，它可能还会读取公共配置文件，这会导致无法在同一宿主机上运行该服务的多个实例，或者非常棘手，这还让那些想要绑定到同一端口的其他服务难以运行。

直接在宿主机上运行应用程序还有一个缺点，那就是难以迁移应用程序。如果宿主机需要关机或者应用程序需要更多的计算能力，那么从宿主计算机上获取所有依赖并将其迁移到另一台宿主机上也相当困难。

7.3.2 将应用程序部署在虚拟机上

使用虚拟机来运行应用程序，能够避免直接在宿主机操作系统上运行应用程序所带来的麻烦。虚拟机是位于宿主机之上的，它作为独立的系统运行，同时包含了自己的内核、文件系统、网络系统等。这样可以很好地将应用程序和宿主机的操作系统隔离开来，减少了资源、网络、端口等的冲突，因此不会出现那种直接在宿主机上运行应用程序而产生的弊端。

比如，可以在宿主机上启动 5 个不同的虚拟机来运行 5 个相同的应用程序，虽然每个虚拟机上的服务监听了同一个端口号，但是因为每个虚拟机拥有不同的 IP 地址，所以并不会引起冲突。

又比如，由于各种原因，如果需要关闭宿主计算机，可以将虚拟机迁移到其他宿主机上或者直接关闭虚拟机并在新宿主机上再次启动它。

然而，一个虚拟机运行一个应用程序的缺点是耗费资源。我们的应用程序可能只需要几十兆的磁盘空间来运行，但是整个虚拟机要耗费 GB 级别的空间。更严重的是虚拟机的启动时间和 CPU 的使用肯定会比应用程序自身消耗得多很多。

容器提供了一种在宿主机上或虚拟机内直接运行应用程序的方式，这种方式能使应用程序运行更快、可移植性更好，更具有扩展性。

7.3.3 容器化部署应用

容器化部署应用具有灵活、高效的使用资源，容器可以包含其所需的全部文件，如同在虚拟机上部署应用程序一样，可以拥有自己的配置文件和依赖库，还可以拥有自己的网络接口。因此，与在虚拟机上运行应用程序一样，容器化应用比直接安装的应用程序更容易迁移，而且因为应用程序所运行的每个容器均拥有独立的网络接口，所以也不会出现争用同一端口的问题。

容器在启动时间、磁盘空间占用和 CPU 处理能力方面更具有优势，因为它既没有运行独立的操作系统，也没有包含运行整个操作系统所需的大量软件。它只包含了应用程序运行所需的软件，以及其他想随容器一起运行的工具和少量描述容器的元数据。

容器的管理工具也比较完善，目前比较主流的管理工具有：Swarm、Kubernetes 和 Apache Mesos。

（1）Swarm 是 Docker 的原生集群工具，它使用标准的 Docker API，这意味着容器能够使用 docker run 命令启动，Swarm 会选择合适的主机来运行容器，这也意味着其他使用 Docker API 的工具比如 Compose 也能在 Swarm 上使用，从而利用其进行集群而不是在单个主机上运行。

（2）Kubernetes（经常被缩写成 K8s）是 Google 开源的一套自动化容器管理平台，前身是 Borg，用于容器的部署、自动化调度和集群管理。目前 Kubernetes 有以下特性：容器的自动化部署、自动化扩展或者缩容、自动化应用及服务升级、容器成组，对外提供服务，支持负载均衡、服务的健康检查、自动重启。

（3）Apache Mesos 是由加州大学伯克利分校的 AMPLab 首先开发的一款开源集群管理软件，支持 Hadoop、Elasticsearch、Spark、Storm 和 Kafka 等应用架构。

7.3.4 Docker 实现的应用容器化示例

我们可以通过使用 Docker 来演示 WordPress 的容器化过程，需要安装 Docker、Swarm 和 Compose 等。

首先，我们需要创建一个 my_wordpress 目录：

```
cd my_wordpress/
```

然后，在该目录下创建一个 docker-compose.yml 文件，其中定义了 WordPress 博客服务和一个 MySQL 数据库服务，同时挂载了名为 db_data 的磁盘卷，用于持久化 MySQL 数据。其定义文件如下：

```
version: '2'
services:
  db:
    image: mysql:5.7
    volumes:
      - db_data:/var/lib/mysql
    restart: always
    environment:
      MYSQL_ROOT_PASSWORD: somewordpress
      MYSQL_DATABASE: wordpress
      MYSQL_USER: wordpress
      MYSQL_PASSWORD: wordpress
  wordpress:
    depends_on:
      - db
    image: wordpress:latest
    ports:
      - "8000:80"
    restart: always
    environment:
      WORDPRESS_DB_HOST: db:3306
      WORDPRESS_DB_USER: wordpress
      WORDPRESS_DB_PASSWORD: wordpress
volumes:
    db_data:
```

最后，使用 docker-compose up –d 命令来拉取需要的镜像，启动 wordpress 和 MySQL 数据库，其执行过程如下：

```
$ docker-compose up -d
WARNING: The Docker Engine you're using is running in swarm mode.
```

```
Compose does not use swarm mode to deploy services to multiple nodes in a swarm.
All containers will be scheduled on the current node.
To deploy your application across the swarm, use `docker stack deploy`.
Pulling wordpress (wordpress:latest)...
latest: Pulling from library/wordpress
10a267c67f42: Already exists
370377701f89: Pull complete
455c73a122bc: Pull complete
...
Digest: sha256:35ba258dd73b09ca87836fabab1e166dd87456abdb68a6d361d83200b8337b87
Status: Downloaded newer image for wordpress:latest
Creating mywordpress_db_1
Creating mywordpress_wordpress_1
```

通过以上步骤，我们实现了 wordpress 应用的容器化，接下来可以打开浏览器，输入 http://localhost:8000 地址访问它，结果如图 7-20 所示。

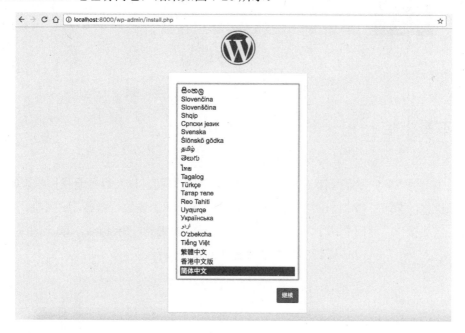

图 7-20

选择简体中文进行安装，通过简单的设置就进入我们熟悉的管理后台了，如图 7-21 所示。

图 7-21

7.4 本章小结

通过本节的内容，我们了解到虚拟机与容器之间的区别，以及容器给我们带来的好处，并通过实战操作，学习了 Docker 的常用命令，本章主要介绍了镜像、容器、磁盘卷、网络、服务和集群的实战操作；然后介绍了 Docker 目前主要的管理工具：Swarm、Kubernetes 和 Apache Mesos；最后介绍了 wordpress 博客系统的容器化的实现过程。

第 8 章
敏捷开发 2.0 的自动化工具

8.1 什么是敏捷开发 2.0

8.1.1 常用的 4 种开发模式

1. 瀑布式开发

瀑布式开发是由 W.W.Royce 在 1970 年提出的软件开发模型,是一种比较老的计算机软件开发模式,也是典型的预见性的开发模式。在瀑布式开发中,开发严格遵循预先计划的需求分析、设计、编码、集成、测试、维护的步骤进行,步骤的成果作为衡量进度的方法,例如需求规格、设计文档、测试计划和代码审阅等。瀑布式开发最早强调系统开发应有完整的周期,且必须完整地经历每个周期内的每个开发阶段,并系统化地考量分析所涉及的技术、时间与资源投入等。

瀑布式开发的主要问题是它的严格分级导致自由度降低,项目早期即作出承诺会导致对后期需求的变化难以调整且代价很大,这在需求不明晰并且在项目进行过程中可能有变化的情况下基本上是不可行的。瀑布式开发如图 8-1 所示。

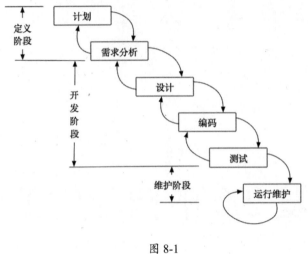

图 8-1

2. 迭代式开发

迭代式开发也被称为迭代增量式开发,是一种与传统的瀑布式开发相反的软件开发过程,它弥补了传统开发方式的一些弱点,有更高的成功率。在迭代式开发中,整个开发工作被组织为一系列短小的、固定长度的小项目,每次迭代都包括需求分析、设计、实现与测试。采用迭代式开发时,工作可以在需求被完整地确定之前启动,并在一次迭代中完成系统的一部分功能或业务,再通过客户的反馈来细化需求,并开始新一轮的迭代。迭代式开发如图 8-2 所示。

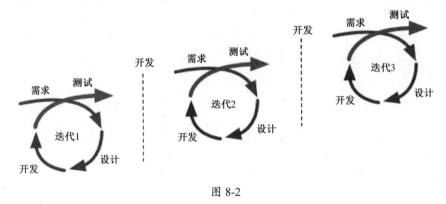

图 8-2

迭代式开发有如下特点。

- 每次只设计和实现产品的一部分。

- 一步一步地完成。
- 每次设计和实现一个阶段,这叫作一个迭代。

3. 螺旋式开发

螺旋式开发是由巴利·玻姆(Barry Boehm)在 1988 年正式发表的软件系统开发模型,它兼顾了快速原型的迭代特征及瀑布模型的系统化和严格监控,其最大的特点是引入了其他模型不具备的风险分析,使软件在无法排除重大风险时有机会停止,以减少损失。同时,在每个迭代阶段构建原型是螺旋模型用来减少风险的方法。螺旋模型更适合大型的昂贵的系统级的软件开发,一开始应用的规模很小,当项目被定义得更好、更稳定时逐渐展开。其核心在于不需要在刚开始时就把所有事情都定义清楚,可以先定义最重要的功能去实现它,然后听取客户的意见,再进入下一个阶段,如此不断循环、重复,直到得到满意的产品。螺旋模型在很大程度上是一种风险驱动的方法体系,因为在每个阶段及经常发生的循环之前,都必须先进行风险评估。螺旋式开发如图 8-3 所示。

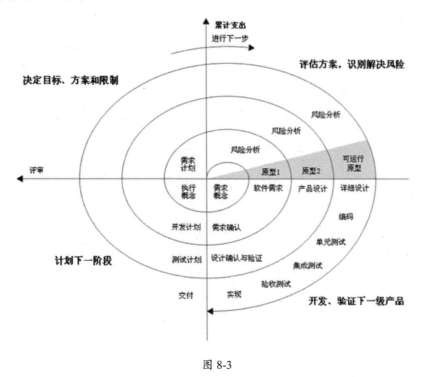

图 8-3

它具有如下特点。

- 制定计划：确定软件目标，选定实施方案，弄清楚项目开发的限制条件。
- 风险分析：分析、评估所选方案，考虑如何识别和消除风险。
- 实施工程：实施软件开发和验证。
- 客户评估：评价开发工作，提出修正建议，制定下一步计划。

4. 敏捷软件开发

敏捷软件开发又被称为敏捷开发，是一种从 1990 年开始逐渐引起人们的广泛关注的新型软件开发方式，具有应对快速变化的需求的软件开发能力。它的具体名称、理念、过程、术语都不尽相同，相对于非敏捷开发，更强调程序员团队与业务专家之间的紧密协作及面对面沟通，比单纯通过书面文档沟通更有效，能更频繁地交付新的软件版本，使自我组织、自我约束的团队能够更好地适应需求的变化，也更注重软件开发过程中人的作用。如图 8-4 所示。

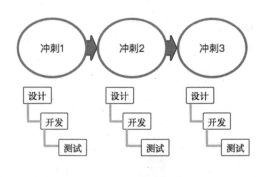

图 8-4

敏捷软件开发有如下特点。

- 首要任务是尽早地、持续地交付可评价的软件，以使客户满意。
- 乐于接受需求变更，即使在开发后期也是如此。敏捷软件开发能够驾驭需求的变化，从而为客户赢得竞争优势。
- 频繁交付可使用的软件，交付的间隔越短越好，可以从几个月缩减到几个星期。
- 在整个项目开发期间，业务人员和开发人员必须朝夕工作在一起。

- 围绕那些有推动力的人们来构建项目,给予他们所需的环境和支持,并且相信他们能够把工作做好。
- 开发团队及在开发团队内部进行最快速、有效的传递信息的方法是面对面交谈。
- 可使用的软件是进度的主要衡量指标。
- 提倡可持续发展。出资人、开发人员及使用者应该共同维持稳定的开发速度。
- 为了增强敏捷能力,应持续关注技术上的杰出成果和良好的设计。
- 简洁,最小化那些没有必要投入的工作量是至关重要的。
- 最好的架构、需求和设计都源于自我组织的团队。
- 团队定期反思如何变得更有战斗力,然后相应地转变并调整其行为。

对比以上4种开发模式,总结如下。

- 瀑布式开发:在从需求到设计、从设计到编码、从编码到测试、从测试到提交的每个开发阶段都要做到最好,特别是在前期阶段设计得越完美,提交后的损失就越少。然而现在的系统很复杂且多变,所以很难在现实中应用瀑布式开发。
- 迭代式开发:不要求每个阶段的任务都做到最好,可以容忍一些不足,先不去完善它,将主要功能先搭建起来,以最短的时间及最少的损失完成一个不完美的成果直至提交,然后通过客户或用户的反馈信息,在这个不完美的成果上逐步进行完善。
- 螺旋开发:在很大程度上是一种风险驱动的方法体系,因为在每个阶段及经常发生的循环之前,都必须先进行风险评估。
- 敏捷开发:和迭代式开发相比,两者都强调在较短的开发周期内提交软件,但是,敏捷开发的周期可能更短且更强调队伍中的高度协作。敏捷方法有时被误认为是无计划性和纪律性的方法,实际上更确切的说法是敏捷方法强调适应性而非预见性,适应性的方法主要用于快速适应需求的变化。当项目的需求有变化时,团队能够迅速应对新的需求。

在一般的公司里,采用敏捷开发和不断迭代开发的方式较多,而且效率高、效果明显。因为之前做的系统业务单一、逻辑简单、用户量少,项目团队的规模一般在10~30人。现在的系统要面对不同用户的定制化的推荐,互联网连接着人与人、人与物及物与物,业务也变得越来越复杂,功能越来越多,如果整个系统耦合在一起,则必定会牵一发而动全身,导致系统维护起来相当困难,同时每个公司又面临着人员的频繁流动、系统文档的不完善或多次转手丢失等情况,以至于新来的人员很难快速了解和熟悉系统。因而,人们开始思考如何更高效地解决复杂的大型系统的开发模式,在此姑且称之为"敏捷开发 2.0"。在介绍敏捷开发 2.0 的概念之前,先介绍时下热门的 DevOps。

8.1.2 什么是 DevOps

目前对 DevOps 有太多的说法和定义,不过它们都有一个共同的思想:解决开发者与运维者之间曾经不可逾越的鸿沟,增强开发者与运维者之间的沟通和交流。

DevOps 是通过自动化的基本设施、自动化的工作流程和持续可测量的应用性能,来整合开发团队和运维团队,以达到更高的合作效率和生产率。

然而笔者认为 DevOps 不仅仅局限在开发者和运维之间,更是一种文化的改变和鼓励沟通、交流、合作的行动,目的在于更加快速稳定地构建高质量的应用系统,这恰好体现了精益管理的原则。我们也可以把 DevOps 看作一种能力。如何获得这种能力呢?关键有两点:一是全局观,要从软件交付的全局出发,加强各角色之间的合作;二是自动化,人机交互就意味着手工操作,应选择那些支持脚本化、无须人机交互界面的强大管理工具,比如各种受版本控制的脚本,以及类似于 Zabbix 这样的基础设施监控工具和类似于 SaltStack、Ansible 这样的基础设施配置管理工具等。

精益管理的 7 个原则如下。

- 消除浪费。

- 增强学习。

- 延迟决策。

- 快速交付。

- 团队授权。

- 内置完整性(完整性是为了让客户对产品的体验具备平滑性和一致性)。

第 8 章 敏捷开发 2.0 的自动化工具

- 考虑全局。

DevOps 可以用一个公式表达：

$$文化观念的改变 + 自动化工具 = 不断适应快速变化的市场$$

其核心价值在于以下两点。

- 更快速地交付，响应市场的变化。
- 更多地关注业务的改进与提升。

DevOps 的开发流程如下。

- 提交：工程师将程序在本地测试后，提交到版本控制系统如 Git 等。
- 编译：持续整合系统（如 Jenkins CI），在检测到版本更新时，便自动从 Git 仓库里拉取最新的程序，进行编译、构建。
- 单元测试：Jenkins 完成编译构建后，会自动执行指定的单元测试代码。
- 部署到测试环境中：在完成单元测试后，Jenkins 可将程序部署到与生产环境相近的测试环境中进行测试。
- 预生产测试：在预生产测试环境里，可以进行一些最后的自动化测试，例如 Selenium 测试及与实际情况类似的测试，可由开发人员或客户手动进行。
- 部署到生产环境：通过所有测试后，便可将最新的版本部署到实际生产环境里。

以上各阶段如图 8-5 所示。

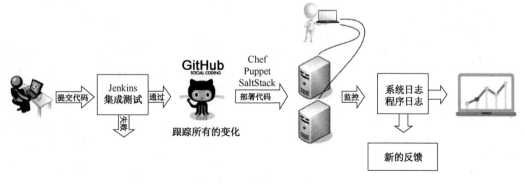

图 8-5

从流程中可以看到，借助 Jenkins 等工具，提交程序之后的步骤几乎都可以自动化完成，这节省了工程师的大量手动操作时间。由于每次提交程序后都会自动进行编译与测试等流程，所以一旦有问题就可以马上发现并处理（Jenkins 会自动通知），这样也保证了程序的质量。

图 8-5 中有一个很重要的角色：SaltStack。SaltStack 是一个架构管理系统，可以批量地修改 Server 的设定或执行指令，也可以通过配置管理使得开发环境、测试环境及应用环境最大可能地保持一致。SaltStack 使得管理大量 Server 变得更轻松，这方便了运维工作。与 SaltStack 类似的工具还有 Puppet、Chef、Ansible 等。

到此，我们对 DevOps 有了一定程度的了解，那么它和敏捷开发 2.0 是如何结合的呢？下面进行讲解。

8.1.3　敏捷开发 2.0 解决的问题

敏捷开发 2.0 是相对于敏捷开发而言的，敏捷开发意味着让我们全面拥抱需求的变化，但是对于瞬息万变的市场反馈还远远不足以应对，因此为了更加快速地发现问题和得到市场的快速反馈，引入了持续集成（Continuous Integration，CI）和持续交付（Continuous Delivery，CD），来更加高效地进行敏捷开发，即敏捷开发 2.0。

- 持续集成：是一种软件开发实践，要求团队成员经常集成其工作，每个人至少每天集成一次会导致每天有多个集成。集成是通过自动化的构建进行验证的，这些构建运行回归测试，以尽快检测集成中的错误。团队慢慢会发现，这种方法有利于集成问题的大幅减少，更快地实现有凝聚力的软件开发方式。

- 持续交付：是在持续集成的基础上，将集成后的代码部署到更贴近真实的运行环境的预生产环境中。比如，我们完成单元测试后，可以把代码部署到连接数据库的 Staging 环境中进行测试。如果代码没有任何问题，则可以继续部署到生产环境中。

- 持续部署：是持续交付的更高级阶段，即所有通过了自动化测试的改动都自动地部署到生产环境中。大多数公司如果没有受制度的约束或其他条件的影响，则都应该以持续部署为目标。在很多业务场景里，一种业务需要等待其他功能完成了才能上线，这使得持续部署不可能实现。虽然可以使用功能转换解决很多这样的问题，但并不是每次都会这样。所以，持续部署是否适合某个公司是基于该公司的业务需求的，而不是技术限制。

而持续集成和持续交付又涉及软件开发的各个方面，它不仅是项目构架上的决策，也需要考虑如何测试、如何配置不同的环境变量和应对异常等。所以在一开始我们就要考虑好程序的架构、自动化测试、耦合关系、打包部署和容错机制等。通过持续集成和持续交付可以不断提升团队在软件开发环节中的各方面能力。

DevOps 不能只关注开发及运维，还应该关注产品、开发、测试、运维，甚至对客户的需求也要有了解。而敏捷开发 2.0 要求将大而全的项目拆分成小的相对独立的服务，从一开始就不仅仅只关注自动化部署，还要关注整个项目是否具备自动化的、可快速扩展的、完善的容错机制，以及零宕机和便捷的监控管理。为了实现敏捷开发 2.0，我们需要采用持续部署、微服务和容器这三种技术方案。

- 持续部署：能够持续自动反馈应用程序的提交状态，减少错误等；同时为产品的交付提供了质量保证，能快速投入市场。
- 微服务：使技术选型、构架系统更自由；开发更快速、周期更短；服务更容易扩展。
- 容器：使部署成百上千的微服务更加容易，系统更加稳定。

8.2 敏捷开发的自动化流程

8.2.1 持续集成

集成对于软件开发来说是最痛苦的阶段，我们可能需要花数周、数月甚至数年和不同部门的团队一起完成。很多项目的每项功能都是由不同的小组来实现的，其业务相对独立、开发顺利，然而到了一定的阶段，项目的负责人会宣布各小组的工作需要集成到一起进行阶段性发布，此时我们就害怕了，因为根据以往的经验，在项目集成中会遇到各种各样的问题。

但是更糟糕的在后面，由于各小组都在各自的分支中开发功能，代码合并的冲突会导致出现很多 Bug，原本分开测试通过的功能现在也不正常了，我们必须重新花数天或数周重新修改 Bug 并重新测试。面对无穷无尽的集成问题，我们开始思考如何有效地避免它们？

持续集成通常适用于集成、编译和开发环境中的代码测试，它需要开发者经常整合代码并将其提交到公共的代码库中。在通常情况下，开发者一般将代码直接提交到公共代码库，或者将仓库中的最新代码合并到本机上，不管是直接提交代码还是合并最新代码到本地，每天必须至少执行一次这样的操作。仅仅合并、提交代码是不够的，我们还必须有一个流程能够从仓库中检出代码，并进行编译和测试，这个流程的执行结果要么是全部通过，要么是有错误。一旦出现错误，便能够自动通知代码的提交者。

每次提交代码时，都需要连同集成测试一起提交。我们在写代码时，最好养成测试驱动开发（Test-Driven Development，TDD）的习惯，这将会大大减少出错的几率。持续集成除了涉及测试，其最重要的一点是：当流程出错而中断时，必须第一时间去修复问题。如果我们经常忽略那些错误的提醒，则久而久之持续集成便忽略了它真正的目的了。持续集成能帮助我们尽早发现问题并最快修复，这样我们的团队才会变得越来越高效。

那么持续集成是怎样工作的呢？它通常包含如下步骤。

1. 向代码库中提交代码

开发者在功能分支上独立地开发新功能，在开发到一定程度时，就会把功能分支合并到主干上。甚至有些公司根本不使用功能分支，而是直接在主干上开发，这样产生的最大问题就是主干变得不稳定，对于其他提交的代码不能及时发现问题并得到有效的反馈。此时持续集成工具就发挥作用了。持续集成工具能够监控代码仓库，一旦有用户提交代码，新代码就会立即被检出，并运行 Pipeline 流程。

Pipeline 由一组并行的任务组成，这些任务中若有一项出错，则整个 Pipeline 便会出错并停止运行。而一旦发生错误，持续集成工具就会及时通知提交代码者，其有责任马上修复相关问题。Pipeline 全部执行通过后，将会进入下一个阶段，通常是提交 QA 进入人工测试阶段，如图 8-6 所示。

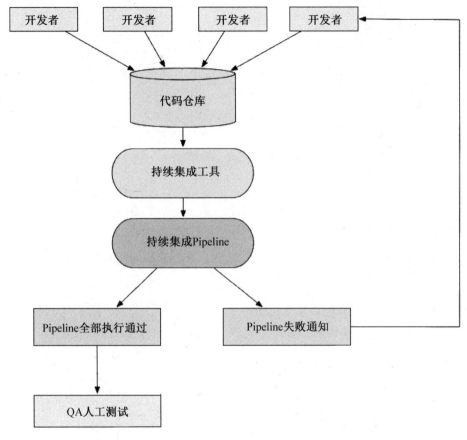

图 8-6

2. 静态代码分析

静态代码分析是在不运行代码的情况下,通过词法分析、语法分析、控制流、数据流分析等技术对代码进行扫描,验证代码是否满足规范性、安全性、可靠性、可维护性等指标的一种代码分析技术。它可以帮助软件开发人员、质量保证人员查找代码中存在的结构性错误、安全漏洞等问题,从而保证软件的整体质量。

静态代码分析工具有很多,针对 Java 语言一般使用 CheckStyle 和 FindBugs,而针对 JavaScript 语言一般使用 JSLint 和 JSHint。另外,像 PMD 这样的工具对于很多语言都适用。静态分析通常是 Pipeline 的第一步,因为它的执行速度非常快,如图 8-7 所示。

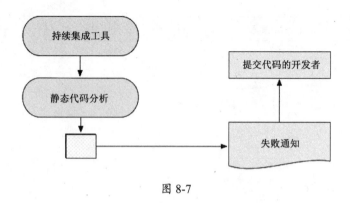

图 8-7

3. 部署前的单元测试

部署前的测试（Pre-deployment Test）是必需的，不像静态代码分析是可选的，它是不需要部署代码就能直接运行的测试，例如单元测试。由于受到系统架构、编程语言和使用的框架的影响，采用的部署前的单元测试也各不相同。在这个阶段的最主要的测试是单元测试（Unit Test），当然也可以有不需要部署的功能测试（Functional Test）。如图 8-8 所示。

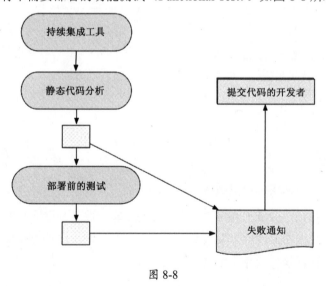

图 8-8

4. 打包部署到测试环境

首先需要打包，不同的语言和架构的打包方式不同，比如，Java 可以打包为 Jar 或 War 包。

我们可以使用容器将程序和相关依赖都打包在容器中,最后发布到测试服上进行部署并提交 QA 测试。如图 8-9 所示。

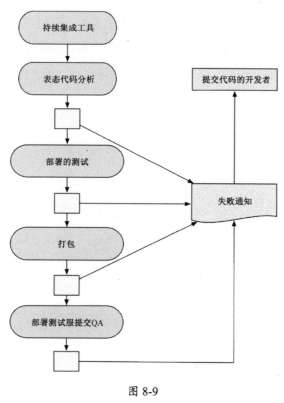

图 8-9

5. 预生产环境测试

这个阶段主要包括功能测试、集成测试和性能测试。如果预生产环境的测试全部通过,那么整个持续集成的流程就完成了,接下来就到持续交付和持续部署阶段了。

8.2.2 持续交付和持续部署

持续交付的流程和持续集成的流程大同小异,最大的区别在于整个流程执行完成后其结果的认可度:持续集成只要求最终校验通过,持续交付则要求完美地实现所有的预期,随时准备部署上线。当然最终能否上线在大多数情况下取决于公司的政策决定，而非技术决定，比如市场部门需要等到特定的日期等。

持续交付还有一个不同之处在于，它在通过了全部的流程后，不再需要人工测试阶段，因为持续交付技术本身能够最大程度地保证所有编译结果都是正确的，如图 8-10 所示。

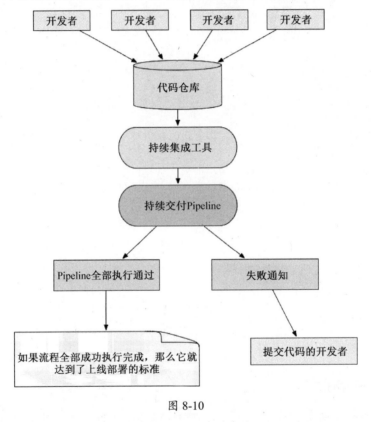

图 8-10

持续部署是比持续交付更高级的阶段，能够全自动地把每一次通过编译测试的代码直接部署到生产环境中，是一套完整的自动化过程。在开发者提交代码后，最终结果就被自动化地部署到线上。这一切不需要人工干涉，只需继续开发下一个功能，而之前工作的结果很快会出现在用户面前。

在这种模式下，我们需要进行两次不同的测试：预生产环境测试和生产环境测试，比如，在 QA 测试服上我们需要执行所有测试，而部署到预生产环境中只需要执行集成测试，最后进行生产环境测试。而最终应用程序是回滚还是向公众发布，取决于最后一次的生产环境测试的效果，一旦有问题就得回滚代码。当然，如果我们使用了代理服务，就不需要回滚了，因为在用户真正看见新的更新时，我们早已察觉并解决了所有问题。如图 8-11 所示。

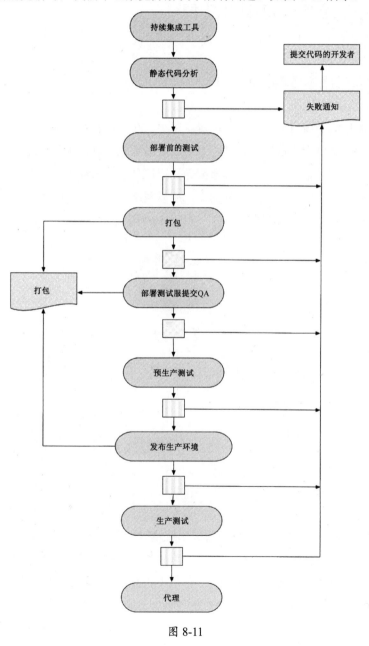

图 8-11

8.3 敏捷开发的常用自动化工具

8.3.1 分布式版本控制工具 Git

集中式版本控制系统有一个中央服务器,每个人在工作时都需要从中央服务器中获取最新版本,在修改后提交到中央服务器,其他人再获取最新代码进行更改。这种方式的缺点是,我们必须有一个中央服务器,由于网络等原因无法连接到服务器或者服务器宕机时,我们就无法进行数据获取和提交;而且由于是联网操作,所以网络环境也会影响到提交、下载速度。常用的集中式版本控制系统有 CVS 和 SVN 等,如图 8-12 所示。

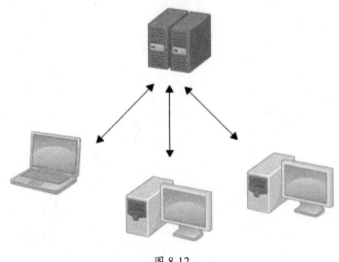

图 8-12

分布式版本控制(DVCS)是一种不需要中心服务器的管理文件版本的方法,但是通常也有一台充当"中央服务器"的计算机,但这个服务器仅仅用来方便交换我们的修改,没有它时我们同样干活,只是交换修改时不太方便。分布式的设计理念有助于减少对中心仓库的依赖,从而有效减少中心仓库的负载,改善代码提交的灵活性。常用的分布式版本控制为 Git,如图 8-13 所示。

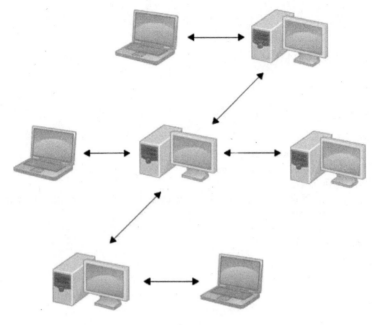

图 8-13

Git 分布式设计思想所带来的另一个好处是支持离线工作。对于 CVS、SVN 这种严重依赖网络的 C/S 工具而言，没有了网络或者 VPN，代码的检入与检出操作就无法正常进行了。而使用 Git，则即便在没有 WiFi 的飞机或者火车上，我们照样可以频繁地提交代码，只不过是先提交到本地仓库，等网络连通时，再上传到远程的镜像仓库。

Git 分布式版本控制系统没有中央服务器，每个站点上都有一个完整的版本库，每个站点却只是我们自己用来开发的计算机而已。我们可以在本地进行修改、提交，在需要进行代码合并时，只要将自己的版本库推送给合作伙伴就可以了，这样对方就可以看到更改。同样，对方也可以将自己的版本库推送给我们，这样我们就可以看到对方的修改了。由于每个人的计算机里都是一个完整的版本库，所以若不小心丢失数据，则只需要从其他地方复制一份就可以了。

1. Git 的安装

Debian、Ubuntu 系统下的安装如下：

```
apt-get install git
```

CentOS 和 Fedora 系统下的安装如下：

以 yum 命令安装：

```
# yum update
# yum install git
# git --version
git version 1.8.3
```

以源码编译安装：

```
#安装依赖的软件库
# yum groupinstall "Development Tools"
# yum install gettext-devel openssl-devel perl-CPAN perl-devel zlib-devel
#从官网下载源码编译安装
# wget https://github.com/git/git/archive/v2.13.0.tar.gz -O git.tar.gz
# tar -zxf git.tar.gz
# cd git-v2.13.0/
# make configure
# ./configure --prefix=/usr/local
# make install
# git --version
git version 2.13.0
```

2. Git 的常用命令

Git 的主要区域如下，如图 8-14 所示。

- 工作区（Workspace）：在计算机中能看到的目录，它持有实际文件。

- 缓存区（Index/Stage）：临时保存我们的改动。

- 版本库（Repository）：工作区有一个隐藏目录.git，是 Git 的版本库。

- 远程仓库（Remote）：托管在因特网或其他网络中的项目的版本库，可供多人分布式开发。

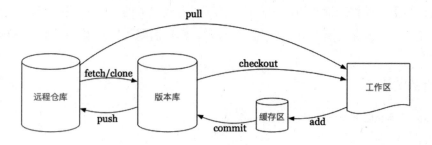

图 8-14

(1) Git 配置项:

```
# 显示当前的 Git 配置
$ git config --list
# 编辑 Git 配置文件
$ git config -e [--global]
# 设置用户信息
$ git config [--global] user.name "[name]"
$ git config [--global] user.email "[email address]"
```

Git 的设置文件为.gitconfig,它可以全局配置(在用户主目录下),也可以只为项目配置(在项目目录下)。

(2) 新建仓库:

```
# 在当前目录新建一个 Git 仓库
$ git init
# 新建一个目录,将其初始化为 Git 仓库
$ git init [project-name]
# 克隆一个仓库
$ git clone [url]
```

(3) 增加、删除文件:

```
# 添加指定文件到暂存区
$ git add [file1] [file2] ...
# 添加指定目录到暂存区,包括子目录
$ git add [dir]
# 添加当前目录的所有文件到缓存区
$ git add .
# 删除工作区文件,并且将这次删除放入缓存区
$ git rm [file1] [file2] ...
# 改名文件,并且将这个改名放入缓存区
$ git mv [file-original] [file-renamed]
```

(4) 提交文件:

```
# 提交缓存区到仓库区
$ git commit -m [message]
# 提交缓存区的指定文件到仓库区
$ git commit [file1] [file2] ... -m [message]
# 提交工作区自上次 commit 之后的变化,直接提交到仓库区
$ git commit -a
# 提交时显示所有 diff 的信息
$ git commit -v
# 使用一次新的 commit,替代上一次提交
# 如果代码没有任何新变化,则用来改写上一次 commit 的提交信息
$ git commit --amend -m [message]
```

（5）Git 分支：

```
# 列出所有本地分支
$ git branch
# 列出所有远程分支
$ git branch -r
# 列出所有本地分支和远程分支
$ git branch -a
# 新建一个分支，但依然停留在当前分支
$ git branch [branch-name]
# 新建一个分支，并切换到该分支
$ git checkout -b [branch]
# 新建一个分支，与指定的远程分支建立追踪关系
$ git branch --track [branch] [remote-branch]
# 切换到指定分支，并更新工作区
$ git checkout [branch-name]
# 切换到上一个分支
$ git checkout -
# 建立追踪关系，在现有分支与指定的远程分支之间
$ git branch --set-upstream [branch] [remote-branch]
# 合并指定分支到当前分支
$ git merge [branch]
# 选择一个 commit，合并在当前分支
$ git cherry-pick [commit]
# 删除分支
$ git branch -d [branch-name]
# 删除远程分支
$ git push origin --delete [branch-name]
$ git branch -dr [remote/branch]
```

（6）Git 的标签：

```
# 列出所有 tag
$ git tag
# 在当前 commit 上新建一个 tag
$ git tag [tag]
# 在指定 commit 上新建一个 tag
$ git tag [tag] [commit]
# 删除本地 tag
$ git tag -d [tag]
# 删除远程 tag
$ git push origin :refs/tags/[tagName]
# 查看 tag 信息
$ git show [tag]
# 提交指定 tag
$ git push [remote] [tag]
# 提交所有 tag
```

```
$ git push [remote] --tags
# 新建一个分支，指向某个 tag
$ git checkout -b [branch] [tag]
```

(7) 查看信息：

```
# 显示有变更的文件
$ git status
# 显示当前分支的版本历史
$ git log
# 根据关键词搜索提交历史
$ git log -S [keyword]
# 显示指定文件是什么人在什么时间修改过
$ git blame [file]
# 显示暂存区和工作区的差异
$ git diff
# 显示暂存区和上一个 commit 的差异
$ git diff --cached [file]
# 显示工作区与当前分支最新 commit 之间的差异
$ git diff HEAD
# 显示两次提交之间的差异
$ git diff [first-branch]...[second-branch]
# 显示某次提交的元数据和内容变化
$ git show [commit]
# 显示某次提交发生变化的文件
$ git show --name-only [commit]
```

(8) 远程同步：

```
# 下载远程仓库的所有变动
$ git fetch [remote]
# 显示所有远程仓库
$ git remote -v
# 显示某个远程仓库的信息
$ git remote show [remote]
# 增加一个新的远程仓库并命名
$ git remote add [shortname] [url]
# 取回远程仓库的变化，并与本地分支合并
$ git pull [remote] [branch]
# 上传本地指定分支到远程仓库
$ git push [remote] [branch]
# 强行推送当前分支到远程仓库，即使有冲突
$ git push [remote] --force
# 推送所有分支到远程仓库
$ git push [remote] -all
```

(9)撤销:

```
# 恢复暂存区的指定文件到工作区
$ git checkout [file]
# 恢复某个 commit 的指定文件到暂存区和工作区
$ git checkout [commit] [file]
# 恢复暂存区的所有文件到工作区
$ git checkout .
# 重置暂存区的指定文件,与上一次 commit 保持一致,但工作区不变
$ git reset [file]
# 重置暂存区与工作区,与上一次 commit 保持一致
$ git reset --hard
# 重置当前分支的 HEAD 为指定 commit,同时重置暂存区,但工作区不变
$ git reset [commit]
# 重置当前分支的 HEAD 为指定 commit,同时重置暂存区和工作区,与指定 commit 一致
$ git reset --hard [commit]
# 重置当前 HEAD 为指定 commit,但保持暂存区和工作区不变
$ git reset --keep [commit]
# 新建一个 commit,用来撤销指定 commit
# 后者的所有变化都将被前者抵消,并且应用到当前分支
$ git revert [commit]
# 暂时将未提交的变化移除,稍后再移入
$ git stash
$ git stash pop
```

3. GitLab 的安装和使用

GitLab 是一个用于仓库管理系统的开源项目,是将 Git 作为代码管理工具并在此基础上搭建起来的 Web 服务。

(1) GitLab 在 CentOS 6 上的安装。首先开启 HTTP 和 SSH 的访问:

```
sudo yum install curl openssh-server openssh-clients postfix cronie
sudo service postfix start
sudo chkconfig postfix on
sudo lokkit -s http -s ssh
```

下载安装 GitLab,可以通过脚本安装:

```
curl -sS https://packages.gitlab.com/install/repositories/gitlab/gitlab-ce/script.rpm.sh | sudo bash
sudo yum install gitlab-ce
```

或者手动下载安装:

```
curl -LJO
https://packages.gitlab.com/gitlab/gitlab-ce/packages/el/6/gitlab-ce-XXX.rpm/download
rpm -i gitlab-ce-XXX.rpm
```

启动 GitLab：

```
sudo gitlab-ctl reconfigure
```

另外，如果安装速度慢，则国内用户可以使用代理镜像安装。新建/etc/yum.repos.d/gitlab-ce.repo，内容为：

```
[gitlab-ce]
name=Gitlab CE Repository
baseurl=https://mirrors.tuna.tsinghua.edu.cn/gitlab-ce/yum/el$releasever/
gpgcheck=0
enabled=1
```

再执行：

```
sudo yum makecache
sudo yum install gitlab-ce
```

（2）通过 Docker 安装。运行镜像：

```
sudo docker run --detach \
    --hostname gitlab.example.com \
    --publish 443:443 --publish 80:80 --publish 22:22 \
    --name gitlab \
    --restart always \
    --volume /srv/gitlab/config:/etc/gitlab \
    --volume /srv/gitlab/logs:/var/log/gitlab \
    --volume /srv/gitlab/data:/var/opt/gitlab \
    gitlab/gitlab-ce:latest
```

首次登录时需要修改密码，如图 8-15 所示。

图 8-15

新建一个项目工程,如图 8-16 所示。

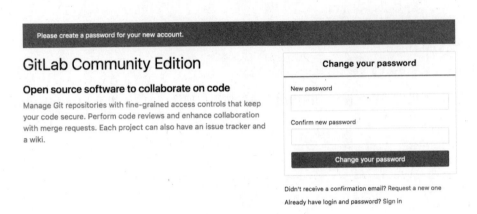

图 8-16

第 8 章 敏捷开发 2.0 的自动化工具

进入项目中，按照引导步骤进行操作，如图 8-17 和图 8-18 所示。

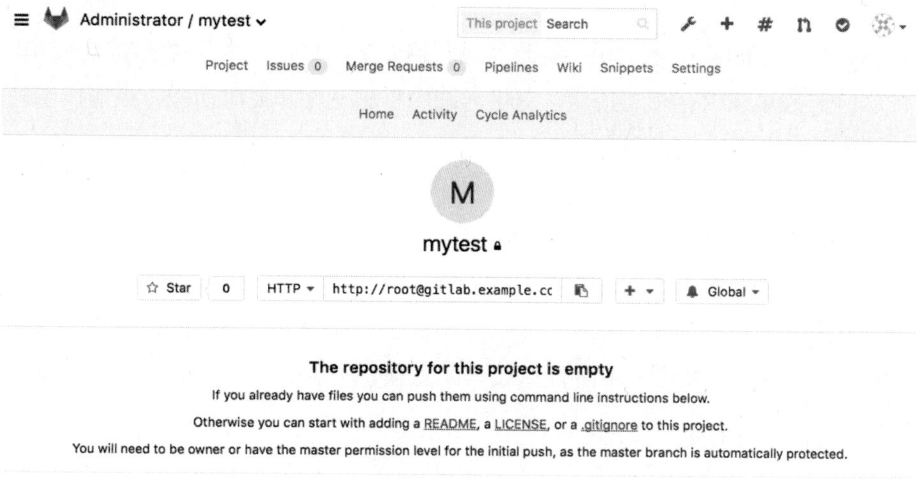

图 8-17

Command line instructions

Git global setup

```
git config --global user.name "Administrator"
git config --global user.email "admin@example.com"
```

Create a new repository

```
git clone http://root@gitlab.example.com/root/mytest.git
cd mytest
touch README.md
git add README.md
git commit -m "add README"
git push -u origin master
```

Existing folder

```
cd existing_folder
git init
git remote add origin http://root@gitlab.example.com/root/mytest.git
git add .
git commit
git push -u origin master
```

Existing Git repository

```
cd existing_repo
git remote add origin http://root@gitlab.example.com/root/mytest.git
git push -u origin --all
git push -u origin --tags
```

图 8-18

8.3.2 持续集成和持续交付工具 Jenkins

Jenkins，原名 Hudson，在 2011 年改为现在的名字，它是一个开源的实现持续集成的软件工具，能实时监控集成中存在的错误，提供详细的日志文件和提醒功能，还能以图表的形式展示项目构建的趋势和稳定性，具有以下特点。

- 具有持续集成和持续交付的功能。
- 安装简单，因为 Jenkins 是基于 Java 的，所以可直接在 Windows、Mac 和其他类 UNIX 系统上运行。
- 配置简单，可以通过 Web 界面来设置配置项。
- 丰富的插件和扩展性。
- 是分布式的，Jenkins 能很轻松地实现跨多主机或多平台的分布式部署。

1. 安装 Jenkins

（1）直接下载 War 包，地址为：

http://mirrors.jenkins.io/war-stable/latest/jenkins.war

在控制台直接运行 War 程序：

```
java -jar jenkins.war
```

（2）通过 Docker 安装：

```
docker run -p 8080:8080 -p 50000:50000 jenkins
*************************************************************
Jenkins initial setup is required. An admin user has been created and a password generated.
Please use the following password to proceed to installation:
a5f6705d956c45a080530a7b3478d8d2
This may also be found at: /var/jenkins_home/secrets/initialAdminPassword
*************************************************************
*************************************************************
*************************************************************
--> setting agent port for jnlp
--> setting agent port for jnlp... done
May 16, 2017 8:48:28 AM hudson.model.UpdateSite updateData
INFO: Obtained the latest update center data file for UpdateSource default
May 16, 2017 8:48:28 AM hudson.WebAppMain$3 run
INFO: Jenkins is fully up and running
```

第 8 章 敏捷开发 2.0 的自动化工具

```
May 16, 2017 8:48:37 AM hudson.model.UpdateSite updateData
INFO: Obtained the latest update center data file for UpdateSource default
```

打开浏览器的访问地址：http://localhost:8080，第 1 次访问时需要输入上面的控制输出的密码：a5f6705d956c45a080530a7b3478d8d2。如图 8-19 所示。

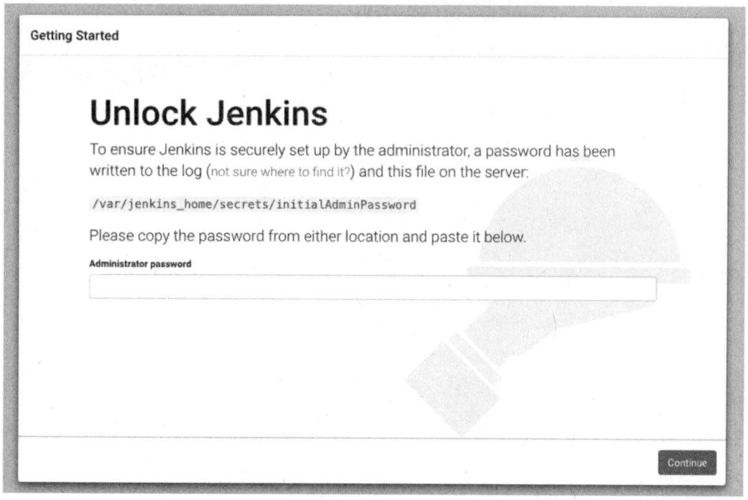

图 8-19

选择推荐安装插件，如图 8-20 所示。

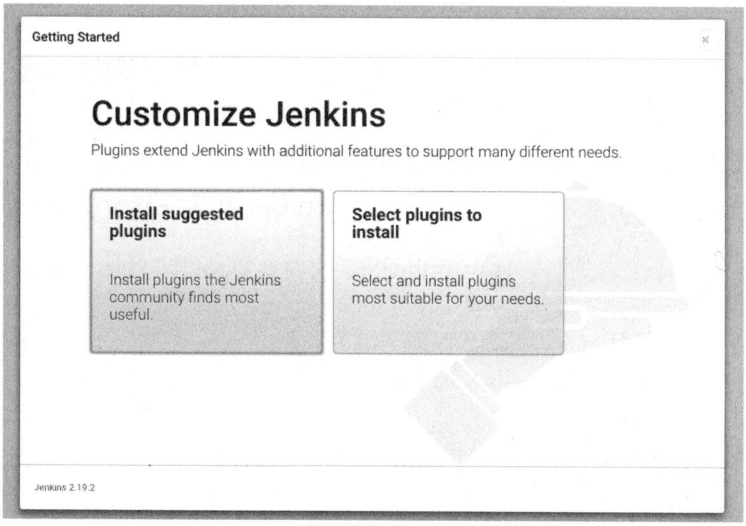

图 8-20

最后进入主界面，如图 8-21 所示。

图 8-21

2. Pipeline

Pipeline 是 Jenkins 的一套插件，实现了持续集成和持续交付的功能。Pipeline 以从简单到复杂的方式为交付模型提供了一组可扩展的工具，就像编写代码一样实现流程。

Jenkinsfile 是一个文本文件，包含了 Pipeline 的内容定义，可以加入版本控制来管理它。它有如下特点。

- 自动为所有分支创建 Pipeline。
- 可以用代码评审 Pipeline。
- 可以跟踪 Pipeline 的改变记录。
- 同一团队的成员可以共享一份 Pipeline 文件。

第 8 章　敏捷开发 2.0 的自动化工具

以下流程图展示了使用 Jenkins 轻松实现的持续集成和持续交付的例子，如图 8-22 所示。

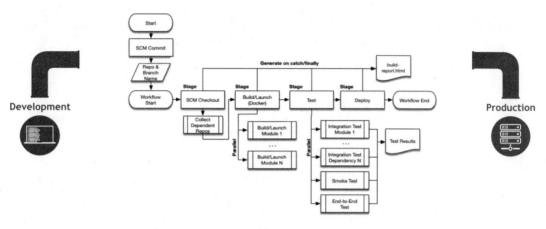

图 8-22

（1）在 Web UI 界面定义 Pipeline，单击"新建"按钮，如图 8-23 所示。

图 8-23

输入工程名，例如 mytest，选择 Pipeline 选项，如图 8-24 所示。

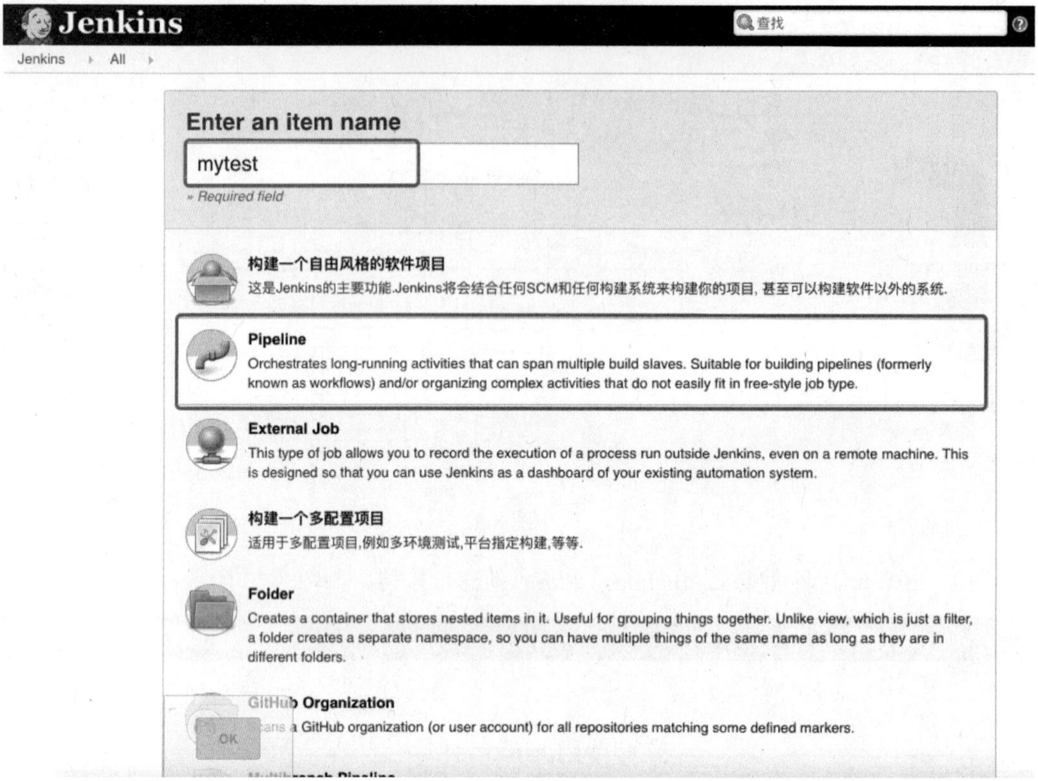

图 8-24

编写 Pipeline 代码，并且设置 Definition 选项为 Pipeline script：

```
#node 在 jenkins 中分配一个执行行和工作空间
#echo 在控制台输出 Hello World 字符串
node {
    echo 'Hello World'
}
```

具体过程如图 8-25 所示。

第 8 章　敏捷开发 2.0 的自动化工具

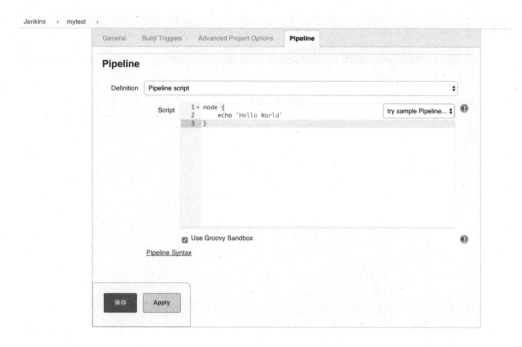

图 8-25

单击"立即构建"按钮，如图 8-26 所示。

图 8-26

运行结果如图 8-27 所示。

图 8-27

（2）在 SCM 文件中定义 Pipeline。复杂的 Pipeline 代码在网页文本框中的编写和维护相当困难，所以 Jenkins 提供了在 Jenkinsfile 文件中使用文本编辑器来编写 Pipeline 代码的方式，只需将如图 8-28 所示的 Definition 选项选为：Pipeline Script from SCM。SCM 选项可以为 Git 或 Svn 地址，当 SCM 选项为 None 时，可通过 Script Path 选项指定 Jenkinsfile 文件的地址。

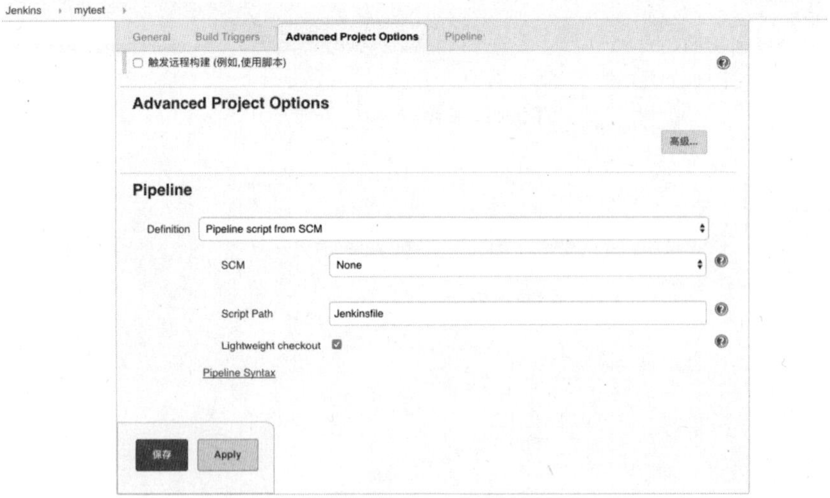

图 8-28

3. Pipeline 常用的指令

- Agent：指示 Jenkins 需要为 Pipeline 分配执行器和工作空间。
- Step：是 Jenkins 里 Job 中的最小单位，可以认为是一个脚本的调用和一个插件的调用。通常 Steps 告诉 Jenkins 要做什么，例如：sh 'make' 指在命令行下执行 make 命令。
- Node：可以给定参数来选择 Agent，Node 里的 Step 将会运行在 Node 选择的 Agent 上，Job 里可以有多个 Node，将 Job 的 Step 按照需求运行在不同的机器上。例如一个 Job 里有多个测试集合需要同时运行在不同的机器上。
- Stage：是一些 Step 的集合，我们通过 stage 可以将 Job 的所有 Step 划分为不同的 Stage，使得整个 Job 像管道一样容易维护。

以下代码展示了常用的指令用法：

```
pipeline {
    agent any

    stages {
        stage('Build') {
            steps {
                sh 'make'
            }
        }
        stage('Test'){
            steps {
                sh 'make check'
                junit 'reports/**/*.xml'
            }
        }
        stage('Deploy') {
            steps {
                sh 'make publish'
            }
        }
    }
}
```

8.3.3 基础平台管理工具 SaltStack

1. SaltStack 的基本原理

SaltStack 采用 C/S 模式，其 Server 端是 Master，Client 端是 Minion，Minion 与 Master 之间通过 ZeroMQ 消息队列通信，是一个同时对一组服务器远程执行命令和状态管理的工具。

Minion 上线后先与 Master 端联系，将自己的 pub key 发过去，这时 Master 端通过 salt-key -L 命令就会看到 Minion 的 key，在接收该 minion-key 后，Master 与 Minion 便可以互相通信了。

Master 可以发送任意指令让 Minion 执行，SaltStack 有很多可执行模块，比如 cmd 模块，在安装 Minion 时已经自带了，它们通常位于 Python 库中，通过 locate salt | grep /usr/ 可以看到其自带的所有东西。

这些模块是用 Python 写成的文件，里面会有很多函数如 cmd.run，当我们执行 salt '*' cmd.run 'uptime' 时，Master 会下发任务到匹配的 Minion 上，Minion 执行模块函数并返回结果。Master 监听 4505 和 4506 端口，4505 对应的是 ZeroMQ 的 PUB system，用来发送消息；4506 对应的是 REP system，用来接收消息。

2. SaltStack 的执行步骤

（1）SaltStack 的 Master 与 Minion 之间通过 ZeroMQ 进行消息传递，使用了 ZeroMQ 的发布-订阅模式，连接方式包括 TCP、IPC。

（2）将 cmd.run ls 命令从 salt.client.LocalClient.cmd_cli 发布到 Master，获取一个 Jobid，根据 Jobid 获取命令的执行结果。

（3）Master 接收到命令后，将要执行的命令发送给客户端 Minion。

（4）Minion 从消息总线上接收到要处理的命令，交给 minion._handle_aes 处理。

（5）minion._handle_aes 发起一个本地线程调用 cmdmod 执行 ls 命令。线程执行完 ls 后，调用 minion._return_pub 方法，将执行结果通过消息总线返回给 Master。

（6）Master 接收到客户端返回的结果，调用 master._handle_aes 方法，将结果写到文件中。

(7) salt.client.LocalClient.cmd_cli 通过轮询获取 Job 的执行结果，将结果输出到终端。

3. SaltStack 的安装

在 CentOS 6、RedHat 6 下安装：

```
sudo yum install https://repo.saltstack.com/yum/redhat/salt-repo-latest-1.el6.noarch.rpm
yum clean all
```

安装 salt-minion、salt-master 或者其他组件：

```
sudo yum install salt-master          #server 端
sudo yum install salt-minion          #client 端
sudo yum install salt-ssh
sudo yum install salt-syndic
sudo yum install salt-cloud
sudo yum install salt-api
```

在服务端安装：

```
sudo yum install salt-master
```

在客户端安装：

```
sudo yum install salt-minion
```

(4) SaltStack 的配置

在服务端配置如下：

```
vim /etc/salt/master
#master 消息发布端口 Default: 4505
publish_port: 4505
#工作线程数，应答和接收 minion Default: 5
worker_threads: 100
#客户端与服务端通信的端口 Default: 4506
ret_port: 4506
# 自动接收所有客户端
auto_accept: True
# 自动认证配置
autosign_file: /etc/salt/autosign.conf
```

在客户端配置如下：

```
vim /etc/salt/minion
# master IP 或域名
```

```
master: 10.0.0.1
# 客户端与服务端通信的端口。 Default: 4506
syndic_master_port: 4506
# 建议线上用 ip 显示
id: test
```

被管理机器的 id 是唯一的，不能重复，默认是被管理机器的 hostname；如果 id 发生更改，则 Master 需要重新认证。

我们通过 tcpdump 做个实验，在修改 minion id 后，Master 上会新增一个 ID，但旧 ID 还在，执行 test.ping 时，执行时间变长了，延迟时间约为 14s，而且 Master 会在发送命令后延迟 10s 再向每个已经执行成功的 Minion 发送一个包并且 Minion 有返回，如果没有 ID 存在则不会发送，可以理解为 Master 在向每个 Minion 寻求未连接的 id 信息，Minion 的 Salt 服务关闭也是这种情况，修改 timeout 值无效。

5. 测试 SaltStack

测试环境中关闭 iptbles：

```
service iptables stop
```

在 Master 端执行：

```
salt-key -L
salt-key -A
```

查看到 Minion 端的 IP，表示成功：

```
Accepted Keys:
192.168.1.3
Denied Keys:
Unaccepted Keys:
Rejected Keys:
```

测试 ping 命令成功：

```
salt '*' test.ping
192.168.1.3:
True
```

8.3.4 Docker 容器化工具

Docker 是一个分布式的应用构建、迁移和运行的开放平台，允许开发或运维人员将应用程序和运行应用程序所依赖的文件打包到一个标准化的单元（容器）中运行。容器和虚拟机有很多相同的地方，它们都属于虚拟化技术的一种实现，两种架构在底层上相同，需要物理硬件和操作系统的支持；不同的是在虚拟机场景中，Hypervisor（如 KVM）是操作系统与虚拟机之间的中间层，而容器场景中 Docker Engine 是操作系统与容器之间的中间层。虚机封装操作系统和应用，容器则直接封装应用，所以容器比虚机更轻量、灵活，资源利用率更高。若想更深入地了解 Docker，则请参照第 7 章。

Docker 的基本组件如下所述，如图 8-29 所示。

- Docker 镜像（Image）是一个运行容器的只读模板。
- Docker 容器（Container）是一个运行应用的标准化单元。
- Docker 注册服务器（Registry）用于存放镜像。
- Docker 引擎（Docker Engine）用于在主机上创建、运行和管理容器。

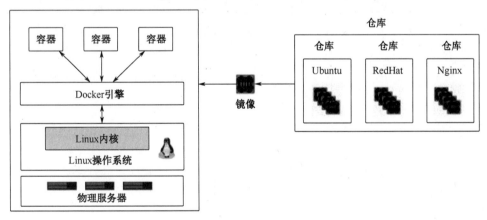

图 8-29

Docker 的主要管理工具如下所述，如图 8-30 所示。

- Docker Machine：让用户在基础架构平台上快速部署 Docker 宿主机。
- Docker Swarm：让用户在集群环境中调度和运行容器。

- Docker Compose:让用户在集群环境中编排和部署应用。
- Kubernetes、Mesos:比较流行的第三方的管理编排工具。

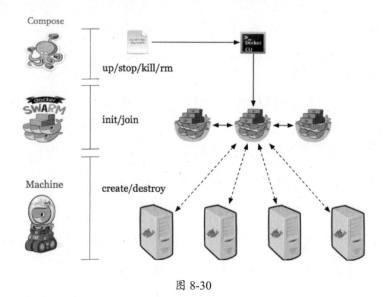

图 8-30

通过 Machine 可以在不同的云平台上创建包含 docker-engine 的主机。Machine 通过 driver 机制,目前支持多个平台的 docker-engine 环境的部署,比如亚马逊、OpenStack 等。在 Docker Engine 创建完以后,就该 Swarm 上场了,Swarm 将每个主机上的 docker-engine 管理起来,对外提供容器集群服务。Compose 项目主要用来提供基于容器的应用编排。用户通过 yml 文件描述由多个容器组成的应用,然后由 Compose 解析 yml 文件,调用 Docker API,在 Swarm 集群上创建对应的容器。

8.4 本章小结

通过对本章的学习,我们了解了常用的 4 种开发模式:瀑布式开发、迭代式开发、螺旋式开发和敏捷开发;然后介绍了当下炙手可热的 DevOps 及其详细流程;最后介绍了敏捷开发 2.0 和它的优势,以及我们常用的自动化工具。